图 C-01 建筑设计 —— 日本北浜大厦
（稀柱筒体结构，208 米，世界最高的装配式建筑）

图 C-02 建筑设计 —— 澳大利亚悉尼歌剧院
（薄壳结构，世界著名的地区标志性建筑）

图 C-03 建筑设计 —— 美国凤凰城图书馆
（框架结构，兼顾节能与美学的设计典范）

图 C-04 建筑设计 —— 上海住总浦江保障房
（剪力墙结构，国内应用范围最广的普通住宅设计）

图 C-06 建筑设计 —— 沈阳万科春河里 17 号楼
（框架结构 - 中国最早的高预制率（84%）装配式建筑）

图 C-06 拆分设计 —— 预制剪力墙夹心保温外墙板

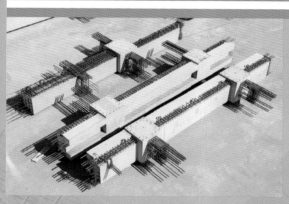

图 C-08 拆分设计 —— 双莲藕梁 - 难度最大
的柱梁一体化构件

图 C-07 内装设计 —— 集成式卫生间

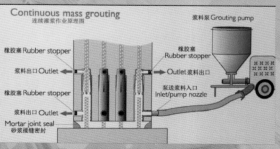

图 C-09 连续灌浆作业原理图

图 C-09 PC构件图示一览表

类别	PC构件名称与图示

1 楼板

LB1 实心板

LB2 空心板

LB3 叠合板

LB4 预应力空心板

LB5 预应力叠合肋板（出筋和不出筋）

LB6 预应力双T板

LB7 预应力倒槽形板

LB8 空间薄壁板

LB9 非线性屋面板

LB10 后张法预应力组合板

2 剪力墙板

J1 剪力墙外墙板

J2 T形剪力墙板

J3 L形剪力墙板

J4 U形剪力墙板

J5 L形外叶板

J6 双面叠合剪力墙板

J7 预制圆孔墙板

J8 剪力墙内墙板

J9 窗下轻体墙板

J10 各剪力墙板夹芯保温板
或夹芯保温装饰一体化板

3 外挂墙板

W1 整间外挂墙板（无窗、有窗、多窗）

W2 横向外挂墙板

W3 竖向外挂墙板（单层、跨层）

W4 非线性墙板

W5 镂空墙板

本类所示构件均可以做成保温一体化和保温装饰一体化构件，见剪力墙板栏最右栏。

4 框架墙板

K1 暗柱暗梁墙板

K2 暗梁墙板

本类所示构件均可以做成保温一体化和保温装饰一体化构件，见剪力墙板栏最右栏

图 C-09 PC构件图示一览表 （续）

类别	PC构件名称与图示				
5 梁	 L1 梁	 L2 T形梁	 L3 凸形梁	 L4 带挑耳梁	本类所示构件均可以做成保温一体化和保温装饰一体化构件，见剪力墙板栏最右栏。
	 L5 叠合梁	 L6 带翼缘梁	 L7 连梁	 L8 U形梁	
	 L9 叠合莲藕梁	 L10 工字形屋面梁		 L11 连筋式叠合梁	
6 柱	 Z1 方柱	 Z2 L形扁柱	 Z3 T形扁柱	 Z4 带翼缘柱	本类所示构件均可以做成保温一体化和保温装饰一体化构件，见剪力墙板栏最右栏。
	 Z5 带柱帽柱	 Z6 带柱头柱	 Z7 跨层圆柱	 Z8 跨层方柱	 Z9 圆柱
7 复合构件	 F1 莲藕梁	 F2 双莲藕梁		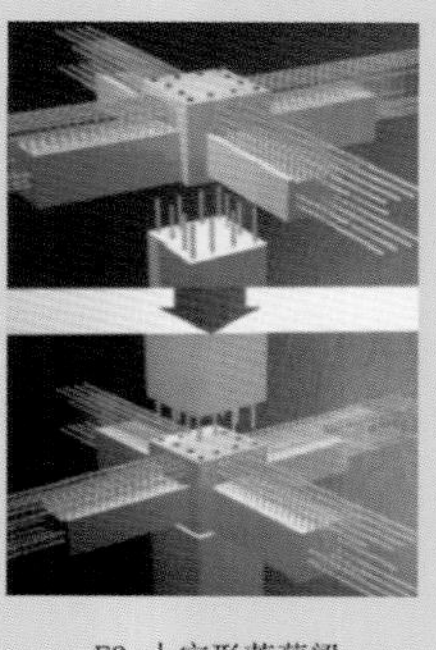	
	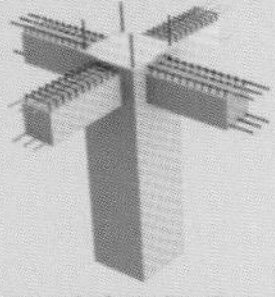 F4 十字形梁+柱	 F5 T形柱梁	 F6 草字头形梁柱一体构件	F3 十字形莲藕梁	
8 其他构件	 Q1 楼梯板（单跑、双跑）		 Q2 叠合阳台板	 Q3 无梁板柱帽	 Q4 杯形柱基础
	 Q5 全预制阳台板		 Q6 空调板	 Q7 带围栏阳台板	 Q8 整体飘窗
	 Q9 遮阳板	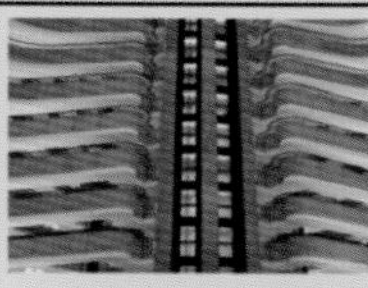 Q10 室内曲面护栏板	 Q11 轻质内隔墙板	 Q12 挑檐板	 Q13 女儿墙板

高等院校建筑产业现代化系列规划教材

装配式混凝土建筑构造与设计

Construction and Design for Precast Concrete Buildings

主编　郭学明

参编　张晓娜　黄　营　王炳洪
　　　边　海　张玉波

机械工业出版社
CHINA MACHINE PRESS

本书为普通高等教育土建学科和管理学科教材，由装配式混凝土建筑行业从事技术引进、研发和设计的经验丰富且对世界各国先进技术有深入了解的专家团队编写，全面系统地介绍了装配式混凝土建筑构造与设计基本概念、建筑设计、结构及拆分设计、集成设计、BIM与装配式建筑的知识与经验，书中300多幅照片和图例多出自装配式建筑技术先进国家和国内实际工程案例。

本教材适合建筑学、土木工程、工程管理、给水排水工程专业使用，也可供装配式建筑行业相关人员学习和参考。

图书在版编目（CIP）数据

装配式混凝土建筑构造与设计/郭学明主编 . —北京：机械工业出版社，2018.3（2025.1 重印）

高等院校建筑产业现代化系列规划教材

ISBN 978-7-111-59177-1

Ⅰ.①装… Ⅱ.①郭… Ⅲ.①装配式混凝土结构 – 建筑构造 – 高等学校 – 教材②装配式混凝土结构 – 建筑设计 – 高等学校 – 教材 Ⅳ.①TU37

中国版本图书馆 CIP 数据核字（2018）第 031064 号

机械工业出版社（北京市百万庄大街 22 号 邮政编码 100037）

策划编辑：薛俊高 责任编辑：薛俊高
封面设计：马精明 责任校对：刘时光
责任印制：常天培
固安县铭成印刷有限公司印刷
2025 年 1 月第 1 版第 4 次印刷
184mm×260mm · 19 印张 · 2 插页 · 462 千字
标准书号：ISBN 978-7-111-59177-1
定价：49.00 元

前言
FOREWORD

按照中央和国务院的要求，到 2026 年，我国装配式建筑占新建建筑的比例将达到 30%。

装配式建筑并不仅仅是建造工法的改变，而是建筑业基于标准化、集成化、工业化、信息化的全面变革，承载了建筑现代化和实现绿色建筑的重要使命，也是建筑业走向智能化的过渡步骤之一。

装配式建筑大潮的兴起要求每一个建筑业从业者都要进行知识更新，不仅要掌握装配式建筑的知识和技能，还应当形成面向未来的创新意识与能力。如此，建筑学科和管理学科相关专业的大学生更应当与时俱进，了解国内外装配式建筑现状与发展趋势，掌握必备的装配式建筑知识与技能，适应新形势，奠定走向未来的基础。

2017 年初，《装配式混凝土结构建筑的设计、制作与施工》（郭学明主编）一书由机械工业出版社出版，受到读者欢迎。不到 9 个月时间加印两次，并有多所高等院校老师联系出版社，要将此书作为教材。一些教师希望出版社能结合学科与专业设置将该书分成几册，以利于课程安排。

本套教材即以《装配式混凝土结构建筑的设计、制作与施工》为基础编写，调整了部分内容，分成三册：《装配式建筑概论》、《装配式混凝土建筑构造与设计》和《装配式混凝土建筑制作与施工》。

本书由装配式混凝土建筑行业从事技术引进、研发和设计的经验丰富且对世界各国先进技术有深入了解的专家团队编著，包括《装配式混凝土结构建筑的设计、制作与施工》主编郭学明和参编者张晓娜、黄营、张玉波，新增加了王炳洪和边海。

本书注重知识的系统性和实用性，既介绍了装配式混凝土建筑构造与设计的系统知识和规范的基本要求，又介绍了国内外先进经验和实际工程案例，还提出了现存问题与解决办法。表达方式力求用简单的话把复杂的事说清楚。书中近 300 幅照片和图例有许多出自装配式建筑技术先进国家和国内实际工程案例。

本书共 27 章。介绍了装配式混凝土建筑的基本概念、设计概要、材料与配件、建筑与建筑构造设计、集成设计、结构与结构构造设计、拆分与连接设计、预制构件设计、外围护系统设计、内装设计、设备与管线系统设计、设计质量、BIM 应用等方面的知识与经验。

本书编著过程充分利用微信平台，建立了作者群和专题讨论群，随时进行信息交流和讨论，多数章节由两位以上作者执笔、多位作者贡献了智慧。

郭学明为本书主编，除制定各章提纲、提出要点、审改书稿外，是第 1 章、第 2 章、第 3 章的编著者，第 5 章、第 7 章、第 8 章、第 9 章、第 10 章、第 11 章、第 12 章、第 19 章、第 21 章、第 22 章、第 23 章、第 24 章、第 25 章的主要编著者之一，书中多数章节有其提供的照片；张晓娜编著了第 6 章、第 14 章，是第 5 章、第 7 章、第 8 章、第 9 章、第 15

章、第 17 章、第 18 章、第 19 章的主要编著者之一；黄营编著了第 13 章、第 16 章、第 20 章，是第 15 章、第 17 章、第 21 章、22 章的主要编著者之一；王炳洪是第 26 章的主要编著者，是第 4 章、第 10 章、第 11 章、第 12 章的主要编著者之一；边海编著了第 27 章；张玉波是第 4 章的主要编著者之一，汇总了附录，还兼任本书主编助理，负责全书的校订工作。

感谢装配式建筑专家许德民、李青山、陆辉对本书的贡献。

感谢石家庄山泰装饰工程有限公司设计师梁晓艳为本书绘制了部分样图与图表；沈阳兆寰公司田仙花翻译了有关日本资料；中国建筑东北设计研究院有限公司的李振宇、岳恒为本书绘制结构体系三维图。

本书编著者希望献出一部知识性强、信息量大、实用性强并有思想性的教材。但限于我们的经验和水平有限，离目标还有较大差距，也存在差错和不足，在此恳请并感谢读者给予批评指正。

编著者

目录
CONTENTS

第1章　装配式混凝土建筑概述

1.1　从建筑大师的引领说起

20世纪装配式混凝土建筑的兴起，是由一些建筑大师提倡、引领的。一些世界级的建筑大师和著名建筑师，瓦尔特·格罗皮乌斯、勒·柯布西耶、弗兰克·赖特、沙里宁、贝聿铭、山崎实、约翰·伍重、皮埃尔·奈尔维、理查德·迈耶、伯纳德·屈米、伦佐·皮亚诺、约翰·波特曼、贝特朗·戈德堡、汤姆·梅恩等，都是装配式混凝土建筑的引领者或实践者。下面看看其中几位建筑师的装配式混凝土建筑作品。

1. 瓦尔特·格罗皮乌斯

格罗皮乌斯是20世纪著名的建筑理论家和建筑大师，现代主义建筑的开山鼻祖和领军人物，担任过著名的德国包豪斯学校校长和美国哈佛大学建筑学院院长。格罗皮乌斯早在1910年就提出：钢筋混凝土建筑应当预制化、工厂化。格罗皮乌斯主张大幅度降低建筑成本、提高效率、节约资源，以满足现代社会大规模建筑的需要。20世纪50年代后期，格罗皮乌斯设计了59层的纽约泛美大厦（现为METLIFE保险公司大厦），1963年建成，用了11000多件预制混凝土构件（图1.1-1、图1.1-2）。

图1.1-1　格罗皮乌斯设计的装配式建筑
——纽约泛美大厦

图1.1-2　纽约泛美大厦预制构件细节

尽管泛美大厦招致了很多批评，说它呆板、单调、丑陋，但它对装配式混凝土建筑，特别是超高层装配式混凝土建筑的引领作用是非常大的。

2. 勒·柯布西耶

法国建筑师勒·柯布西耶是 20 世纪另一位世界级建筑大师，非常富有创新精神。他在 20 世纪 50 年代初期设计了著名法国马赛公寓（图 1.1-3），采用了大量预制混凝土构件。这座建筑影响很大，争议也很大，在法国不受欢迎，但在德国其复制品大受欢迎。德国二战期间建筑毁坏严重，建筑需求量很大，成本低工期短的建筑更符合实际需求。

勒·柯布西耶 1951 年到 1958 年规划设计了印度旁遮普邦首府昌迪加尔城，大量采用预制混凝土构件，昌迪加尔议会大厦是这些建筑中最著名的（图 1.1-4）。昌迪加尔城也饱受批评，但在发展中国家这类建筑却受到欢迎。

图 1.1-3　勒·柯布西耶设计的马赛公寓

图 1.1-4　勒·柯布西耶设计的印度昌迪加尔议会大厦

3. 弗兰克·赖特

弗兰克·赖特是与格罗皮乌斯、勒·柯布西耶齐名的世界级建筑大师，他领衔设计的美国凤凰城巴尔的摩酒店是一座地域主义风格建筑，以当地特有沙漠里的砂石为骨料，制作刻有印第安文化元素图案的预制混凝土外墙构件（图 1.1-5），形成了鲜明的地域建筑特色。

4. 贝聿铭

著名美籍华裔建筑师贝聿铭是格罗皮乌斯的学生，新现代主义建筑风格代表人物，

图 1.1-5　美国凤凰城巴尔的摩酒店建筑表皮

也是装配式混凝土建筑非常执着的推动者。在 20 世纪世界著名建筑大师中，他设计的装配式混凝土建筑最多，也最成功。

贝聿铭强调建筑艺术的社会性。他挖掘混凝土的美学价值，大胆尝试装配式建筑，就是出于降低造价、让更多的人住上房子的社会目的。

贝聿铭设计的费城社会岭公寓 1964 年建成，是三栋 34 层公寓（图 1.1-6、图 1.1-7），采用了装配式技术，并用了白水泥清水混凝土。这组建筑不仅精致漂亮，还降低了成本，受到了业主和评论界的好评。追求精致精细是新现代主义建筑风格重要特征，贝聿铭青睐装配

式，与工厂预制构件比现浇混凝土更精细有关。

图 1.1-6　费城社会岭公寓

图 1.1-7　费城社会岭公寓细部

贝聿铭设计的普林斯顿大学学生宿舍也是装配式建筑，1973 建成，是一座全装配式混凝土建筑。这些学生宿舍一共 8 栋，都是 4 层建筑（图 1.1-8），没有柱、梁，只有楼板和墙板，都是螺栓连接。8 栋建筑全部预制构件 979 块，最长的墙板 12m。由于采用了装配式，工程成本降低了 30%，工期缩短了，质量非常精细，建筑风格也很有特色。

5. 约翰·伍重

约翰·伍重设计的悉尼歌剧院是 20 世纪最伟大的建筑之一（见本书彩页图 C02）。方案设计时，伍重主要考虑建筑功能与艺术效果，对如何实现考虑不

图 1.1-8　普林斯顿大学学生宿舍

多。实际施工时才发现，用现浇施工方法实现歌剧院富有个性的造型难度极大，出于无奈，被迫尝试装配式工艺，结果获得了成功。当时是将薄壳结构放小样拆分，按照小样制作预制构件，再用叠合的方式连成主体。所谓叠合，是将薄壳断面分为两层，预制层和现浇层，预制构件安装后，再靠现浇层使薄壳连接为整体。

6. 皮埃尔·奈尔维

意大利建筑师奈尔维被誉为混凝土诗人，他设计的意大利都灵展览馆 1949 年建成，是钢筋混凝土薄壳建筑，屋顶采用了波浪形薄壳拱，纵横两个方向都是拱形，跨度 80m（图 1.1-9），是当时跨度最大的混凝土屋盖。为了缩短工期、降低造价，奈尔维创造性地采用了装配式技术，建设工期大大缩短，只用了不到半年时间。

奈尔维设计的最后一个建筑作品是梵蒂冈会堂（图 1.1-10）。在这座建筑中，他精致地展现了力学逻辑，采用变截面柱和按等压力分布的屋盖抛物线拱券，造型富有诗意。

图 1.1-9　意大利都灵展览馆

图 1.1-10　梵蒂冈会堂

7. 约翰·波特曼

约翰·波特曼是美国著名建筑师，也是出色的地产商。他设计的高层酒店通透内庭非常著名。图1.1-11是亚特兰大波特曼酒店内庭，上下通透，平面呈曲线布置，每个楼层的预制混凝土护栏板构成了妙曼曲线。这座建筑的外墙也是预制构件装配而成。

世界著名建筑师设计的装配式混凝土建筑很多，仅贝聿铭设计就有十几个，这里无法一一例举。这些建筑大师为什么热衷装配式，归纳如下：

第一，有强烈的社会意识，寻求降低成本、提高效率的办法。

第二，有强烈的创新意识，依靠装配式解决现浇混凝土工艺难以实现的艺术构想。

第三，有强烈的质量意识，依靠工厂化制作构件的优势实现精细化。

第四，对于混凝土美学价值和结构逻辑美学价值有悟性和自信。

图 1.1-11　亚特兰大波特曼酒店内庭

1.2　什么是装配式混凝土建筑

1.2.1　什么是装配式建筑

按常规理解，装配式建筑是指由预制部件通过可靠连接方式建造的建筑。装配式建筑有两个主要特征：第一个特征是构成建筑的主要构件特别是结构构件是预制的；第二个特征是预制构件的连接必须可靠。

按照国家标准《装配式混凝土建筑技术标准》（GB/T 51231—2016）（本书以下简称《装标》）的定义，装配式建筑是"结构系统、外围护系统、内装系统、设备与管线系统的主要部分采用预制部品部件集成的建筑"。这个定义强调装配式建筑是四个系统（而不仅仅是结构系统）的主要部分采用预制部品部件集成。按照这个定义，在1.1节举例的那些建筑大师的作品都不算装配式建筑，因为他们的建筑大都不是四个系统的集成。《装标》关于装配式混凝土建筑的定义有着很强的针对性和目的性，有借推广装配式之机整体提升我国建筑水平和质量的目的。

1.2.2　什么是装配式混凝土建筑

按照国家标准《装标》的定义，装配式混凝土建筑是指"建筑的结构系统由混凝土部件（预制构件）构成的装配式建筑"。

1.2.3　装配式混凝土建筑分类

1. 按建筑高度分类

装配式建筑按高度分类，有低层装配式建筑、多层装配式建筑、高层装配式建筑和超高层装配式建筑。

2. 按结构体系分类

装配式建筑按结构体系分类，有框架结构、框架-剪力墙结构、筒体结构、剪力墙结构、无梁板结构、空间薄壁结构、悬索结构、预制钢筋混凝土柱单层厂房结构等。

3. 按预制率分类

装配式建筑按预制率分为：小于5%为局部使用预制构件；5%～20%为低预制率；20%～50%为普通预制率；50%～70%为高预制率；70%以上为超高预制率。

1.2.4　装配整体式和全装配式的区别

装配式混凝土建筑根据预制构件连接方式的不同，分为装配整体式混凝土结构和全装配式混凝土结构。

1. 装配整体式混凝土结构

按照国家标准《装标》的定义，装配整体式混凝土结构是指"由预制混凝土构件通过可靠的方式进行连接并与现场后浇混凝土、水泥基灌浆料形成整体的装配式混凝土结构"。简言之，装配整体式混凝土结构的连接以"湿连接"为主。

装配整体式混凝土结构具有较好的整体性和抗侧向力性能，抗震性能好。目前，大多数多层和全部高层、超高层装配式混凝土建筑都是装配整体式，有的低层装配式建筑也采用装配整体式。

2. 全装配式混凝土结构

全装配式混凝土结构是指预制构件靠干法连接（如螺栓连接、焊接等）形成整体的装配式结构。

预制钢筋混凝土柱单层厂房属于全装配式混凝土结构。国外许多低层建筑和抗震设防烈度低的地区的多层建筑也常常采用全装配式混凝土结构。

1.2.5　什么是PC

PC是英语Precast Concrete的缩写，是预制混凝土的意思。

国际装配式建筑领域把装配式混凝土建筑简称为PC建筑，把预制混凝土构件简称为PC构件，把制作混凝土构件的工厂简称为PC工厂。

1.3　为什么要做装配式建筑

通过 1.1 节已经知道建筑大师提倡、引领装配式建筑的原因。

再举一个例子。笔者在日本看
到一个高层建筑工地，由于道路狭
窄，运送预制构件的大型车辆无法
通过，施工企业在现场建一个临时
露天工厂（图 1.3-1）。对此笔者问
工地经理，为什么费两遍事在现场
预制构件后吊装，而不直接往上现
浇混凝土呢？经理说，一是预制构
件质量好；二是装配式成本低。

图 1.3-1　日本装配式建筑工地构件制作露天工厂

笔者在日本还看到一座超高层
装配式混凝土建筑的售楼书，特意
强调该建筑是装配式，质量可靠，以此作为卖点。

一般而言，装配式混凝土建筑较之现浇混凝土建筑有如下优势：

1）提升建筑质量。

2）提高效率。

3）节约材料。

4）节能减排环保。

5）节省劳动力并改善劳动条件。

6）缩短工期。

7）有利于安全。

8）方便冬期施工等。

必须避免一个认识误区，以为只要搞了装配式，它的各种优点就会自动出现。装配式并
不会自动带来质量提高、成本降低和节能环保等结果。装配式优势的实现与规范的适宜性、
结构体系的适宜性、设计的合理性和管理的有效性密切相关。

1.4　装配式建筑的限制条件

尽管从理论上讲，现浇混凝土结构都可以搞装配式，但实际上还是有约束限制条件的。
环境条件不允许、技术条件不具备或增加成本太多，都可能使装配式不可行。一个建筑是不
是搞装配式，哪些部分搞装配式，必须进行必要性和可行性研究，对限制条件进行定量
分析。

1.4.1　环境条件

1. 抗震设防烈度

抗震设防烈度 9 度地区目前没有规范支持。

2. 构件工厂与工地的距离

如果附近没有预制构件工厂，工地现场又没有条件建立临时工厂，就不具备装配式条件。

3. 道路条件

如果预制工厂到工地的道路无法通过大型构件运输车辆或道路过窄、大型车辆无法转弯调头或途中有限重桥、限高天桥、隧洞等，对能否搞装配式或构件的重量与尺度形成限制。

4. 工厂生产条件

预制构件工厂的起重能力、模台所能生产的最大构件尺寸等，是拆分设计的限制条件。

1.4.2　技术条件

1. 高度限制

按现行国家标准，装配式建筑最大适用高度比现浇混凝土结构要低一些。如剪力墙结构装配式比现浇方式低 10～20m。

2. 形状限制

装配式建筑不适宜形体复杂的建筑。或里出外进，或造型不规则，可能会导致以下情况：

1) 模具成本很高。
2) 复杂造型不易脱模。
3) 连接和安装节点比较复杂。

3. 外探大的悬挑构件

建筑立面有较多的外探大的悬挑构件，与主体结构的连接比较麻烦，不宜搞装配式。

1.4.3　成本约束

不适宜的结构体系、复杂的连接方式、预制构件伸出钢筋多、模具摊销次数少，都会提高成本。

1.4.4　与个性化、复杂化的冲突

尽管装配式建筑在实现个性化方面甚至可能比现浇混凝土方式还要便利，但那是对个别标志性建筑而言，如悉尼歌剧院。装配式的主要目标是普通住宅，个性化、复杂化的设计就不大适合。装配式建筑适合于简单的建筑立面。

1.4.5　对建设规模和体量的要求

装配式建筑必须有一定的建设规模才能发展起来。一座城市或一个地区建设规模过小，工厂吃不饱，厂房设备摊销成本过高，很难维持运营。

装配式需要建筑体量。高层建筑、超高层建筑和多栋设计相同的多层建筑适用装配式。数量少的小体量建筑不适合装配式。

1.4.6　装配式企业投资较大

构件制作工厂和施工企业投资较大。如果不能形成经营规模，有较大的风险。

以年产 5 万 m³ 构件的构件工厂为例，购置土地、建设厂房、购买设备设施需要投资几千万元甚至过亿元。

从事构件安装的施工企业需要购置大吨位长吊臂塔式起重机，一台要数百万元，同时开

几个工地，仅塔式起重机一项就要投资上千万元。

 思考题

1. 建筑大师为什么提倡、引领装配式建筑？
2. 装配式混凝土建筑有哪些优点？
3. 装配式混凝土建筑有哪些限制？

第 2 章　设计基本知识

2.1　概述

本章介绍装配式建筑设计的基本知识，包括设计责任（2.2），装配式混凝土建筑与建筑功能（2.3），装配式混凝土建筑与结构体系（2.4），预制混凝土构件类型（2.5），装配式混凝土建筑结构连接方式（2.6），装配式建筑设计对工程造价的影响（2.7）。

2.2　设计责任

2.2.1　关于装配式建筑设计的错误认识

有人把装配式建筑的设计工作看得很简单，以为就是设计单位按现浇混凝土结构照常设计，之后再由拆分设计单位或制作厂家进行拆分设计、连接节点设计和构件设计。把装配式建筑设计看作是设计后续的附加环节，属于深化设计性质。

尽管装配式建筑的设计是以现浇混凝土结构为基础的，比较多的工作也确实是在常规设计完成后展开，但装配式建筑设计既不是附加环节深化性质，也不是常规设计完成后才开始的工作，更不能由拆分设计单位或制作厂家承担设计责任或自行其是。

2.2.2　设计责任

装配式建筑的设计应当由设计单位承担责任。即使将拆分设计和构件设计交由有经验的专业设计公司分包，也应当在工程设计单位的指导下进行，并由工程设计单位审核出图。因为，拆分设计必须在原设计基础上进行，必须清楚地了解原设计意图和结构计算情况，需要组织各专业系统设计。

装配式混凝土建筑的设计过程应当是建筑师、结构设计师、装饰设计师、水电暖通设计师、拆分和构件设计师、制造厂家工程师与施工安装企业工程师互动的过程。有经验的拆分设计人员和制作、施工企业技术人员是建筑师和结构设计师了解和正确设计装配式建筑的桥梁，但不能越俎代庖。预制构件厂家只能独立进行制作工艺设计、模具设计和产品保护设计；施工企业只能独立进行施工工艺设计。

2.3　装配式混凝土建筑与建筑功能

2.3.1　装配式混凝土建筑与使用功能

装配式混凝土建造工艺适于住宅、写字楼、商场、学校、大型公共建筑等各种功能的建筑，采用预应力楼板，实现大跨度空间方面比现浇建筑更有优势。

就建筑物的安全功能而言，有以下几点须在设计中格外重视：

1）夹芯保温板的拉结件设计，包括类型与材质选择、耐久性措施、锚固方式的可靠性等。必须保证拉结牢固，避免外叶板脱落（见第 19 章）。

2）预制构件连接方式（如套筒灌浆、浆锚搭接、后浇混凝土）的可靠性，包括连接方式、材料和连接节点可靠性（见第 4 章、第 10 章）。

3）防雷引下线的耐久性，包括材料的选择、防锈蚀措施和连接节点的防锈蚀措施等（见第 24 章）。

4）禁止在预制构件上砸墙凿洞或打孔后锚固预埋件，避免凿断受力钢筋和破坏保护层，特别要防止对钢筋接头区域的破坏。

2.3.2　装配式混凝土建筑与艺术风格

装配式建筑可以实现各种建筑风格，包括现代主义、后现代主义、自然主义、典雅主义、地域主义、解构主义和新现代主义等，对简单简洁的风格最为适应。详见第 5 章。

2.4　装配式混凝土建筑与结构体系

虽然任何结构体系的混凝土建筑都可以用装配式工艺建成，但并不是都适宜装配式，能做是一回事，是否合理、是否合算是另一回事。

装配式建筑设计人员，无论是建筑设计师还是结构设计师，都应当对装配式建筑与结构体系的适宜性有一个了解，如此才能选择合适的结构体系，或者对某种结构体系进行适宜的设计。

为了使读者对装配式与结构体系适宜性有一个全面的了解，我们列出了装配式混凝土建筑结构体系表，见表 2.4-1。

表 2.4-1　装配式混凝土建筑结构体系表

序号	名称	定　义	平面示意图	立体示意图	说　明
1	框架结构	是由柱、梁为主要构件组成的承受竖向和水平作用的结构			适用于多层和小高层装配式建筑，是应用非常广泛的结构
2	框架-剪力墙结构	是由柱、梁和剪力墙共同承受竖向和水平作用的结构			适用于高层装配式建筑，其中剪力墙部分一般为现浇。在国外应用较多

（续）

序号	名称	定　义	平面示意图	立体示意图	说　明
3	剪力墙结构	是由剪力墙组成的承受竖向和水平作用的结构，剪力墙与楼盖一起组成空间体系			可用于多层和高层装配式建筑，在国内应用较多，国外高层建筑应用较少
4	框支剪力墙结构	是剪力墙因建筑要求不能落地，直接落在下层框架梁上，再由框架梁将荷载传至框架柱上的结构体系			可用于底部商业（大空间）上部住宅的建筑，不是很适合的结构体系
5	墙板结构	由墙板和楼板组成承重体系的结构。有剪力墙结构和暗柱暗梁的框架板结构			适用于低层、多层住宅装配式建筑
6	筒体结构（密柱单筒）	由密柱框架形成的空间封闭式的筒体			适用于高层和超高层装配式建筑，在国外应用较多

（续）

序号	名称	定　义	平面示意图	立体示意图	说　明
7	筒体结构（密柱双筒）	内外筒均由密柱框筒组成的结构			适用于高层和超高层装配式建筑，在国外应用较多
8	筒体结构（密柱＋剪力墙核心筒）	外筒为密柱框筒，内筒为剪力墙组成的结构			适用于高层和超高层装配式建筑，在国外应用较多
9	筒体结构（束筒结构）	由若干个筒体并列连接为整体的结构			适用于高层和超高层装配式建筑，在国外有应用
10	筒体结构（稀柱＋剪力墙核心筒）	外围为稀柱框筒，内筒为剪力墙组成的结构			适用于高层和超高层装配式建筑，在国外有应用

（续）

序号	名称	定　义	平面示意图	立体示意图	说　明
11	无梁板结构	是由柱、柱帽和楼板组成的承受竖向与水平作用的结构			适用于商场、停车场、图书馆等大空间装配式建筑
12	单层厂房结构	是由钢筋混凝土柱、轨道梁、预应力混凝土屋架或钢结构屋架组成承受竖向和水平作用的结构			适用于工业厂房装配式建筑
13	空间薄壁结构	是由曲面薄壳组成的承受竖向与水平作用的结构	—		适用于大型装配式公共建筑
14	悬索结构	是由金属悬索和预制混凝土屋面板组成的屋盖体系	—		适用于大型公共装配式建筑，如机场、体育场等

2.5　预制混凝土构件类型

本书彩页 C10 给出了装配式混凝土建筑预制构件图例，以使读者对各种预制构件有一个直观的认识，将名称与形状对上号。其中列出了 55 种构件，实际品种数量不限于此。表 2.5-1 中给出了各种构件与装配式方式和结构体系的对应关系。

表 2.5-1　常用预制混凝土构件分类表

类别	编号	名称	应用范围										说明
			混凝土装配整体式				混凝土全装配式					钢结构	
			框架结构	剪力墙结构	框剪结构	筒体结构	框架结构	薄壳结构	悬索结构	单柱厂房结构	无梁板结构		
楼板	LB1	实心板	◎	◎	◎	◎	◎					◎	
	LB2	空心板	◎	◎	◎	◎	◎					◎	
	LB3	叠合板	◎	◎	◎	◎						◎	半预制半现浇
	LB4	预应力空心板	◎	◎	◎	◎	◎	◎	◎		◎		
	LB5	预应力叠合肋板	◎	◎	◎	◎	◎						半预制半现浇
	LB6	预应力双 T 板		◎					◎				
	LB7	预应力倒槽形板									◎		
	LB8	空间薄壁板						◎					
	LB9	非线性屋面板						◎					
	LB10	后张法预应力组合板					◎					◎	
剪力墙板	J1	剪力墙外墙板		◎									
	J2	T 形剪力墙板		◎									
	J3	L 形剪力墙板		◎									
	J4	U 形剪力墙板		◎									
	J5	L 形外叶板		◎									PCF 板
	J6	双面叠合剪力墙板		◎									
	J7	预制圆孔墙板		◎									
	J8	剪力墙内墙板		◎	◎								
	J9	窗下轻体墙板	◎	◎	◎	◎	◎						
	J10	各种剪力墙夹芯保温一体化板		◎									三明治墙板
外挂墙板	W1	整间外挂墙板	◎	◎	◎	◎	◎					◎	分有窗、无窗或多窗
	W2	横向外挂墙板	◎	◎	◎	◎	◎					◎	
	W3	竖向外挂墙板	◎	◎	◎	◎	◎					◎	有单层、跨层
	W4	非线性外挂墙板	◎	◎	◎	◎	◎					◎	
	W5	镂空外挂墙板	◎	◎	◎	◎	◎					◎	
框架墙板	K1	暗柱暗梁墙板	◎	◎									所有板可以做成装饰保温一体化墙板
	K2	暗梁墙板		◎									
梁	L1	梁	◎		◎	◎	◎						
	L2	T 形梁	◎				◎			◎			
	L3	凸形梁	◎				◎			◎			
	L4	带挑耳梁	◎				◎			◎			
	L5	叠合梁	◎	◎	◎	◎							
	L6	带翼缘梁	◎				◎			◎			
	L7	连梁	◎	◎									
	L8	U 形梁	◎		◎	◎				◎			

（续）

类别	编号	名称	应用范围 混凝土装配整体式 框架结构	剪力墙结构	框剪结构	筒体结构	混凝土全装配式 框架结构	薄壳结构	悬索结构	单柱厂房结构	无梁板结构	钢结构	说明
梁	L9	叠合莲藕梁	◎		◎	◎							
	L10	工字形屋面梁								◎		◎	
	L11	连筋式叠合梁	◎		◎	◎							
柱	Z1	方柱	◎		◎	◎							
	Z2	L 形扁柱	◎	◎	◎	◎	◎						
	Z3	T 形扁柱	◎	◎	◎	◎	◎						
	Z4	带翼缘柱	◎	◎	◎	◎	◎						
	Z5	带柱帽柱	◎							◎			
	Z6	带柱头柱	◎					◎	◎				
	Z7	跨层圆柱								◎			
	Z8	跨层方柱	◎		◎	◎							
	Z9	圆柱							◎	◎			
复合构件	F1	莲藕梁	◎		◎	◎							
	F2	双莲藕梁	◎		◎	◎							
	F3	十字形莲藕梁	◎		◎	◎							
	F4	十字形梁 + 柱	◎		◎	◎							
	F5	T 形柱梁	◎		◎	◎							
	F6	草字头形梁柱一体构件	◎		◎	◎				◎			
其他构件	Q1	楼梯板	◎	◎	◎	◎	◎	◎	◎	◎	◎	◎	单跑、双跑
	Q2	叠合阳台板	◎	◎	◎	◎						◎	
	Q3	无梁板柱帽								◎			
	Q4	杯形基础						◎	◎	◎			
	Q5	全预制阳台板	◎	◎	◎	◎	◎					◎	
	Q6	空调板	◎	◎	◎	◎	◎						
	Q7	带围栏阳台板	◎	◎	◎	◎	◎						
	Q8	整体飘窗		◎									
	Q9	遮阳板	◎	◎	◎	◎	◎						
	Q10	室内曲面护栏板	◎	◎	◎	◎	◎	◎	◎	◎	◎	◎	
	Q11	轻质内隔墙板	◎	◎	◎	◎	◎	◎	◎	◎	◎	◎	
	Q12	挑檐板	◎	◎	◎	◎							
	Q13	女儿墙板	◎	◎	◎	◎							
	Q13-1	女儿墙压顶板	◎	◎	◎	◎							

2.6　装配式混凝土建筑结构连接方式

2.6.1　连接方式概述

预制构件与现浇混凝土的连接，预制构件之间的连接，是装配式混凝土结构最关键的技术环节，是设计的重点。

装配式混凝土结构的连接方式分为两类：湿连接和干连接。

湿连接是混凝土或水泥基浆料与钢筋结合的连接方式，适用于装配整体式混凝土结构连接。湿连接的核心是钢筋连接，包括套筒灌浆、浆锚搭接、机械套筒连接、注胶套筒连接、绑扎连接、焊接、锚环钢筋连接、钢索钢筋连接、后张法预应力连接等。湿连接还包括预制构件与现浇接触界面的构造处理，如键槽和粗糙面；以及其他方式的辅助连接，如型钢螺栓连接。

干连接主要借助于埋设在预制混凝土构件的金属连接件进行连接，如螺栓连接、焊接等。

图 2.6-1 给出了装配式混凝土结构连接方式一览，以使读者对连接方式全貌和谱系有一个清晰的全面了解。

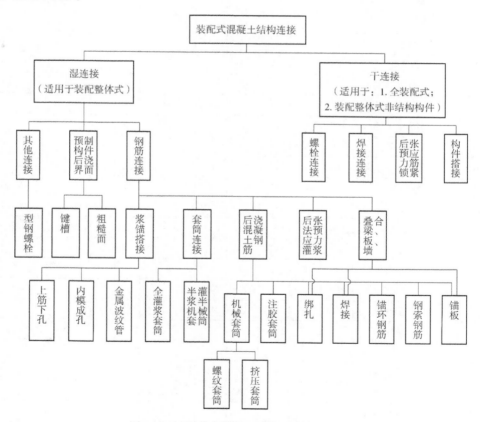

图 2.6-1　装配式混凝土结构连接方式一览

2.6.2　主要连接方式简介

1. 套筒灌浆连接

套筒灌浆连接是装配整体式结构最主要最成熟的连接方式，美籍华人余占疏1970年发明了套筒灌浆技术，至今已经有40多年的历史。套筒灌浆技术发明初期就在工程中得以应用，美国夏威夷38层的阿拉莫那酒店（Ala Mona Hotel）（图2.6-2）是世界上第一个应用灌浆套筒连接技术的高层建筑，而后在欧、美、亚洲得到广泛应用，目前在日本应用最多，用于很多超高层建筑，最高的装配式建筑是208m高的日本大阪北浜大厦（见本书彩页图C01）。套筒灌浆连接在日本的装配式混凝土建筑中经历过多次地震的考验，是可靠的连接技术。

套筒灌浆连接的工作原理是：将需要连接的带肋钢筋插入金属套筒内"对接"，在套筒内注入高强早强且有微膨胀特性的灌浆料，灌浆料在套筒筒壁与钢筋之间形成较大的正向应力，在带肋钢筋的粗糙表面产生较大的摩擦力，由此得以传递钢筋的轴向力（图2.6-3，本书彩页图C09）。

图2.6-2　阿拉莫那酒店（Ala Mona Hotel）

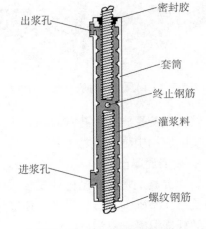

图2.6-3　套筒灌浆原理图

下面以预制框架柱现场连接为例介绍套筒灌浆的连接过程。

下柱（现浇和预制都可以）顶部伸出钢筋（图2.6-4），上面的预制柱在下柱伸出钢筋对应位置预理了套筒，预制柱的钢筋插入到套筒上部一半位置，套筒下部一半空间预留给下柱的钢筋插入。预制柱套筒对准下柱伸出钢筋安装，使下柱钢筋插入套筒，与预制柱的钢筋形成对接（图2.6-5）。然后通过套筒灌浆口注入灌浆料，使套筒内注满灌浆料，形成连接。

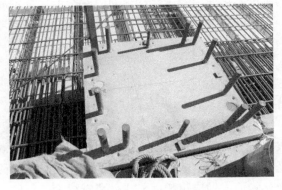

图2.6-4　下柱伸出钢筋

2. 浆锚搭接

浆锚搭接的工作原理是：将需要连接的
带肋钢筋插入预制构件的预留孔道里，预留孔道内壁是螺旋形的。钢筋插入孔道后，在孔道内注入高强早强且有微膨胀特性的灌浆料，锚固住插入钢筋。在孔道旁边，是预埋在构件中的受力钢筋，插入孔道的钢筋与之"搭接"，两根钢筋共同被螺旋筋或箍筋所约束（图2.6-6）。

图2.6-5　上面预制柱对应下柱钢筋位置是套筒

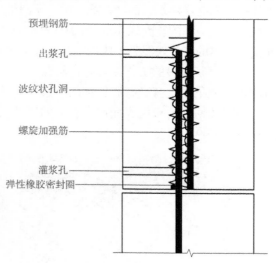

图2.6-6　浆锚搭接原理图

浆锚搭接螺旋孔成孔有两种方式，一是埋设金属波纹管成孔，一是用螺旋内模成孔。前者在实际应用中更为可靠一些。

3. 后浇混凝土

后浇混凝土是指预制构件安装后在预制构件连接区或叠合层现场浇筑的混凝土。在装配式建筑中，基础、首层、裙楼、顶层等部位的现浇混凝土，就称为现浇混凝土；连接和叠合部位的现浇混凝土称为后浇混凝土。

后浇混凝土是装配整体式混凝土结构的非常重要的连接方式。到目前为止，世界上所有的装配整体式混凝土结构建筑，都会有后浇混凝土。

钢筋连接是后浇混凝土连接节点最重要的环节。后浇区钢筋连接方式包括：

1）机械套筒连接。

2）钢筋搭接。

3）钢筋焊接。

4. 粗糙面与键槽

预制混凝土构件与后浇混凝土的接触面须做成粗糙面或键槽面，以提高抗剪能力。试验表明，不计钢筋作用的平面、粗糙面和键槽面混凝土抗剪能力的比例关系是1:1.6:3，也就是说，粗糙面抗剪能力是平面的1.6倍，键槽面是平面的3倍。所以，预制构件与后浇混凝土接触面或做成粗糙面，或做成键槽面，或两者兼有。

粗糙面和键槽的实现办法：

（1）粗糙面　对于压光面（如叠合板叠合梁表面）在混凝土初凝前"拉毛"形成粗糙

面（图 2.6-7）。

对于模具面（如梁端、柱端表面），可在模具上涂刷缓凝剂，拆模后用水冲洗未凝固的水泥浆，露出骨料，形成粗糙面。

（2）键槽　键槽是靠模具凸凹成型的。图 2.6-8 是日本预制柱底部的键槽。

图 2.6-7　预应力叠合板压光面处理粗糙面　　　　图 2.6-8　日本预制柱底部的键槽

2.6.3　连接方式适用范围

各种结构连接方式适用的构件与结构体系见表 2.6-1。套筒灌浆连接方式是竖向构件最主要的连接方式。

表 2.6-1　装配式结构连接方式及适用范围表

类　别		序号	连接方式	可连接的构件	适用范围	备　注
湿连接	灌浆	1	套筒灌浆	柱、墙	适用各种结构体系高层建筑	日本最新技术也用于梁
		2	浆锚搭接	柱、墙	房屋高度小于 3 层或 12m 的框架结构，二、三级抗震的剪力墙结构（非加强区）	
		3	金属波纹管浆锚搭接	柱、墙		
	后浇混凝土钢筋连接	4	螺纹套筒钢筋连接	梁、楼板	适用各种结构体系高层建筑	
		5	挤压套筒钢筋连接	梁、楼板	适用各种结构体系高层建筑	
		6	注胶套筒连接	梁、楼板	适用各种结构体系高层建筑	
		7	环形钢筋绑扎连接	墙板水平连接	适用各种结构体系高层建筑	
		8	直钢筋绑扎搭接	梁、楼板、阳台板、挑檐板、楼梯板固定端	适用各种结构体系高层建筑	
		9	直钢筋无绑扎搭接	双面叠合板剪力墙、圆孔剪力墙	适用剪力墙体结构体系高层建筑	
		10	钢筋焊接	梁、楼板、阳台板、挑檐板、楼梯板固定端	适用各种结构体系高层建筑	

(续)

类　　别	序号	连接方式	可连接的构件	适用范围	备　注
后浇混凝土 其他连接	11	套环连接	墙板水平连接	适用各种结构体系高层建筑	
	12	绳索套环连接	墙板水平连接	适用多层框架结构和低层板式结构	
	13	型钢	柱	适用框架结构体系高层建筑	
叠合构件后 浇混凝土连接	14	钢筋折弯锚固	叠合梁、叠合板、叠合阳台等	适用各种结构体系高层建筑	
	15	钢筋锚板锚固	叠合梁	适用各种结构体系高层建筑	
预制混凝土与 后浇混凝土 连接截面	16	粗糙面	各种接触后浇混凝土的预制构件	适用各种结构体系高层建筑	
	17	键槽	柱、梁等	适用各种结构体系高层建筑	
干连接	18	螺栓连接	楼梯、墙板、梁、柱	楼梯适用各种结构体系高层建筑。主体结构构件适用框架结构或组装墙板结构低层建筑	
	19	构件焊接	楼梯、墙板、梁、柱	楼梯适用各种结构体系高层建筑。主体结构构件适用框架结构或组装墙板结构低层建筑	

(左侧竖排类别:湿连接)

2.7　装配式建筑设计对工程造价的影响

装配式混凝土建筑设计在确保使用功能和结构安全的前提下，须通过优化设计控制和降低建造成本。

1）通过方案比较，选择适宜的结构体系。

2）合理进行预制率安排，避免工地设立大型塔式起重机，却没有多少吊装工作量的情况。

3）合理进行拆分设计，既要避免构件太重需要配置大型起重设备；也要避免构件过小，吊装频次过高。

4）合理选择连接方式。

5）避免设计遗漏或碰撞造成损失。

6）避免层层加码导致功能过剩成本增加。

思考题

1. 装配式混凝土建筑设计责任应当由谁负责，为什么？
2. 就安全功能而言，设计须关注哪几个重点？
3. 浆锚搭接的原理是什么？
4. 装配整体式混凝土建筑有几种连接方式？
5. 装配式混凝土建筑设计对造价有哪些影响？

第3章 设 计 概 述

3.1 概述

本章介绍装配式混凝土建筑设计特点（3.2），装配式混凝土建筑主要设计内容（3.3），装配式混凝土建筑设计的中国课题（3.4），设计依据与原则（3.5），装配式建筑设计意识（3.6），为什么必须强调设计协同（3.7）。

3.2 装配式混凝土建筑设计特点

装配式混凝土建筑的设计有以下特点：

1）需要进行集成，即一体化设计。既有一个系统内的集成，如结构系统内将柱与梁、梁与墙板设计成一体化构件；又包括不同系统的集成，如将结构系统剪力墙与建筑系统的保温、外装饰设计成一体化的外墙夹芯保温板。

2）需要建筑设计师、结构设计师、水电暖通设备设计师和装修设计师密切协同。"装配式"概念应伴随各个专业设计全过程。

3）装修设计被纳入到设计体系并不再是工程后期或完工后再设计，而是提前到施工图设计阶段。

4）设计人员须与制作厂家和安装施工单位技术人员密切协同，在方案设计阶段就需要进行协同。

5）设计要求精细化、模数化和标准化。

6）整个设计过程须具有高度的衔接性、互动性。

3.3 装配式混凝土建筑主要设计内容

3.3.1 设计前期

工程设计尚未开始时，关于装配式的分析就应当先行。设计者需要做以下工作：

1）了解当地政府关于装配式的要求，如装配率要求等。

2）对约束条件进行调查，包括环境条件、工厂情况、道路情况等，判断是否有条件搞装配式。

3）对项目是否适合做装配式进行定量的技术分析，主要是装配式对实现建筑功能的适宜性，装配式实现技术目标的便利性等。

4）对项目是否适合做装配式进行定量的经济分析，主要分析成本增减。

5）做出是否做或如何做装配式的定性结论供甲方参考。

3.3.2　方案设计阶段

在方案设计阶段，建筑师和结构设计师需根据装配式混凝土建筑的结构特点和有关规范的规定确定方案。内容包括：

1）装配式与建筑功能适应。

2）通过综合技术经济分析，选择适宜的结构体系。

3）在确定建筑风格、造型、质感时分析判断装配式的影响和实现可能性。

4）在确定建筑高度时考虑装配式的影响。

5）在确定形体时考虑装配式的影响。

6）如果政府对建设项目设定了预制率要求，须考虑实现这些要求的初步方案。

3.3.3　施工图设计阶段

1. 建筑设计

在施工图设计阶段，建筑设计关于装配式的内容包括：

1）与结构工程师确定预制范围，哪一层、哪个部分预制。

2）设定建筑模数，确定模数协调原则。

3）进行平面布置时考虑装配式的特点与要求。

4）进行立面设计时考虑装配式的特点，确定立面拆分原则。

5）依照装配式特点与优势设计表皮造型和质感。

6）进行外围护结构建筑设计，尽可能实现建筑、结构、保温、装饰一体化。

7）设计外墙预制构件接缝防水防火构造。

8）组织各专业进行集成化设计，设计或选型部品部件。

9）根据门窗、装饰、厨卫、设备、电源、通信、避雷、管线、防火等专业或环节的要求，进行建筑构造设计和节点设计，与构件设计对接。

10）将各专业对建筑构造的要求汇总等。

2. 结构设计

施工图设计阶段，结构设计关于装配式的内容包括：

1）与建筑师确定预制范围。

2）进行因装配式而变化的作用分析与计算。

3）进行拆分设计。

4）对构件接缝处水平抗剪能力进行计算。

5）设计因装配式而需要设置的结构构造。

6）确定构件连接方式，进行连接节点设计，选定连接材料。

7）对夹芯保温构件进行拉结节点布置、外叶板结构设计和拉结件结构计算，选择拉结件。

8）进行预制构件设计。

9）对预制构件在使用、制作、运输和安装过程中的承载力和变形进行验算。

10）将建筑和其他专业对预制构件的要求设计到构件制作图中。

11）将制作、运输和施工环节对预制构件的要求设计到构件制作图中。

12）给出构件制作、存放、运输和安装后临时支撑的支撑点要求。

3. 拆分设计与构件设计

结构拆分和构件设计是结构设计的一部分，也是装配式结构设计非常重要的环节，拆分设计人员应当在结构设计师的指导下进行拆分，应当由结构设计师和项目设计单位审核签字，承担设计责任。

拆分设计与构件设计内容包括：

1）依据规范，按照建筑和结构设计要求和制作、运输、施工的条件，结合制作、施工的便利性和成本因素，进行结构拆分设计。

2）设计拆分后的连接方式、连接节点、出筋长度、钢筋的锚固和搭接方案等；确定连接件材质和质量要求。

3）进行拆分后的构件设计，包括形状、尺寸、允许误差等。

4）对构件进行编号。构件有任何不同，编号都要有区别，每一类构件有唯一的编号。

5）设计预制混凝土构件制作和施工安装阶段需要的脱模、翻转、吊运、安装、定位等吊点和临时支撑体系等，确定吊点和支撑位置，进行强度、裂缝和变形验算，设计预埋件及其锚固方式。

6）设计预制构件存放、运输的支撑点位置，提出存放要求。

4. 其他专业设计

1）给水、排水、暖通、空调、设备、电气、通信、装修等专业须将与装配式有关的要求，准确定量地提供给建筑师和结构工程师。

2）对集成部品提出本专业设计要求，设计接口方式、位置和具体构造。

3）实行管线分离和同层排水时，进行相关设计。

3.4 装配式混凝土建筑设计的中国课题

由于我国装配式建筑处于起步阶段，科学研究和实际经验严重不足，规范比较谨慎，覆盖面不够，有些规定不具体。更主要的原因是，沿袭我国传统建筑习惯搞装配式有些困难和不适应，有些课题需要解决。

1. 建筑风格

北欧是最先大规模搞装配式混凝土建筑的地区，日本是目前装配式建筑比例最大、高层装配式建筑最多的国家。北欧人和日本人都喜欢简洁的建筑风格，非常适合装配式，经济性好。还有一些国家和地区，装配式建筑大都是保障房，建筑风格也比较简洁。我国目前是在商品房领域推广装配式建筑，消费者大都喜欢花哨一些的建筑风格，简洁的住宅不好卖。复杂造型的建筑做装配式适应度差，控制的难度比较大。

2. 结构体系

国外装配式混凝土建筑大多是框架结构、框-剪结构和筒体结构，剪力墙结构多用于多层建筑，较多采用实际上还是现浇的双面叠合剪力墙，高层剪力墙结构装配式建筑非常少。而我国高层住宅剪力墙结构居多。

框架结构、框-剪结构和筒体结构的装配式是柱、梁连接，可以用高强度大直径钢筋，连接点少。而剪力墙结构混凝土量大，钢筋连接点多，制作和施工麻烦，成本高。由于科研和经验不足，现行规范比较审慎，规定的现浇部位多，预制构件出筋多。如此，既搞装配式，又有较多现场支模现浇，预制构件出筋工厂也无法实现自动化，设计环节和施工环节都麻烦，成本较高。

3. 建筑标准

国外住宅交付全装修房屋，顶棚吊顶，地面架空，同层排水，管线不埋设在结构混凝土中。这样的建筑搞装配式，麻烦少，降低成本和节约工期的效果明显，主体结构施工刚封顶，内装修尾随只差三层，地毯都铺好了。

有吊顶和架空的建筑搞装配式麻烦较少。比如叠合楼板块与块之间的接缝，就不需要处理。而没有吊顶的顶棚，板缝不可能被接受，哪怕是很细微的缝。但是要保证叠合楼板构造接缝一点没有痕迹，设计和施工环节难度很大。勉强处理成本高，得不偿失。

国外室内隔墙较多采用轻钢龙骨板材隔墙，线路、线盒等不用埋设在混凝土墙体中。而我国消费者喜欢"实在"的、能钉钉子能打膨胀螺栓的墙体。这种实体墙不适于装配式。

在预制剪力墙或内隔墙上埋设各种管线、线路、线盒，安装卫浴、厨房、收纳柜、空调、窗帘盒的预埋件，不仅需要格外精细的设计，制作和施工麻烦，也存在维修时"侵扰"结构的问题。

4. 外墙保温

外墙外保温在节能上有很多优势，但国外高层建筑较少采用。日本高层住宅几乎没有外墙外保温，而是采用外墙内保温，如此装配式建筑外墙设计比较灵活。

我国建筑保温大都采用外墙外保温，最常见的做法是粘贴保温层挂玻纤网抹薄灰浆层，这种做法不是很令人放心，已经发生了许多保温层脱落事故，也有火灾发生。

装配式建筑采用夹芯保温墙板，即用两层混凝土板夹着保温层。就保温层不脱落和防火而言，夹芯保温墙板是比较可靠的做法。但夹芯保温墙板增加了材料、重量，成本增加也较多；造型复杂的外墙设计和制作难度很大。夹芯保温板拉结件的设计与锚固也是涉及安全的脆弱环节。

以上列举的"中国课题"或需要对现有习惯做法进行改变；或需要在现有做法基础上找到解决办法。这给设计增加了难度和工作量。

3.5 设计依据与原则

装配式混凝土建筑设计首先应当依据国家标准、行业标准和项目所在地的地方标准。

由于我国装配式处于起步阶段，有关标准比较审慎，覆盖范围有限（如对简体结构就没有覆盖），一些规定也不具体明确，远不能适应大规模开展装配式建筑的需求，许多创新的设计也不可能从规范中找到相应的规定。所以，装配式混凝土建筑设计还需要借鉴国外成熟的经验，进行试验以及请专家论证等。

3.5.1 设计依据

装配式建筑设计除了执行混凝土结构建筑有关标准外，还应执行关于装配式混凝土建筑的国家标准《装标》和行业标准《装配式混凝土结构技术规程》（JGJ 1—2014）（本书简称《装规》）。北京、上海、辽宁、黑龙江、深圳、江苏、四川、安徽、湖南、重庆、山东、湖北等地都制定了关于装配式混凝土结构的地方标准。这些目录见本书附录。

中国建筑设计标准研究院、北京、上海、辽宁等地还编制了装配式混凝土结构标准图集，见本书附录。

3.5.2　借鉴国外经验

欧洲、北美、日本、新加坡等国家和我国台湾、香港地区有多年装配式混凝土建筑的经验。尤其是日本，许多超高层装配式混凝土建筑经历了多次地震的考验。对成熟的经验，特别是许多细节，宜采取借鉴方式，但应配合相应的试验验证和专家论证。

3.5.3　试验原则

装配式混凝土建筑在我国刚刚兴起，经验不多。国外装配式混凝土建筑的经验主要是框架、框-剪和筒体结构，高层剪力墙结构的经验非常少；装配式建筑的一些配件和配套材料目前国内也处于刚刚开发阶段。由此，试验尤为重要。设计在采用新技术选用新材料时，涉及结构连接等关键环节，应基于试验获得可靠数据。

3.5.4　专家论证

当设计超出国家标准、行业标准或地方标准的规定时，例如建筑高度超过最大适用高度限制，须进行专家审查。

在采用规范没有规定的结构技术和重要材料时，也应进行专家论证。在建筑结构和重要使用功能问题上，审慎是非常必要的。

3.5.5　设计、制作、施工的协同设计

装配式建筑设计人员应当与部品部件制作工厂和施工安装单位的技术人员进行沟通互动，了解制作和施工环节对设计的要求和约束条件，进行协同设计。

3.5.6　各专业协同设计

装配式混凝土建筑设计需要各个专业密切配合与衔接，进行协同设计。

3.5.7　一张（组）图原则

装配式混凝土建筑多了构件制作图环节，与目前工程图样的表达习惯有很大的不同。构件制作图应当表达所有专业所有环节对构件的要求，包括外形、尺寸、配筋、结构连接、各专业预埋件、预埋物和孔洞、制作施工环节的预埋件等，都清清楚楚地表达在一张或一组图上，不用制作和施工技术人员自己去查找各专业图样，也不能让工厂人员自己去标准图集上找大样图。

一张（组）图原则最主要的是要避免或减少出错、遗漏和各专业设计的"撞车"。

3.6　装配式建筑设计意识

装配式建筑设计是面向未来的具有创新性的设计过程，设计人员应当具有装配式建筑的设计意识。包括：

1. 特殊性意识

装配式建筑具有与普通建筑不一样的特殊性，设计人员应遵循其特有规律，发挥其优势，使设计更好地满足建筑使用功能和安全性、可靠性、耐久性要求，更具合理性。

2. 节约环保意识

装配式建筑具有节约资源和环保的优势，设计师应通过设计使这一优势得以实现和扩展，而不是仅仅为了完成装配率指标，为装配式而装配式。精心和富有创意的设计可以使装

配式建筑节约材料、节省劳动力、降低能源消耗并降低成本。

3. 模数化和标准化意识

装配式建筑设计应实现模数化和标准化，实现模数协调，如此才能充分实现装配式的优势，降低成本。装配式建筑设计师应当像"乐高"设计师那样，用简单的单元组合丰富的平面、立面、造型和建筑群。

4. 集成化意识

装配式建筑设计应致力于一体化和集成化，如建筑、结构、装饰一体化，建筑、结构、保温、装饰一体化，集约式厨房，整体卫浴，各专业管路的集成化等。进而更大比例地实现建筑产业的工厂化，提升质量、提高效率、降低成本。

5. 精细化意识

装配式建筑设计必须精细，制作、施工过程不再有设计变更。设计精细是构件制作、安装正确和保证质量的前提，是避免失误和损失的前提。

6. 降低成本意识

装配式建筑设计必须有强烈的成本意识，进行定量的技术经济分析，优化设计。

7. 面向未来的意识

装配式建筑是建筑走向未来的基础，是建筑实现工业化、自动化和智能化的基础，装配式建筑可以更方便地实现太阳能与建筑、结构、装饰一体化。设计师应当有强烈的面向未来的意识和使命感，推动创新和技术进步。

3.7 为什么必须强调设计协同

3.7.1 设计协同的重要性

装配式建筑的设计协同非常重要，因为：

1. 约束条件的限制

装配式建筑的实施和效果实现受到环境、制作、运输和安装条件的约束，必须详细了解这些限制约束条件，做出能相对容易实现的设计。

2. 集成的需要

装配式建筑需要进行各个系统和不同系统的集成设计，设计部品部件，如此需要各个专业的密切协同和设计与制作工厂的密切协同。

3. 不准砸墙凿洞，不宜采用后锚固方式

装配式混凝土建筑禁止在预制构件上砸墙凿洞，原则上不采用后锚固方式（后锚固方式打孔时容易把钢筋打断或破坏保护层），由此，各个专业各个环节的预埋件都必须设计到构件制作图中。

4. 对遗漏和错误不宽容

装配式建筑对遗漏和错误不宽容。预制构件在工厂制作，一旦到了施工现场才发现问题，很难补救，会造成重大损失。

3.7.2 设计协同的主要内容

1. 各个专业的协同设计内容

各个专业的协同设计内容包括：

1）拆分设计对建筑功能、艺术效果、结构功能和各专业的影响与协调。

2）结构、围护、保温、装饰一体化的夹芯保温板的相关专业协同。

3）集成式部品设计或选型以及接口设计的各专业协同。

4）水、暖、电、通、设备各个专业对预制构件的预埋件、预埋物和预留孔洞要求。

5）水、暖、电、通、设备各个专业之间的设计协同，避免"撞车"。

6）实行管线分离时，设备与管线系统各专业与建筑、结构和内装设计的协同。

7）实行同层排水时，设备与管线专业与建筑结构设计的协同。

8）防雷设计与构件设计的协同。

9）内装修设计与建筑、结构和各专业的协同，装修预埋件、预留孔洞在构件上的预留。

2. 与构件制作工厂的协同设计内容

与混凝土预制构件制作工厂的设计协同内容包括：

1）预制工艺与条件对构件形状、尺寸、重量的限制。

2）运输条件对构件形状、尺寸、重量的限制。

3）制作过程需要的吊点（包括脱模、翻转、吊运吊点）和预埋件的设计协同。

4）构件内钢筋、套筒、箍筋的拥堵对混凝土浇筑的影响。

5）构件存放、运输方式与支垫要求。

3. 与部品制作工厂的协同设计内容

与集成式厨房、集成式卫生间、整体收纳等部品制作厂家的设计协同内容包括：

1）功能设定。

2）空间设计。

3）风格、色彩设计。

4）材料选择。

5）设备选型。

6）部品安装对结构或构件的要求。

7）部品安装与各个专业管线的接口。

8）吊运安装的便利性等。

4. 与施工安装企业的协同设计内容

与施工安装企业的协同设计内容包括：

1）安装对部品部件形状、尺寸和重量的限制。

2）吊装方式的确定，安装吊点的合理布置。

3）构件安装标高调整装置的设计。

4）临时支撑的要求、支撑点布置与在构件上支撑预埋件的设置。

5）后浇混凝土支模预埋件在预制构件上的设置。

6）施工用安全防护和塔式起重机支扶预埋件在结构构件上的设置，荷载复核。

3.7.3 设计协同的方式

1）在甲方的组织下进行协同。

2）在方案设计阶段、施工图和构件图设计阶段进行协同。

3）在图样会审与设计交底阶段进行协同。

4) 任何情况下，制作与施工方不能擅自变更设计，必须由设计方进行变更。

 思考题

1. 装配式混凝土建筑设计有哪些特点？
2. 装配式混凝土建筑在方案设计阶段主要有哪些工作？
3. 建筑设计在施工图设计阶段有哪些内容？
4. 结构设计在施工图设计阶段有哪些内容？
5. 拆分设计有哪些具体内容？
6. 我国装配式混凝土建筑有哪些课题？
7. 装配式混凝土建筑设计应遵循哪些原则？
8. 装配式混凝土建筑设计应具备哪些意识？
9. 设计协同有哪些内容？

第4章 材料与配件

4.1 概述

装配式混凝土建筑所用材料大多数与现浇混凝土建筑一样，没有必要去一一讨论。本章的讨论重点是装配式混凝土建筑的连接材料（4.2）、结构材料（特别讨论装配式混凝土结构里应用常规材料时的特殊条件、要求与注意事项）（4.3）、建筑与装饰材料（4.4）。

4.2 连接材料

装配式混凝土结构的连接材料包括灌浆套筒、套筒灌浆料、浆锚孔金属波纹管、浆锚搭接灌浆料、浆锚孔螺旋筋、灌浆导管、灌浆孔塞、灌浆堵缝材料、夹芯保温构件拉结件、机械套筒、注胶套筒和钢筋锚固板。除机械套筒、注胶套筒和钢筋锚固板在现浇混凝土结构建筑中也有应用外，其余材料都是装配式混凝土结构连接的专用材料（连接用主材和辅材）。

4.2.1 灌浆套筒

1. 灌浆套筒类型

灌浆套筒分为全灌浆套筒和半灌浆套筒。

全灌浆套筒是两端均采用灌浆连接的灌浆套筒，半灌浆套筒是一端采用套筒灌浆连接，另一端采用机械连接方式连接的灌浆套筒。

2. 灌浆套筒构造

灌浆套筒构造包括筒壁、剪力槽、灌浆口、排浆口、钢筋定位销，如图4.2-1所示。

3. 灌浆套筒材质

灌浆套筒材质有碳素结构钢、合金结构钢和球墨铸铁。碳素结构钢和合金结构钢套筒采用机械加工工艺制造；球墨铸铁套筒采用铸造工艺制造。球墨铸铁和各类钢灌浆套筒的材料性能，见表4.2-1、表4.2-2。

4. 灌浆套筒尺寸偏差要求

灌浆套筒尺寸偏差见表4.2-3。

5. 灌浆套筒尺寸选用

在预制构件连接设计时，需要知道对应各种直径的钢筋的灌浆套筒的外径，以确定受力钢筋在构件断面中的位置，计算和配筋等；还需要知道套筒的总长度和钢筋的插入长度，以确定下部构件的伸出钢筋长度和上部构件受力钢筋的长度。表4.2-4、表4.2-5给出了半灌浆套筒和全灌浆与钢筋对应尺寸表（北京思达建茂公司提供）。

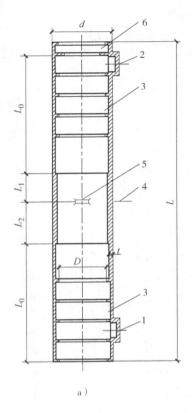
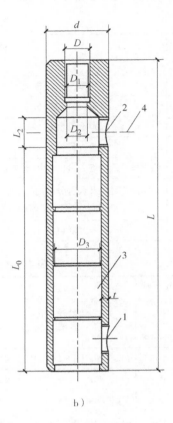

a)　　　　　　　　　　　　　　　　　b)

图 4.2-1　灌浆套筒构造图

a）全灌浆套筒　b）半灌浆套筒

说明：1—灌浆孔　2—排浆孔　3—剪力槽　4—强度验算用截面　5—钢筋限位挡块　6—安装密封垫的结构

尺寸：L—灌浆套筒总长　L_0—锚固长度　L_1—预制端预留钢筋安装调整长度　L_2—现场装配端预留钢筋安装调整长度

　　　t—灌浆套筒壁厚　d—灌浆套筒外径　D—内螺纹的公称直径　D_1—内螺纹的基本小径

　　　D_2—半灌浆套筒螺纹端与灌浆端连接处的通孔直径　D_3—灌浆套筒锚固段环形凸起部分的内径

注：D_3 不包括灌浆孔、排浆孔外侧因导向、定位等其他目的而设置的比锚固段环形凸起内径偏小的尺寸。

　　D_3 可以为非等截面。

表 4.2-1　球墨铸铁灌浆套筒的材料性能

项　　　目	性 能 指 标
抗拉强度 σ_b/MPa	≥550
断后伸长率 σ_s（%）	≥5
球化率（%）	≥85
硬度/HBW	180～250

表 4.2-2　各类钢灌浆套筒的材料性能

项　　　目	性 能 指 标
屈服强度 σ_s/MPa	≥355
抗拉强度 σ_b/MPa	≥600
断后伸长率 δ_s（%）	≥16

表 4.2-3　灌浆套筒尺寸偏差表

序号	项　目	灌浆套筒尺寸偏差					
		铸造灌浆套筒			机械加工灌浆套筒		
		12～20	22～32	36～40	12～20	22～32	36～40
1	钢筋直径/mm	12～20	22～32	36～40	12～20	22～32	36～40
2	外径允许偏差/mm	±0.8	±1.0	±1.5	±0.6	±0.8	±0.8
3	壁厚允许偏差/mm	±0.8	±1.0	±1.2	±0.5	±0.6	±0.8
4	长度允许偏差/mm	±(0.01×L)			±2.0		
5	锚固段环形凸起部分的内径允许偏差/mm	±1.5			±1.0		
6	锚固段环形凸起部分的内径最小尺寸与钢筋公称直径差值/mm	≥10			≥10		
7	直螺纹精度	—			GB/T 197 中 6H 级		

表 4.2-4　钢筋半灌浆连接套筒主要技术参数

套筒型号	螺纹端连接钢筋直径 d_1/mm	灌浆端连接钢筋直径 d_2/mm	套筒外径 d/mm	套筒长度 L/mm	灌浆端钢筋插入口孔径 D_3/mm	灌浆孔位置 a/mm	出浆孔位置 b/mm	灌浆端连接钢筋插入深度 L_1/mm	内螺纹公称直径 D/mm	内螺纹螺距 P/mm	内螺纹牙型角度	内螺纹孔深度 L_2/mm	螺纹端与灌浆端通孔直径 D_2/mm
GT12	φ12	φ12，φ10	Φ32	140	Φ23±0.2	30	104	96_0^{+15}	M12.5	2.0	75°	19	≤Φ8.8
GT14	φ14	φ14，φ12	Φ34	156	Φ25±0.2	30	119	112_0^{+15}	M14.5	2.0	60°	20	≤Φ10.5
GT16	φ16	φ16，φ14	Φ38	174	Φ28.5±0.2	30	134	128_0^{+15}	M16.5	2.0	60°	22	≤Φ12.5
GT18	φ18	φ18，φ16	Φ40	193	Φ30.5±0.2	30	151	144_0^{+15}	M18.7	2.5	60°	25.5	≤Φ15
GT20	φ20	φ20，φ18	Φ42	211	Φ32.5±0.2	30	166	160_0^{+15}	M20.7	2.5	60°	28	≤Φ17
GT22	φ22	φ22，φ20	Φ45	230	Φ35±0.2	30	181	176_0^{+15}	M22.7	2.5	60°	30.5	≤Φ19
GT25	φ25	φ25，φ22	Φ50	256	Φ38.5±0.2	30	205	200_0^{+15}	M25.7	2.5	60°	33	≤Φ22
CT28	φ28	φ28，φ25	Φ56	292	Φ43±0.2	30	234	224_0^{+20}	M28.9	3.0	60°	38.5	≤Φ23
CT32	φ32	φ32，φ28	Φ63	330	Φ48±0.2	30	266	256_0^{+20}	M32.7	3.0	60°	44	≤Φ26
CT36	φ36	φ36，φ32	Φ73	387	Φ53±0.2	30	316	306_0^{+20}	M36.5	3.0	60°	51.5	≤Φ30
CT40	φ40	φ40，φ36	Φ80	426	Φ58±0.2	30	350	340_0^{+20}	M40.2	3.0	60°	56	≤Φ34

注：1. 本表为标准套筒的尺寸参数；套筒材料：优质碳素结构钢或合金结构钢，抗拉强度≥600MPa，屈服强度≥355MPa，断后伸长率≥16%。

2. 竖向连接异径钢筋的套筒：

(1) 灌浆端连接钢筋直径小时，采用本表中螺纹连接端钢筋的标准套筒，灌浆端连接钢筋的插入深度为该标准套筒规定的深度 L_1 值；

(2) 灌浆端连接钢筋直径大时，采用变径套筒，套筒参数见表 4.2-5。

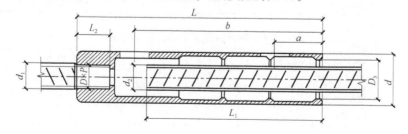

表 4.2-5 钢筋全灌浆连接套筒主要技术参数

套筒型号 简写	套筒型号 标识	连接钢筋 直径 d_1	外径 d/mm	套筒长度 L/mm	灌浆端口 孔径 D/mm	灌浆孔位 置 a/mm	排浆孔位 置 b/mm	现场施工钢 筋插入深度 L_1/mm	工厂安装钢 筋插入深度 L_2/mm
GT12L	JM GTJQ4 12L	12, 10	44	245	32	30	219	96 ~ 121	111 ~ 116
GT14L	JM GTJQ4 14L	14, 12	46	275	34	30	249	112 ~ 137	125 ~ 130
GT16L	JM GTJQ4 16L	16, 14	48	310	36	30	284	128 ~ 154	143 ~ 148
GT18L	JM GTJQ4 18L	18, 16	50	340	38	30	314	144 ~ 170	157 ~ 162
GT20L	JM GTJQ4 20L	20, 18	52	370	40	40	344	160 ~ 185	172 ~ 177
GT22L	JM GTJQ4 22L	22, 20	54	405	42	40	379	176 ~ 202	190 ~ 195
GT25L	JM GTJQ4 25L	25, 22	58	450	46	40	424	200 ~ 225	212 ~ 217
GT28L	JM GTJQ4 28L	28, 25	62	500	50	40	474	224 ~ 251	236 ~ 241
GT32L	JM GTJQ4 32L	32, 28	66	565	54	40	539	256 ~ 284	268 ~ 273
GT36L	JM GTJQ4 36L	36, 32	74	630	62	40	604	288 ~ 315	300 ~ 305
GT40L	JM GTJQ4 40L	40, 36	82	700	70	40	674	320 ~ 345	340 ~ 345

注：适用钢筋：屈服强度≥400MPa，抗拉强度≥540MPa 各类带肋钢筋。

　　套筒材质：45 号优质碳素结构钢。

　　套筒加工方式：机械加工制造。

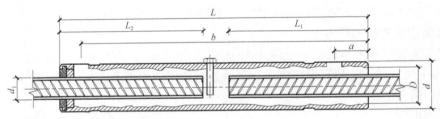

6. 灌浆套筒灌浆端最小内径要求

灌浆套筒灌浆端最小内径与连接钢筋公称直径的差值不宜小于表 4.2-6 规定的数值。

表 4.2-6 灌浆套筒灌浆端最小内径尺寸要求

钢筋直径/mm	套筒灌浆端最小内径与连接钢筋公称直径差最小值/mm
12 ~ 25	10
28 ~ 40	15

7. 套筒灌浆对所连接钢筋的要求

套筒灌浆所连接钢筋应是热轧带肋钢筋；钢筋直径不宜小于 12mm，且不宜大于 40mm。

8. 灌浆套筒的连接筋锚固深度

灌浆连接端用于钢筋锚固的深度不宜小于 8 倍钢筋直径的要求。

9. 接头性能要求

采用钢筋套筒灌浆连接时，应在构件生产前对灌浆套筒连接接头做抗拉强度试验，每种规格试件数量不应少于 3 个。

1）钢筋套筒灌浆连接接头的抗拉强度不应小于连接钢筋抗拉强度标准值，且破坏时应断于接头外钢筋。

2）钢筋套筒灌浆连接接头的屈服强度不应小于连接钢筋屈服强度标准值。

3）套筒灌浆连接接头应能经受规定的高应力和大变形反复拉压循环检验，且在经历拉压循环后，其抗拉强度仍应符合第 1) 条的规定。

4) 套筒灌浆连接接头单项拉伸、高应力反复拉压、大变形反复拉压试验加载过程中，当接头拉力达到连接钢筋抗拉荷载标准值的 1.15 倍而未发生破坏时，应判为抗拉强度合格，可停止试验。

5) 套筒灌浆连接接头的变形性能应符合表 4.2-7 的规定。当频遇荷载组合下，构件中的钢筋应力高于钢筋屈服强度标准值 f_{yk} 的 0.6 倍时，设计单位可对单向拉伸残余变形的加载峰值 u_0 提出调整要求。

表 4.2-7　套筒灌浆连接接头的变形性能

项　　目		工作性能要求
对中单向拉伸	残余变形/mm	$u_0 \leqslant 0.10$（$d \leqslant 32$）
		$u_0 \leqslant 0.14$（$d > 32$）
	最大力下总伸长率（%）	$A_{sgt} \geqslant 6.0$
高应力反复拉压	残余变形/mm	$u_{20} \leqslant 0.3$
大变形反复拉压	残余变形/mm	$u_4 \leqslant 0.3$ 且 $u_8 \leqslant 0.6$

注：u_0—接头试件加载至 $0.6f_{yk}$ 并卸载后在规定标距内的残余变形；A_{sgt}—接头试件的最大力下总伸率；u_{20}—接头试件按规定加载制度经高应力反复拉压 20 次后的残余变形；u_4—接头试件按规定加载制度经大变形反复拉压 4 次后的残余变形；u_8—接头试件按规定加载制度经大变形反复拉压 8 次后的残余变形。

10. 套筒灌浆连接的优点

1) 套筒灌浆连接安全可靠，已经应用了 40 多年，是装配整体式混凝土建筑竖向构件钢筋连接的主要方式，是超高层装配式混凝土建筑竖向构件钢筋连接的唯一方式。

2) 操作简单。

3) 适用范围广。

11. 套筒灌浆连接的缺点

1) 成本高。

2) 套筒直径大，钢筋密集时排布相对困难。

3) 安装精度要求略高。

12. 套筒灌浆连接的适用范围

适用于各种结构体系多层、高层、超高层装配式建筑，特别是高层、超高层建筑竖向构件的钢筋连接。

4.2.2　灌浆料

装配式混凝土结构用到的灌浆料有套筒灌浆用的灌浆料、浆锚搭接用的灌浆料和坐浆料。下面分别介绍。

1. 钢筋套筒灌浆连接接头用的灌浆料

钢筋连接用套筒灌浆料以水泥为基本材料，并配以细骨料、外加剂及其他材料混合成干混料，按照规定比例加水搅拌后，具有流动性、早强、高强及硬化后微膨胀的特点。基本要求：

1) 灌浆料抗压强度应符合表 4.2-8 的要求，且不应低于接头设计要求的灌浆料抗压强度。

2) 灌浆料竖向膨胀率应符合表 4.2-9 的要求。

3) 灌浆料拌合物的工作性能应符合表 4.2-10 的要求。

4) 套筒灌浆料应当与套筒配套选用；应按照产品设计说明所要求的用水量进行配置；

按照产品说明进行搅拌。

5）灌浆料使用温度不宜低于 5℃，低于 0℃时不得施工；当环境温度高于 30℃时，应采取降低灌浆料拌合物温度的措施。

表 4.2-8　灌浆料抗压强度要求

时间（龄期）	抗压强度/（N/mm²）
1d	≥35
3d	≥60
28d	≥85

表 4.2-9　灌浆料竖向膨胀率要求

项　目	竖向膨胀率（%）
3h	≥0.02
24h 与 3h 差值	0.02 ~ 0.50

表 4.2-10　灌浆料拌合物的工作性能要求

项　　目		工作性能要求
流动度/mm	初始	≥300
	30min	≥260
泌水率（%）		0

2. 浆锚搭接连接接头采用的灌浆料

浆锚搭接灌浆料为水泥基灌浆料，其性能应满足表 4.2-11 的要求。

表 4.2-11　钢筋浆锚搭接灌浆料的性能要求

项　　目		性 能 指 标	试验方法标准
泌水率（%）		0	《普通混凝土拌合物性能试验方法标准》（GB/T 50080）
流动度/mm	初始值	≥200	《水泥基灌浆材料应用技术规范》（GB/T 50448）
	30min 保留值	≥150	
竖向膨胀率（%）	3h	≥0.02	《水泥基灌浆材料应用技术规范》（GB/T 50448）
	24h 与 3h 的膨胀率之差	0.02 ~ 0.5	
抗压强度/MPa	1d	≥35	《水泥基灌浆材料应用技术规范》（GB/T 50448）
	3d	≥55	
	28d	≥80	
最大氯离子含量（%）		0.06	《混凝土外加剂匀质性试验方法》（GB/T 8077）

浆锚搭接所用的灌浆料的强度要求低于套筒灌浆连接的灌浆料。因为浆锚搭接由金属波纹管或螺旋筋形成的约束力低于金属套筒的约束力，灌浆料强度高了属于过剩功能。

3. 坐浆料

坐浆料用于四种情况：分仓、堵缝、多层剪力墙结构水平缝坐浆和多层剪力墙结构钢筋锚环连接竖缝灌浆。

分仓是剪力墙结构连接才有的作业。由于剪力墙比较长，灌浆泵的压力无法将浆料输送太远，只好采取分段灌浆的方式。所谓分仓就是用浆料做成隔墙，把剪力墙底面分成一段一段的，然后分别灌浆，如图 4.2-2 所示。

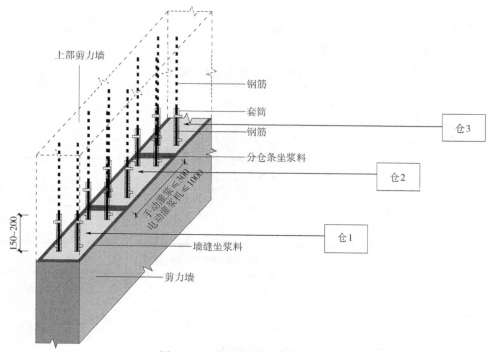

图 4.2-2　剪力墙分仓灌浆示意图

堵缝是指堵住竖向构件接缝四周，以避免灌浆作业漏浆。

多层剪力墙结构预制剪力墙底部水平缝可以用坐浆料灌实，厚度不大于 20mm。多层剪力墙结构相邻墙板之间采用水平钢筋锚环连接可以采用坐浆料灌浆。

坐浆料应有良好的流动性、早强、无收缩微膨胀等性能，应符合现行国家标准《水泥基灌浆材料应用技术规范》（GB/T 50448）的有关规定。采用坐浆料分仓或作为灌浆层封堵料时，不应降低结合面的承载力设计要求，考虑到二次结合面带来的削弱因素，坐浆料的强度等级应高于预制构件的强度等级；预制构件坐浆料结合面应按构件类型粗糙面所规定的要求进行粗糙面的处理。

工程上常用的坐浆料的性能指标见表 4.2-12，供参考。

表 4.2-12　坐浆料性能指标

项　目		性 能 指 标	试验方法标准
泌水率（%）		0	《普通混凝土拌合物性能试验方法标准》（GB/T 50080）
流动度/mm	初始值	≥290	《水泥基灌浆材料应用技术规范》（GB/T 50448）
	30min 保留值	≥260	
竖向膨胀率（%）	3h	≥0.1~3.5	《水泥基灌浆材料应用技术规范》（GB/T 50448）
	24h 与 3h 的膨胀率之差	0.02~0.5	
抗压强度/MPa	1d	≥20	《水泥基灌浆材料应用技术规范》（GB/T 50448）
	3d	≥40	
	28d	≥60	
最大氯离子含量（%）		≤0.1	《混凝土外加剂匀质性试验方法》（GB/T 8077）

4.2.3　浆锚孔金属波纹管

金属波纹管可以用在受力结构构件浆锚搭接连接上，也可以当作非受力填充墙预制构件限位连接筋的预成孔内模（不脱出）。

浆锚孔波纹管预埋于预制构件中，形成浆锚孔内壁，如图4.2-3所示。直径大于20mm的钢筋连接不宜采用金属波纹管浆锚搭接连接，直接承受动力荷载的构件纵向钢筋连接不应采用金属波纹管浆锚搭接连接。

行业标准和一些地方标准对镀锌金属波纹管的要求归纳如下：

（1）材质　金属波纹管宜采用软钢带制作，性能应符合现行国家标准《碳素结构钢冷轧钢带》（GB 716）的规定。

（2）镀锌　双面镀锌层重量不宜小于 $60g/m^2$。

（3）金属波纹管的钢带厚度

上海规定：不宜小于0.3mm，波纹高度不应小于2.5mm。

辽宁规定：不宜小于0.4mm，波纹高度不应小于3mm。

4.2.4　灌浆导管、孔塞、堵缝料

1. 灌浆导管

当灌浆套筒或浆锚孔距离混凝土边缘较远时，需要在预制构件中埋置灌浆导管。灌浆导管一般采用PVC中型（M型）管，壁厚1.2mm，即电气用的套管，外径应为套筒或浆锚孔灌浆出浆口的内径，一般是16mm。

2. 灌浆孔塞

灌浆孔塞用于封堵灌浆套筒和浆锚孔的灌浆口与出浆口，避免孔道被异物堵塞。灌浆孔塞可用橡胶塞或木塞。橡胶塞形状如图4.2-4所示。

图4.2-3　浆锚孔波纹管　　　　　　　　　　　　图4.2-4　灌浆孔塞

3. 灌浆堵缝材料

灌浆堵缝材料用于灌浆构件的接缝（图4.2-5），有橡胶条、PE棒、木条和封堵坐浆料等，日本有用充气橡胶条的。灌浆堵缝材料要求封堵密实，不漏浆，作业便利。

封堵坐浆料是一种高强度水泥基砂浆，强度大于50MPa。应具有可塑性好、成型后不塌落、凝结速度快和无收缩变形的性能。

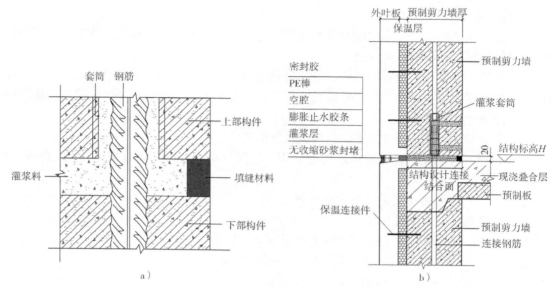

图 4.2-5　灌浆堵缝材料示意图

4.2.5　机械套筒

机械连接套筒与钢筋连接方式包括螺纹连接和挤压连接（图 4.2-6）。在装配式混凝土结构里，螺纹连接一般用于预制构件与现浇混凝土结构之间的纵向钢筋连接，与现浇混凝土结构中直螺纹钢筋接头的要求相同，应符合《钢筋机械连接技术规程》（JGJ 107—2016）的规定；预制构件之间钢筋的连接主要是挤压连接，下面主要介绍机械挤压套筒连接。

图 4.2-6　机械连接套筒示意图

挤压套筒连接是通过钢筋与套筒咬合作用将一根钢筋的力传递到另一根钢筋，适用于热轧带肋钢筋的连接。对于两个预制构件之间进行机械套筒挤压连接，困难之处主要是生产和安装精度控制，钢筋对位要准确，预制构件之间后浇段应留有足够的施工操作空间，常用直径连接筋挤压连接的作业空间一般需要 100mm（含挤压套筒）左右。

常用挤压套筒可分为标准型和异径型两种（图 4.2-7）。挤压套筒连接的要求：

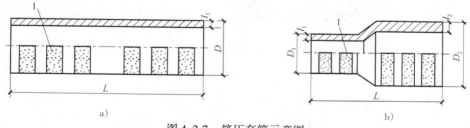

图 4.2-7　挤压套筒示意图
a）挤压标准型套筒　　b）挤压异径型套筒
说明：1—挤压标识。

1）用于钢筋机械连接的挤压套筒，其原材料及实测力学性能应符合现行行业标准《钢筋机械连接用套筒》（JG/T 163）的有关规定（《装标》第 5.2.3 条）。

2）连接框架柱、框架梁、剪力墙边缘构件纵向钢筋的挤压套筒接头应满足 I 级接头的要求，连接剪力墙竖向分布筋、楼板分布筋的挤压套筒接头应满足 I 级接头抗拉强度的要求（《装标》第 5.4.5 条）。

4.2.6　夹芯保温构件拉结件

1. 拉结件简介

夹芯保温板是两层钢筋混凝土板中间夹着保温材料的预制外墙构件。两层钢筋混凝土板（内叶板和外叶板）靠拉结件连接，如图 4.2-8 所示。

拉结件涉及建筑安全和正常使用，须满足以下要求：

1）在内叶板和外叶板中锚固牢固，在荷载作用下不能被拉出。

2）拉结件有足够的强度，在荷载作用下不能被拉断剪断。

3）拉结件有足够的刚度，在荷载作用下不能变形过大，导致外叶板位移。

4）热导率尽可能小，减少热桥。

5）具有耐久性。

6）具有防锈蚀性。

7）具有防火性能。

8）埋设方便。

拉结件有非金属和金属两类，如图 4.2-9 所示。

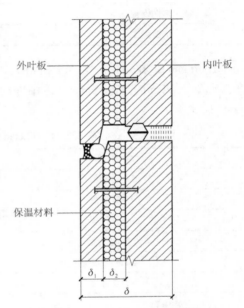

图 4.2-8　夹芯保温板构造示意图

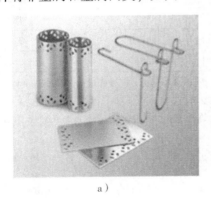

a）　　　　　　　　　　　　　　b）

图 4.2-9　金属和非金属拉结件
a）金属拉结件　b）树脂拉结件

2. 非金属拉结件

非金属拉结件材质由高强玻璃纤维和树脂制成，热导率低，应用方便，在美国应用较多。美国 Thermomass 公司的产品较为著名，国内南京斯贝尔公司也有类似的产品。当采用增强纤维拉结件（FRP）时，其材料力学性能指标应符合表 4.2-13 的要求，其耐久性应符合国家现行标准《纤维增强复合材料建设工程应用技术规范》（GB 50608）的有关规定。

表 4.2-13　纤维增强复合材料力学性能指标

项　　目	技　术　要　求	试　验　方　法
拉伸强度	≥700MPa	GB/T 1447
弹性模量	≥42GPa	GB/T 1447
抗剪强度	≥30MPa	JC/T 773

Thermomass 拉结件分为 MS 和 MC 型两种。MS 型有效嵌入混凝土中 38mm；MC 型有效嵌入混凝土 51mm。Thermomass 拉结件的物理力学性能见表 4.2-14，在混凝土中的承载力见表 4.2-15。

表 4.2-14　Thermomass 拉结件的物理力学性能表

物　理　指　标	实　际　参　数
平均转动惯量	$243mm^4$
拉伸强度	800MPa
拉伸弹性模量	40000MPa
弯曲强度	844MPa
弯曲弹性模量	30000MPa
剪切强度	57.6MPa

表 4.2-15　Thermomass 拉结件在混凝土中的承载力表

型　　号	锚　固　长　度	混凝土换算强度	允许剪切力 V_t	允许锚固抗拉力 P_t
MS	38mm	C40	462N	2706N
		C30	323N	1894N
MC	51mm	C40	677N	3146N
		C30	502N	2567N

注：1. 单只拉结件允许剪切力和允许锚固抗拉力已经包括了安全系数 4.0，内外叶墙的混凝土强度均不宜低于 C30，否则允许承载力应按照混凝土强度折减。

2. 设计时应进行验算，单只拉结件的剪切荷载 V_s 不允许超过 V_t，拉力荷载 P_s 不允许超过 P_t，当同时承受拉力和剪力时，要求（V_s/V_t）+（P_s/P_t）≤1。

3. 金属拉结件

欧洲三明治板较多使用金属拉结件，德国"哈芬"公司的拉结件材质是不锈钢，包括不锈钢杆、不锈钢板和不锈钢圆筒。

哈芬的金属拉结件在力学性能、耐久性和确保安全性方面有优势，但热导率比较高，埋置麻烦，价格也比较贵。

当采用不锈钢拉结件时，其材料力学性能应符合表 4.2-16 的要求。

表 4. 2-16　不锈钢拉结件材料力学性能

项　　目	技 术 要 求	试 验 方 法
屈服强度	≥380MPa	GB/T 228
拉伸强度	≥500MPa	GB/T 228
弹性模量	≥190GPa	GB/T 228
抗剪强度	≥300MPa	GB/T 6400

4. 拉结件选用注意事项

技术成熟的拉结件厂家会向使用者提供拉结件抗拉强度、抗剪强度、弹性模量、热导率、耐久性、防火性等力学物理性能指标，并提供布置原则、锚固方法、力学和热工计算资料等。

由于拉结件成本较高，一些预制构件厂自制或采购价格便宜的拉结件，有的工厂用钢筋做拉结件；还有的工厂用煨成"Z"字形塑料钢筋做拉结件。对此，提出以下注意事项：

1）鉴于拉结件在建筑安全和正常使用的重要性，宜向专业厂家选购拉结件。

2）拉结件在混凝土中的锚固方式应当有充分可靠的试验结果支持；外叶板厚度较薄，一般只有 60mm 厚，最薄的板只有 50mm，对锚固的不利影响要充分考虑。

3）连接件位于保温层温度变化区，也是水蒸气结露区，用钢筋做连接件时，表面涂刷防锈漆的防锈蚀方式耐久性不可靠；镀锌方式要保证 50 年，必须保证一定的镀层厚度。应根据当地的环境条件计算，且不应小于 70μm。

4）塑料钢筋做的拉结件，应当进行耐碱性能试验和模拟气候条件的耐久性试验。塑料钢筋一般用普通玻纤制作，而不是耐碱玻纤。普通玻纤在混凝土中的耐久性得不到保证，所以，塑料钢筋目前只是作为临时项目使用的钢筋。对此，拉结件使用者应当注意。

5）拉结件检验，拉结件需具有专门资质的第三方进行相关材料力学性能的检验。夹芯保温墙外叶墙板的重量较大，一旦拉结件失效导致外叶板脱落会酿成重大质量和安全事故。《装规》对拉结件的承载力、变形能力、耐久性等提出了须进行试验验证要求。

4.2.7　钢筋锚固板

钢筋锚固板是设置于钢筋端部用于锚固钢筋的承压板，在装配式混凝土建筑中用于后浇区节点受力钢筋的锚固，如图 4.2-10 所示。

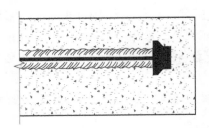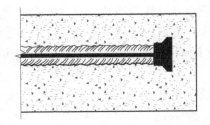

图 4.2-10　钢筋锚固板

钢筋锚固板的材质有球墨铸铁、钢板、锻钢和铸钢四种，具体材质牌号和力学性能应符合现行行业标准《钢筋锚固板应用技术规程》（JGJ 256）的规定。

4.3　结构材料

装配式混凝土建筑的结构材料主要包括混凝土及其原材料、钢筋、钢板等。

4.3.1　装配式混凝土建筑关于混凝土的要求

1. 普通混凝土

装配式混凝土建筑往往采用比现浇建筑强度等级高一些的混凝土和钢筋。

《装规》要求"预制构件的混凝土强度等级不宜低于 C30；预应力混凝土预制构件的强度等级不宜低于 C40，且不应低于 C30；现浇混凝土的强度等级不应低于 C25"。装配式混凝土建筑混凝土强度等级的起点比现浇混凝土建筑高了一个等级。日本目前装配式混凝土建筑混凝土的强度等级最高已经用到 C100 以上。

混凝土强度等级高一些，对套筒在混凝土中的锚固有利；高强度等级混凝土与高强钢筋的应用可以减少钢筋数量，避免钢筋配置过密、套筒间距过小影响混凝土浇筑，这对柱梁结构体系建筑比较重要；高强度等级混凝土和钢筋对提高整个建筑的结构质量和耐久性有利。需要强调的是：

1）预制构件结合部位和叠合梁板的后浇混凝土，强度等级应当与预制构件的强度等级一样。

2）不同强度等级结构件组合成一个构件时，如梁与柱结合的梁柱一体构件，柱与板结合的柱板一体构件，混凝土的强度等级应当按结构件设计的各自的强度等级制作。比如，一个梁柱结合的莲藕梁，梁的混凝土强度等级是 C30，柱的混凝土强度等级是 C50，就应当分别对梁、柱浇筑 C30 和 C50 混凝土。

3）预制构件混凝土配合比不宜照搬当地商品混凝土配合比。因为商品混凝土配合比考虑配送运输时间，往往延缓了初凝时间，预制构件在工厂制作，搅拌站就在车间旁，混凝土不需要缓凝。

4）工地后浇混凝土用商品混凝土，强度等级和其他力学物理性能应符合设计要求。需考虑的一个因素是，剪力墙结构水平后浇带一般在浇筑次日强度很低时就安装上一层剪力墙板，且养护条件不好，使用早强混凝土是一个选项，在气温较低的时候尤其必要。

2. 轻质混凝土

轻质混凝土可以减轻构件重量和结构自重荷载。重量是预制构件拆分的制约因素。例如，开间较大或层高较高的墙板，常常由于重量太重，超出了工厂或工地起重能力而无法做成整间板，而采用轻质混凝土就可以做成整间板，轻质混凝土为装配式混凝土建筑提供了便利性。

日本已经将轻质混凝土用于制作外挂墙板，强度等级 C30 的轻质混凝土重力密度为 $17kN/m^3$，比普通混凝土减轻重量 25% ~ 30%。

轻质混凝土的"轻"主要靠用轻质骨料替代砂石实现。用于装配式混凝土建筑的轻质混凝土的轻质骨料必须是憎水型的。目前国内已经有用憎水型陶粒配置的轻质混凝土，强度等级 C30 的轻质混凝土重力密度为 $17kN/m^3$，可用于装配式混凝土建筑中。

3. 装饰混凝土

装饰混凝土是指具有装饰功能的水泥基材料，包括清水混凝土、彩色混凝土、彩色砂浆。装饰混凝土用于装配式混凝土建筑表皮，包括直接裸露的柱梁构件、剪力墙外墙板、外挂墙板、夹芯保温构件的外叶板等。

（1）清水混凝土　清水混凝土其实就是原貌混凝土，表面不做任何饰面，忠实地反映模具的质感，模具光滑，它就光滑；模具是木质的，它就出现木纹质感；模具是粗糙的，它就粗糙。

清水混凝土与结构混凝土的配制原则上没有区别。但为实现建筑师颜色均匀和质感柔和的要求，需选择色泽合意质量稳定的水泥和合适的骨料，并进行相应的配合比设计、试验。

（2）彩色混凝土和彩色砂浆　彩色混凝土和彩色砂浆一般用于预制构件表面装饰层，色彩靠颜料、彩色骨料和水泥实现，深颜色用普通水泥，浅颜色用白水泥。

彩色骨料包括彩色石子、花岗石彩砂、石英砂、白云石砂等。

露出混凝土中彩色骨料的办法有三种：

1）缓凝剂法。浇筑前在模具表面涂上缓凝剂，构件脱模后，表面尚未完全凝结，用水把表面水泥浆料冲去，露出骨料。

2）酸洗法。表面为彩色混凝土的构件脱模后，用稀释的盐酸涂刷构件表面，将表面水泥石中和掉，露出骨料。

3）喷砂法。表面为彩色混凝土的构件脱模后，用空气压力喷枪向表面喷打钢砂，打去表面水泥石，形成凸凹质感并露出骨料。

彩色混凝土和彩色砂浆配合比设计除需要保证颜色、质感、强度等建筑艺术功能要求和力学性能外，还应考虑与混凝土基层的结合性和变形协调，需要进行相应的试验。

4.3.2　水泥

原则上讲，可用于普通混凝土结构的水泥都可以用于装配式混凝土建筑。预制构件制作工厂应当使用质量稳定的优质水泥。

预制构件制作工厂一般自设搅拌站，使用灌装水泥。表面装饰混凝土可能用到白水泥，白水泥一般是袋装。

装配式混凝土结构工厂生产不连续时，应避免过期水泥被用于构件制作。

4.3.3　骨料

1. 石子

粗骨料应采用质地坚实、均匀洁净、级配合理、粒形良好、吸水率小的碎石。应符合现行国家标准《建设用卵石、碎石》（GB/T 14685—2011）的规定。

2. 砂子

细骨料应符合现行国家标准《建筑用砂》（GB/T 14684—2011）的规定。

3. 彩砂

彩砂为人工砂，是人工破碎的粒径小于 5mm 白色或彩色的岩石颗粒。包括各种花岗石彩砂、石英砂和白云石砂等。彩砂应符合现行国家标准《建筑用砂》（GB/T 14684—2011）的规定。

4.3.4　水

拌制混凝土宜采用饮用水，一般能满足要求，使用时可不经试验。

拌制混凝土用水须符合《混凝土用水标准》（JGJ 63—2006）的规定。

4.3.5　混合物

用于装配式混凝土结构的混合物主要为粉煤灰、磨细矿渣、硅灰等。使用时应保证其产品品质稳定，来料均匀。

1）粉煤灰应符合标准《粉煤灰混凝土应用技术规范》（GB/T 50146—2014）的规定。

2）磨细矿渣应符合标准《用于水泥和混凝土中的粒化高炉矿渣粉》（GB/T 18046—2008）的规定。

3）硅灰应符合标准《砂浆和混凝土用硅灰》（GB/T 27690—2011）的规定。

4.3.6　混凝土外加剂

1. 内掺外加剂

内掺外加剂是指在拌制混凝土拌和前或拌和过程中掺入用以改善混凝土性能的物质。包括减水剂、引气剂、加气剂、早强剂、速凝剂、缓凝剂、防水剂、阻锈剂、膨胀剂、防冻剂等。

预制构件所用的内掺外加剂与现浇混凝土常用外加剂品种基本一样，只是不用泵送剂，也不用像商品混凝土那样为远途运输混凝土而添加延缓混凝土凝结时间的外加剂。

预制构件最常用的外加剂包括减水剂、引气剂、早强剂、防水剂等。

外加剂应符合现行国家标准《混凝土外加剂应用技术规范》（GB 50119—2013）的规定。

2. 外涂外加剂

外涂外加剂是预制构件为形成与后浇混凝土接触界面的粗糙面而用的缓凝剂，涂刷或喷涂在要形成粗糙面的模具表面，延缓该处混凝土凝结。构件脱模后，用压力水枪将未凝结的水泥浆料冲去，形成粗糙面。为保证粗糙面形成的均匀性，宜选用外涂外加剂的专业厂家的产品。

4.3.7　颜料

在制作装饰一体化预制构件时，可能会用到彩色混凝土，需要在混凝土中掺入颜料。混凝土所用颜料应符合现行行业标准《混凝土和砂浆用颜料及其试验方法》（JC/T 539—1994）的规定。

彩色混凝土颜料掺量不仅要考虑色彩需要，还要考虑颜料对强度等力学物理性能的影响。颜料配合比应当做力学物理性能的比较试验。颜料掺量不宜超过 6%。

颜料应当储存在通风、干燥处，防止受潮。严禁与酸碱物品接触。

4.3.8　钢筋间隔件

钢筋间隔件即保护层垫块，用于控制钢筋保护层厚度或钢筋间距的物件。按材料分为水泥基类、塑料类和金属类。

装配式混凝土建筑不得用石子、砖块、木块、碎混凝土块等作为间隔件。选用原则如下：

1）水泥砂浆间隔件强度较低，不宜选用。

2）混凝土间隔件的强度应当比构件混凝土强度等级提高一级，且不应低于 C30。

3）不得使用断裂、破碎的混凝土间隔件。

4）塑料间隔件不得采用聚氯乙烯类塑料或二级以下再生塑料制作。

5）塑料间隔件可作为表层间隔件，但环形塑料间隔件不宜用于梁、板底部。

6）不得使用老化断裂或缺损的塑料间隔件。

7）金属间隔件可作为内部间隔件，不应用作表层间隔件。

4.3.9　钢筋

钢筋在装配式混凝土结构构件中除了结构设计配筋外，还用于制作浆锚连接的螺旋加强筋、构件脱模或安装用的吊环、预埋件或内埋式螺母的锚固"胡子筋"等。钢筋的材质要求与现浇混凝土一样。

4.3.10　型钢和钢板

装配式混凝土结构中用到的钢材包括埋置在构件中的外挂墙板安装连接件等。钢材的力学性能指标应符合现行国家标准《钢结构设计规范》（GB 50017）的规定。钢板宜采用Q235 钢和 Q345 钢。

4.3.11　焊条

钢材焊接所用焊条应与钢材材质和强度等级对应，并符合现行国家标准《混凝土结构设计规范》（GB 50010）、《钢结构设计规范》（GB 50017）、《钢结构焊接规范》（GB 50661）和《钢筋焊接及验收规程》（JGJ 18）等的规定。

4.3.12　钢丝绳

钢丝绳在装配式混凝土结构中主要用于竖缝柔性套箍连接和大型构件脱模吊装用的柔性吊环。

钢丝绳应符合现行国家标准《一般用途钢丝绳》（GB/T 20118—2006）的规定。

4.4　建筑与装饰材料

建筑与装饰材料无论是否装配式混凝土建筑都会用到，这里主要讨论在装配式混凝土建筑里常用的接缝密封材料、夹芯保温墙板填充用保温材料、饰面材料、装饰用 GRC 材料、反打在构件表面的石材、瓷砖等。

4.4.1　建筑密封胶

外挂墙板和剪力墙外叶板的接缝需要采用密封胶等材料进行密闭防水处理。

1. 混凝土接缝建筑密封胶基本要求

1）建筑密封胶应与混凝土具有相容性。没有相容性的密封胶粘不住，容易与混凝土脱离。国外装配式混凝土结构密封胶特别强调这一点。

2）应当有较好的弹性，可压缩比率大。

3）具有较好的耐候性、环保性以及可涂装性。

4）接缝中的背衬可采用发泡氯丁橡胶或聚乙烯塑料棒。

2. 密封胶简介

（1）MS 胶简介　日本装配式建筑预制外墙板接缝常用的密封材料是 MS 密封胶，其特点是：

1）对混凝土、预制构件表面以及金属都有着良好的粘接性。

2）可以长期保持材料性能不受影响。

3）在低温条件下有着非常优越的操作施工性。

4）能够长期维持弹性（橡胶的自身性能）。

5）耐污染性好；MS 胶在实际工程的应用和无污染效果如图 4.4-1 所示。

图 4.4-1　MS 胶无污染细部效果

6）MS 密封胶对地震以及部件带来的活动所造成的位移能够长期保持其追随性（应力缓和等）。

MS 建筑密封胶性能见表 4.4-1。

表 4.4-1　MS 建筑密封胶性能

项　　　目		技术指标（25LM）	典　型　值
下垂度（N 型）/mm	垂直	≤3	0
	水平	≤3	0
弹性恢复率（%）		≥80	91
拉伸模量/MPa	23℃	≤0.4	0.23
	-20℃	≤0.6	0.26
定伸粘接性		无破坏	合格
浸水后定伸粘接性		无破坏	合格
热压、冷压后粘接性		无破坏	合格
质量损失（%）		≤10	3.5

（2）其他密封胶　用于装配式混凝土建筑的其他建筑密封胶，国外著名品牌有荷兰 SA-BA 赛百、汉高、sikaflex（西卡）、Bostik（波士胶）和 Sunstar（盛势达）。国内常用品牌有白云、安泰等。其中尤以荷兰 SABA 赛百最为著名，是改性硅烷粘接、密封胶的领导者。表 4.4-2 给出了荷兰 SABA 建筑密封胶的参数。

表 4. 4-2 荷兰 SABA 赛百 Sabatack® 790 产品参数

基础成分	改性硅烷，吸湿固化
密度（EN 542）	约 1. 380 kg/m³
固体成分	约 100%
结皮时间（23℃，50% RLV）	约 8min
开放时间（23℃，50% RLV）	约 10min
表干时间（23℃，50% RLV）	约 4h 后
固化速度（23℃，50% RLV）	约 4 mm/24 h
邵 A 硬度（EN ISO 868）	约 64
体积变化（EN ISO 10563）	约 5%
100% 模量（ISO 37/DIN 53504）	约 2. 0 N/mm²
拉伸强度（ISO 37/DIN 53504）	约 3. 5 N/mm²
断裂延伸率（ISO 37/DIN 53504）	约 250%
剪切强度（ISO 4587）	约 2. 3 N/mm²
操作温度	最低 +5℃，最高 +35℃
储存温度	最低 +5℃，最高 +25℃
耐温范围	最低 -40℃，最高 +120℃
短时间耐热温度	最高 +180℃（30min）

4.4.2 密封橡胶条

装配式混凝土建筑所用橡胶密封条用于板缝节点，与建筑密封胶共同构成多重防水体系。密封橡胶条是环形空心橡胶条，应具有较好的弹性、可压缩性、耐候性和耐久性，如图 4.4-2 所示。

图 4.4-2 不同形状的橡胶密封条

4.4.3 保温材料

三明治夹芯外墙板夹芯层中的保温材料，宜采用挤塑聚苯乙烯板（XPS）、硬泡聚氨酯（PUR）、酚醛等轻质高效保温材料。保温材料应符合国家现行有关标准的规定。

4.4.4 石材反打材料

石材反打是将石材反铺到预制构件模板上，用不锈钢挂钩将其与钢筋连接，然后浇筑混凝土，装饰石材与混凝土构件结合为一体。

1. 石材

用于反打工艺的石材要符合行业标准《金属与石材幕墙工程技术规范》（JGJ 133）的要求。石材厚 25 ~ 30mm。

2. 不锈钢挂钩

反打石材背面安装不锈钢挂钩，直径不小于4mm，如图 4.4-3 和图 4.4-4 所示。

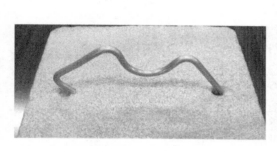

图 4.4-3　安装中的反打石材挂钩

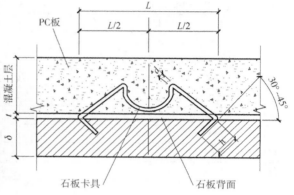

图 4.4-4　反打石材挂钩尺寸图

3. 隔离剂

反打石材工艺须在石材背面涂刷一层隔离剂，该隔离剂是低黏度的，具有耐温差、抗污染、附着力强、抗渗透、耐酸碱等特点。用在反打石材工艺的一个目的是防止泛碱，避免混凝土中的"碱"析出石材表面；另一个目的是防水，还有一个目的是减弱石材与混凝土因温度变形不同而产生的应力。

4.4.5　反打装饰面砖

外墙瓷砖反打工艺如图 4.4-5 所示，日本装配式混凝土建筑应用非常多。反打瓷砖与其他外墙装饰面砖没有区别。日本的做法是在瓷砖订货时将瓷砖布置详图给瓷砖厂，瓷砖厂按照布置图供货，特殊构件定制。图 4.4-6 所示瓷砖反打的预制外墙板，瓷砖就是供货商按照设计要求配置的，转角瓷砖是定制的。

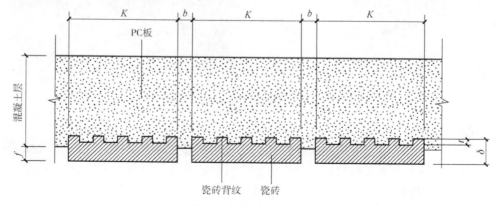

图 4.4-5　预制构件瓷砖反打工艺图

δ—瓷砖厚度　K—瓷砖宽度　b—瓷砖间隙　t—瓷砖背纹深度　f—瓷砖外露深度

4.4.6　GRC

非夹芯保温的预制外墙板，其保温层的保护板可以采用 GRC 装饰板。GRC 为 Glass Fibre Reinforced Concrete 的缩写，即"玻璃纤维增强的混凝土"的意思，是由水泥、砂子、水、玻璃纤维、外加剂以及其他骨料与混合物组成的复合材料。GRC 装饰板厚度为 15mm，抗弯强度可达 $18N/mm^2$，是普通混凝土的 3 倍，具有壁薄体轻、造型随意、质感逼真的特点，GRC 板表面可以附着 5～10mm 厚的彩色砂浆面层。GRC 也可用作建筑外立面装饰造型线条的制作。

图 4.4-6　预制构件瓷砖反打工艺实例

4.4.7　超高性能混凝土

非夹芯保温的预制外墙板，其保温层的保护板可以采用超高性能混凝土墙板。超高性能混凝土简称 UHPC（Ultra-High Performance Concrete），也称为活性粉末混凝土（RPC，Reactive Powder Concrete），是最新的水泥基工程材料，主要材料有水泥、石英砂、硅灰和纤维（钢纤维或复合有机纤维）等。板厚 10～15mm，抗弯强度可达 $20N/mm^2$ 以上，是普通混凝土的 3 倍以上，具有壁薄体轻、造型随意、质感逼真、强度高、耐久性好的特点，表面可以附着 5～10mm 厚的彩色砂浆面层。

4.4.8　饰面漆料及表面保护剂

建筑抹灰表面用的漆料都可以用于预制构件，包括乳胶漆、氟碳漆、真石漆等。预制构件由于在工厂制作，表面可以做得非常精致。

表面不做乳胶漆、真石漆、氟碳漆处理的装饰性预制墙板或构件，如清水混凝土质感、彩色混凝土质感、剔凿质感等，应涂刷透明的表面保护剂，以防止污染或泛碱，增加耐久性。

表面污染包括空气灰尘污染、雨水污染、酸雨作用、微生物污染等。表面保护剂对这些污染有防护作用，有助于抗冻融性、抗渗性的提高，抑制盐的析出。

按照工作原理分有两类表面保护剂：涂膜和浸渍。

涂膜就是在 GRC 表面形成一层透明的保护膜。浸渍则是将保护剂渗入 GRC 表面层，使之形成致密层。这两种办法也可以同时采用。

表面保护剂多为树脂类，包括丙烯酸硅酮树脂、聚氨酯树脂、氟树脂等。

表面防护剂需要保证防护效果，不影响色彩与色泽，耐久性好。

思考题

1. 在什么情况下不宜采用钢筋套筒连接？
2. 灌浆套筒灌浆端钢筋的锚固深度应满足什么要求？套筒连接规格和连接筋规格匹配

要求是什么？当采用大一级的套筒连接小一级的钢筋时，如何计算锚固深度？

　　3. 简述如何进行半灌浆套筒和全灌浆套筒的选择。

　　4. 装配式混凝土结构里主要用到哪几种灌浆料？钢筋套筒灌浆连接接头试验要求是什么？

　　5. 行业标准《装规》规定了对夹芯保温连接件的哪些性能应进行试验验证？

　　6. 机械挤压套筒连接接头有几种形式？

第5章 建 筑 设 计

5.1 概述

装配式混凝土建筑在实现建筑功能方面与现浇混凝土结构建筑有所不同，建筑风格也有自身的规律和特点，建筑设计中必须考虑这些不同、规律、特点。

装配式混凝土建筑的建筑设计应当以实现建筑功能为第一原则，装配式的特殊性必须服从建筑功能，不能牺牲或削弱建筑功能去服从装配式，不能为了装配式而装配式。

本章讨论装配式混凝土建筑设计中建筑师的作用（5.2），如何提升建筑功能（5.3），如何实现艺术追求（5.4），装配式混凝土建筑适用高度（5.5），装配式混凝土建筑高宽比（5.6），装配式混凝土建筑平面形状（5.7），建筑立面设计与外墙拆分（5.8），层高设计（5.9），防火设计（5.10）。

5.2 建筑师的作用

虽然在装配式混凝土建筑设计中，有关装配式的设计内容，结构设计师是主力，结构计算、结构拆分、节点设计和构件设计的工作量最大，但一个装配式建筑的成败起主要作用的还是建筑师。

建筑师在装配式混凝土建筑设计中是总协调人。除了建筑专业自身与装配式有关的设计外，还需要协调结构、装饰、水电暖设备各个专业与装配式有关的设计，特别是涉及建筑、结构、装饰和其他专业功能集成化和为提升建筑功能与品质而进行的对传统做法的改变，都应由建筑师领衔。一些地方政府设定了预制率或装配率的刚性要求，如何实现这些要求也主要是建筑师和结构设计师的任务。比如拆分设计，建筑师要考虑建筑立面的艺术效果，结构设计师要考虑结构的合理性和可行性，为此需要建筑师与结构设计师互动。

5.3 如何提升建筑功能

5.3.1 住宅建筑现状与装配式困境

1. 住宅建筑现状

目前，我国住宅建筑标准较低，功能较差：大多数住宅交付毛坯房；顶棚不吊顶，地面不架空；电气和弱电管线以及箱盒、开关埋设在混凝土中；未实现同层排水；小开间、硬隔墙等。

2. 装配式困境

低标准建筑的功能性、舒适度和全寿命期的可靠性都存在问题。低标准建筑搞装配式，装配式的优势不仅很难体现出来，还可能处于劣势，增加成本和工期。非常关键的一点，装配式混凝土建筑有结构连接的要害点，交付毛坯房，任由用户自己砸墙凿洞，有可能出现影响结构安全的隐患。

5.3.2 如何走出困境

我国装配式建筑若要走出困境，一个重要选项是提高建筑的性价比，使装配式建筑的功能增量大于成本增量。国家标准《装标》规定：装配式建筑应实行全装修，宜实行管线分离和同层排水。这些要求提升了建筑标准与建筑功能，也是解决装配式困境的重要途径，应当作为装配式混凝土建筑设计的重点。

1）落实《装规》关于应进行全装修的规定，将装修设计纳入装配式建筑设计体系，统一筹划、集成、协同。

2）对管线分离和同层排水进行定量的技术经济分析，积极响应规范提倡的要求。

5.4 如何实现艺术追求

装配式对建筑风格影响较大，如何使建筑风格与装配式有机结合，是建筑师进行装配式混凝土建筑设计的重要课题。

5.4.1 适宜装配式的简洁风格

总体上讲，装配式适合造型简单、立面简洁、没有繁杂装饰的建筑。密斯"少就是多"的现代主义建筑理念最适合装配式。装配式建筑往往靠别具匠心的精致、恰到好处的比例、横竖线条排列组合变化、虚实对比变化以及表皮质感构成艺术张力。

装配式建筑适宜简洁风格，这里介绍几个实例。

图 5.4-1 是日本大阪一栋 200m 的装配式混凝土建筑，日本第 3 高住宅，筒中筒结构。这座超高层建筑用外挑楼板形成通长阳台，显得比较轻盈。

图 5.4-2 是日本东京芝浦一座 159m 高的超高层装配式混凝土结构住宅，凹入式阳台，砖红色表皮显得厚重。

图 5.4-3 是日本鹿岛公司办公楼，装配式混凝土框架结构，梁柱做成清水混凝土，与大玻璃窗构成简洁明快的建筑表皮。

图 5.4-4 所示装配式混凝土建筑窗户比较小，"实体"墙面积比较大，是沉稳厚重的风格。建筑底部和顶部窗户尺寸有变化，是沙利文高层建筑三段式原则的体现；建筑立面又有路易斯·康的影子，是一栋精致的装配式建筑。这座建筑的风格与图 5.4-3 清爽明快的鹿岛办公楼形成了鲜明的对照。

图 5.4-5 是一栋后现代主义风格装配式混凝土建筑，窗户用了古罗马拱券符号，简洁而有力量感。

图 5.4-6 是装配式混凝土外挂墙板与玻璃幕墙形成虚实对比的装配式建筑。外挂墙板表面是装饰面砖，用"反打"工艺制作而成。

5.4.2 装配式实现复杂风格的优势

原则上讲，造型变化大、立面凸凹多、质感复杂的建筑风格，实现装配式有一定难度。

但许多情况下，装配式与现浇方式比较实现复杂风格更有优势，下面举几个例子。

图 5.4-1　日本 200m 高装配式混凝土住宅

图 5.4-2　日本超高层装配式混凝土结构住宅

图 5.4-3　日本鹿岛清水混凝土柱梁办公楼

图 5.4-4　沉稳厚重的装配式混凝土建筑

1. 非线性墙板

图 5.4-7 是著名建筑大师伯纳德·屈米设计的美国辛辛那提大学体育馆，建筑表皮是预制混凝土镂空曲面板。这样的镂空曲面板如果现浇是非常困难的，很难脱模，造价会非常高，但采用预制装配式就容易了许多，成本大大降低，又节省工期。

图 5.4-5　后现代风格建筑　　　　　图 5.4-6　外挂墙板与玻璃幕墙结合的立面

　　著名建筑大师山崎实设计的罗宾逊楼是普林斯顿大学校园里最有特色的建筑（图 5.4-8），简洁而又典雅的现代风格柱子是变截面的，与柱头连体（图 5.4-9），白色装饰混凝土制作。

图 5.4-7　辛辛那提大学体育馆　　　　图 5.4-8　普林斯顿大学罗宾逊楼

　　我们再看看不规则曲面板。图 5.4-10 是著名建筑师马岩松设计的哈尔滨大剧院，建筑表皮是非线性铝板，局部采用清水混凝土外挂墙板（图 5.4-11）。这些外挂墙板有些是曲面的，有些是双曲面的，曲率都不一样，在工厂预制可以准确实现形状和质感要求。实际制作过程是将参数化设计数据输入数控机床，由数控机床在聚苯乙烯板上刻出精确的曲面板模具，再在模具表面抹浆料刮平磨光，而后放置钢筋，浇筑混凝土。

2. 复杂质感墙板

　　图 5.4-12 所示为美国著名建筑组合墨菲西斯设计的达拉斯佩罗自然博物馆。建筑表皮是渐变的地质纹理，由外挂墙板组合而成。这种复杂质感如果在现场浇筑，会比工

图 5.4-9　罗宾逊楼柱子与柱头连体

厂预制困难得多。

图 5.4-10　哈尔滨大剧院曲面板　　　　　　图 5.4-11　曲面清水混凝土墙板

制作渐变的地质纹理，模具周转次数很少，一块一模。但现浇也同样是一块一模。采用预制方式，模具是平躺着的，可以用聚苯乙烯、石膏等便宜的一次性材料制作模具；而现场浇筑模具是立着的，必须用强度高诸如玻璃钢一类的材料制作模具，还要通过模型环节翻制模具，成本很高。如此看来，装配式制作复杂质感反倒有优势，模具尽管也贵，但要比现浇便宜很多。

3. 薄壳结构

彩页图 C02 所示为约翰·伍重设计的悉尼歌剧院，造型优美的帆形屋顶由预制的带肋薄壳板装配而成（图 5.4-13），构件连接采用后浇混凝土叠合技术。

图 5.4-12　达拉斯佩罗自然博物馆　　　　　图 5.4-13　悉尼歌剧院预制薄壳板细部

5.4.3　装配式墙板与太阳能采集一体化

利用太阳能是建筑的方向，但仅仅靠屋顶采集太阳能面积有限，特别是高层建筑，屋顶面积相对建筑面积的比例太小。把墙面作为采集太阳能的界面是利用太阳能的重要方向。

装配式可以使太阳能采集与建筑墙体方便地融为一体，在工厂集成。现在已经有垂直镶嵌式平板太阳能产品，特别适于与预制墙板集成。图 5.4-14 是在墙面镶嵌平板太阳能实例。

5.4.4　不适宜装配式的建筑

不适宜装配式的建筑包括：

1. 体量小的不规则建筑

体量小的不规则建筑如果没有复制性，孤零零一两栋，又不是可以忽略造价因素的标志性纪念性建筑，不适宜搞装配式。模具周转次数太少，造价太高。

2. 连续性无缝立面

装配式建筑表皮总是有缝的，无法做到无缝连续。如果用户要求连续的建筑表皮，如现浇混凝土整体立面，无法用装配式实现。

3. 建筑表皮直线形凸凹过多

墙面直线形凸凹造型过多，预制比现浇没有优势。直线形凸凹造型现场支模板要简单一些，而预制要制作很多模具，得不偿失。

5.5 装配式混凝土建筑适用高度

建筑物最大适用高度由结构规范规定，与结构形式、地震设防烈度、建筑是 A 级高度还是 B 级高度等因素有关。按说，建筑适用高度应放在结构章节中介绍，但是建筑高度是建筑设计首先要考虑的因素，故在这里介绍。

图 5.4-14　采用了镶嵌式平板太阳能的高层住宅

1. 框架、框-剪、剪力墙结构适用高度

《高层建筑混凝土结构技术规程》（JGJ 3—2010）（以下简称《高规》）与《装标》、《装规》中分别规定了现浇混凝土结构和装配式混凝土结构的最大适用高度，三者比较如下：

1）框架结构，装配式与现浇一样。

2）框架-现浇剪力墙结构，装配式与现浇一样。

3）结构中竖向构件全部现浇，仅楼盖采用叠合梁、板时，装配式与现浇一样。

4）剪力墙结构，装配式比现浇降低 10～20m。

表 5.5-1 给出了《高规》和《装标》与《装规》中关于装配式混凝土结构建筑与现浇混凝土结构建筑最大适用高度的比较。

表 5.5-1　装配整体式混凝土结构与混凝土结构最大适用高度比较表　（单位：m）

结 构 体 系	非抗震设计		抗震设防烈度							
			6 度		7 度		8 度(0.2g)		8 度(0.3g)	
	《高规》混凝土结构	《装规》装配式混凝土结构	《高规》混凝土结构	《装标》装配式混凝土结构	《高规》混凝土结构	《装标》装配式混凝土结构	《高规》混凝土结构	《装标》装配式混凝土结构	《高规》混凝土结构	《装标》装配式混凝土结构
框架结构	70	70	60	60	50	50	40	40	35	30
框架-剪力墙结构	150	150	130	130	120	120	100	100	80	80
剪力墙结构	150	140(130)	140	130(120)	120	110(100)	100	90(80)	80	70(60)
框支剪力墙结构	130	120(110)	120	110(100)	100	90(80)	80	70(60)	50	40(30)
框架-核心筒	160		150	150	130	130	100	100	90	

（续）

结构体系	非抗震设计		抗震设防烈度							
			6 度		7 度		8 度(0.2g)		8 度(0.3g)	
	《高规》混凝土结构	《装规》装配式混凝土结构	《高规》混凝土结构	《装标》装配式混凝土结构	《高规》混凝土结构	《装标》装配式混凝土结构	《高规》混凝土结构	《装标》装配式混凝土结构	《高规》混凝土结构	《装标》装配式混凝土结构
筒中筒	200		180		150		120		100	
板柱-剪力墙	110		80		70		55		40	

注：1. 表中框架-剪力墙结构剪力墙部分全部现浇。

2. 装配整体式剪力墙结构和装配整体式框支剪力墙结构，在规定的水平力作用下，当预制剪力墙结构底部承担的总剪力大于该层总剪力的 50% 时，其最大适用高度应适当降低；当预制剪力墙构件底部承担的总剪力大于该层总剪力 80% 时，最大适用高度应取表中括号内的数值。

3. 《装标》与《装规》中框架结构、框架-剪力墙结构、剪力墙结构、框支剪力墙结构体系的抗震设防烈度中最大高度相同。

2. 预应力框架结构适用高度

现行行业标准《预制预应力混凝土装配整体式框架结构技术规程》（JGJ 224—2010）第 3.1.1 条对预应力混凝土装配整体式框架结构的适用高度的规定见表 5.5-2。在抗震设防时，比非预应力结构适用高度要低些。

表 5.5-2 预制预应力混凝土装配整体式结构适用的最大高度 （单位：m）

结构类型		非抗震设计	抗震设防烈度	
			6 度	7 度
装配式框架结构	采用预制柱	70	50	45
	采用现浇柱	70	55	50
装配式框架-剪力墙结构	采用现浇柱、墙	140	120	110

3. 世界最高的装配式混凝土建筑

大阪北浜公寓（彩页图 C01）是日本最高的混凝土结构住宅，装配式建筑，高 208m，稀柱-剪力墙核心筒结构，剪力墙核心筒现浇。这座建筑是世界最高的装配式混凝土建筑。

5.6 装配式混凝土建筑高宽比

《装标》、《装规》与《高规》分别规定了装配式混凝土结构建筑与现浇混凝土结构建筑的高宽比，比较如下：

1）框架结构装配式与现浇一样。

2）框架-剪力墙结构和剪力墙结构，在非抗震设计情况下，装配式比现浇要小；在抗震设计情况下，装配式与现浇一样。

表 5.6-1 给出了《高规》、《装标》、《装规》和辽宁省地方标准关于高宽比的规定。

表 5.6-1　装配整体式混凝土结构与混凝土结构高宽比比较表

结 构 体 系	非抗震设计		抗震设防烈度					
			6 度、7 度			8 度		
	《高规》混凝土结构	《装规》装配式混凝土结构	《高规》混凝土结构	《装标》装配式混凝土结构	辽宁地方标准装配式结构	《高规》混凝土结构	《装标》装配式混凝土结构	辽宁地方标准装配式结构
框架结构	5	5	4	4	4	3	3	3
框架-剪力墙结构	7	6	6	6	6	5	5	5
剪力墙结构	7	6	6	6	6	5	5	5
框架-核心筒	8		7	7	7	6	6	6
筒中筒	8		8		7	7		6
板柱-剪力墙	6		5			4		
框架-钢支撑结构					4			3
叠合板式剪力墙结构					5			4
框撑剪力墙结构					6			5

注：1. 框架-剪力墙结构装配式是指框架部分，剪力墙全部现浇。

　　2. 《装标》与《装规》中框架结构、框架-剪力墙结构、剪力墙结构体系的抗震设防烈度中高宽比相同。

5.7　装配式混凝土建筑平面形状

5.7.1　平面形状

从抗震和成本两个方面考虑，装配式混凝土建筑平面形状简单为好。平面形状复杂的建筑对抗震不利，预制构件种类多也会增加成本。

世界各国装配式混凝土建筑的平面形状以矩形居多。日本装配式混凝土建筑主要是高层和超高层建筑，以矩形为主，个别也有"Y"字形，方形"点式"建筑最多。对超高层建筑而言，方形或接近方形是结构最合理的平面形状。

行业标准《装规》关于装配式混凝土结构的平面形状的规定与《高规》关于混凝土结构平面布置的规定一样。建筑平面尺寸及凸出部位比例限制照搬了《高规》的规定。为了读者方便，将《高规》和《装规》的建筑平面示意图（图 5.7-1）和平面尺寸及凸出部位比例限值列出（表 5.7-1）。

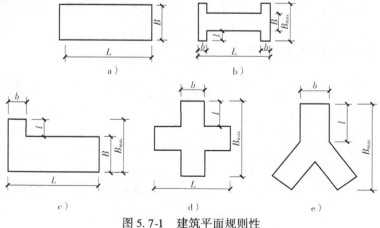

图 5.7-1　建筑平面规则性

表 5.7-1　平面尺寸及凸出部位比例限值

抗震设防烈度	L/B	l/B_{max}	l/b
6、7 度	≤6.0	≤0.35	≤2.0
8 度	≤5.0	≤0.30	≤1.5

5.7.2　装配式混凝土建筑平面设计规定

关于装配式混凝土结构的平面设计，行业标准与国家标准的规定归纳如下：

1）建筑宜选用大开间、大进深、空间灵活可变的布置方式。

2）承重墙、柱等竖向构件上、下连续。

3）门窗洞宜上下对齐、成列布置，其平面位置和尺寸应满足结构受力及预制构件的设计要求；剪力墙结构不宜采用转角窗。

4）厨房和卫生间的平面布置应合理，其平面尺寸宜满足标准化整体橱柜及整体卫浴的要求。

5）平面布置应规则，外墙洞口宜规整有序。

6）设备与管线集中布置，并应进行管线综合设计。

5.8　建筑立面设计与外墙拆分

建筑立面设计是形成建筑艺术风格最重要的环节，装配式混凝土建筑的立面有其自身的规律与特点。

1）行业标准《装规》要求装配式混凝土结构的外墙设计应满足建筑外立面多样化和经济美观的要求。

2）国家标准《装标》中对剪力墙结构的布置做出了要求：剪力墙门窗洞口宜上下对齐、成列布置，形成明确的墙肢和连梁；抗震等级为一、二、三级的剪力墙底部加强部位不应采用错洞墙，结构全高均不应采用叠合错洞墙（图 5.8-1）。

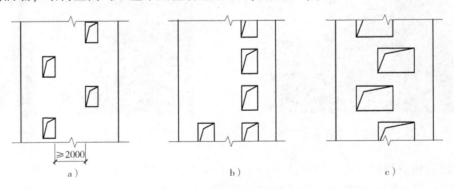

图 5.8-1　剪力墙错洞墙示意图

a）一般错洞墙　　b）底部局部错洞墙　　c）叠合错洞墙

3）国家标准《装标》关于装配式混凝土建筑立面设计有如下规定（第 4.3.6 条）：
①外墙、阳台板、空调板、外窗、遮阳设施和装饰等部品部件宜进行标准化设计。
②模块应符合少规格、多组合的要求，满足多样化、个性化的需要。

③装配式混凝土建筑应通过建筑体量、材质肌理、色彩等变化，形成丰富多样的立面效果。

④预制混凝土外墙的装饰面层宜采用清水混凝土、装饰混凝土、免抹灰涂料和反打面砖等耐久性墙的建筑材料。

5.8.1　柱、梁体系外立面设计

柱、梁结构体系装配式混凝土建筑外立面设计，建筑师的创作空间比较大，有多种选择。

1. 预制柱梁围合窗户

本章 5.4 节图 5.4-3 的鹿岛办公楼，由清水混凝土预制柱、梁围合玻璃窗形成外立面。柱子和梁比较纤细，显得很轻盈。

本书彩页图 C05 沈阳万科春河里住宅也是预制柱、梁围合玻璃窗形成外立面。由于沈阳气候寒冷，柱子与梁都是夹芯保温构件，断面加大了，由此窗户面积变小，立面效果显得厚重。

近年来，建筑师越来越喜欢用预制柱梁围合而不是整间墙外挂墙板的方式构成建筑表皮，下面再举几个例子（图 5.8-2、图 5.8-3 和图 5.8-4）。

图 5.8-2　双柱与长梁构成的立面

图 5.8-3　柱梁反打石材围合窗户

预制柱梁构成的外立面，可以凸出柱子，将梁凹入，以强调竖向线条；也可以凸出梁，将柱子凹入，以强调横向线条。图 5.8-5 是柱子凸出，凹入墙面用玻璃以强调竖向线条的例子。

1992 年建成的美国凤凰城图书馆是著名建筑师威廉姆·布鲁德的作品，非常著名的环保建筑，也是全装配式框架结构建筑。凤凰城图书馆正立面裸露的结构柱、玻璃幕墙和可以自动调节角度的遮阳帆构成了独特的建筑形象（彩页图 C03）。

图 5.8-4　预制柱梁构成方格网立面　　　　　图 5.8-5　凸出预制柱强调竖向线条的立面

2. 带翼缘预制柱梁

预制柱梁可以做成带翼缘的断面，由此可使窗洞面积缩小。

梁向上伸出的翼缘称为腰墙；向下伸出的翼缘称为垂墙；柱子向两侧伸出的翼缘称为袖墙，如图 5.8-6 所示。图 5.8-7 所示建筑立面是梁带垂墙板的例子。

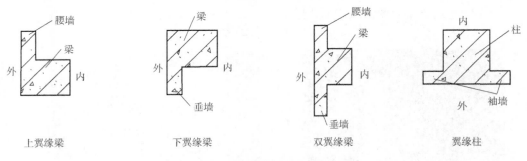

图 5.8-6　带翼缘的预制柱、梁断面

图 5.8-7　带垂墙板的预制梁

3. 楼板和楼板加腰板构成立面

本章5.4节图5.4-1是日本第3高混凝土结构住宅，装配式建筑。该建筑探出柱梁的楼板形成了轻盈明快的横向线条。

在探出楼板上安装预制腰墙或预制外墙挂板（图5.8-8），可以形成横向线条立面。下面介绍几座日本装配式混凝土建筑，采用腰板或外墙挂板构成横向线条立面，如图5.8-9～图5.8-11所示。

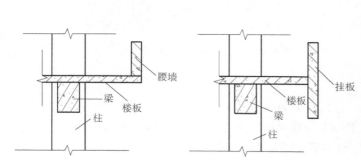

图 5.8-8　安装在楼板上的腰墙或挂板

图 5.8-9　福冈日航酒店略带弧面的腰板

图 5.8-10　强调横向线条的装配式建筑

图 5.8-11　主楼强调横向线条，裙楼是竖向线条

4. 外挂墙板

外挂墙板日本称为 PC 幕墙，也就是预制混凝土外挂墙板组成的幕墙，是相对于主体结

构有一定的位移能力和自身变形能力，不承担主体结构所承受的作用的外围护墙体。

外挂墙板在柱、梁结构体系中应用较多，通过安装节点安装在柱、梁或楼板上。墙板可以做成有窗的、实体的；平面的、曲面的；还可以做成镂空的。墙体表面可以做成各种造型和质感。国外钢结构建筑也比较多地应用外挂墙板。

本章图 5.4-5、图 5.4-6、图 5.4-8、图 5.4-10、图 5.4-11 和图 5.4-12 都是外挂墙板立面。图 5.8-12 也是外挂墙板立面。外挂墙板建筑设计在第 6 章讨论。

5.8.2 剪力墙结构外立面

1）剪力墙结构建筑外墙是结构墙体，建筑师可灵活发挥的空间远不如柱梁体系那么大。

2）剪力墙结构外墙板宜做成建筑、结构、围护、保温、装饰一体化墙板，即夹芯保温剪力墙板，建筑师可在外叶板表面做文章，设计造型、质感、颜色和分格缝等。

3）有些地区如上海对凸出墙体的"飘窗"格外钟爱，预制飘窗会使建筑立面显得生动和富有变化，如图 5.8-13 所示。

图 5.8-12　外挂墙板　　　　　　　图 5.8-13　飘窗 + 瓷砖反打装饰一体化墙板

4）根据行业标准《装规》规定，如果外墙分缝在剪力墙转角和翼缘等边缘构件处，需要现浇混凝土，如此，建筑师需要解决预制剪力墙板与后浇混凝土"外貌"一致或协调的问题。剪力墙结构外墙拆分有两种方式：整间板方式和窗间墙围合方式，详见第 15 章 15.4 节。

5.8.3 建筑外立面构件拆分

装配式混凝土建筑的结构拆分主要是结构设计师的工作，但建筑立面混凝土构件的拆分不仅需要考虑结构的合理性和实现的便利性，更要考虑建筑功能和艺术效果。所以，外立面拆分应当以建筑师为主。

外立面构件拆分应考虑的因素包括：

1）建筑功能的需要，如围护功能、保温功能、采光功能等。

2）建筑艺术的要求。

3）建筑、结构、保温、装饰一体化。

4）对外墙或外围柱、梁后浇筑区域的表皮处理。

5）构件规格尽可能少。

6）整间墙板尺寸或重量超过了制作、运输、安装条件许可时的对应办法。

7）与结构设计师沟通，符合结构设计标准的规定和结构的合理性。

8）与结构设计师沟通，外墙板等构件有对应的结构可安装等。

5.9　层高设计

5.9.1　影响建筑层高的因素

《装标》要求装配式混凝土建筑宜大开间布置、管线分离和同层排水，这几项都与层高有关系。

大开间布置，楼板跨度大板厚会加大；实行管线分离，顶棚需要吊顶，吊顶高度一般为100~200mm；同层排水，一般情况下地面架空，高度150mm左右，这些要求都实现，建筑层高应当增加300mm左右。

日本住宅建筑层高一般比我国高300~500mm，但净高却比我国低，主要是由于这三个因素。

但是增加层高会增加建造成本，在规划对建筑高度有限制的情况下还可能降低容积率。所以，层高设计的决策者不是设计师，而是"甲方"，因为涉及建筑产品的市场定位和造价。

5.9.2　层高设计

1. 顶棚不吊顶地面不架空的情况

顶棚不吊顶地面不架空，装配式混凝土建筑与现浇混凝土建筑层高一样。

建筑设计师应向结构拆分设计提出要求：叠合板拼缝处节点设计要保证使用期间不产生可视裂缝，叠合楼板预制时需要埋设灯具接线盒和固定灯具的预埋件等。

2. 顶棚吊顶的情况

顶棚吊顶，电源线等管线可悬挂在楼板下面吊顶上面，如图5.9-1所示。叠合板后浇混凝土层不用再考虑埋设管线，叠合板安装缝也不需要处理。

楼板在预制时需埋设固定线路、吊顶、灯具的预埋件。在日本，悬挂管线的每一个预埋件都设计在图样上，没有在施工现场打膨胀螺栓的做法。日本的叠合楼板生产线自动化程度比较高，

图 5.9-1　日本装配式混凝土住宅顶棚吊顶，
管线不用埋设在混凝土中

楼板所有预埋件都是计算机根据图样自动定位放线、机器臂自动放置。

在顶棚吊顶的情况下，为保证房间净高，建筑层高应增加100~200mm。有中央空调的建筑，空调通风管路处可局部吊顶，如图5.9-2所示。

3. 地面架空的情况

地面架空有三个好处：

1）隔声好，楼上小孩蹦蹦跳跳的声音不会传至楼下。

2）可以方便地实现同层排水，竖向管道集中。

3）排水管线维修更换方便。

地面架空的实际做法如图 5.9-3 所示。地面架空会增加层高 150 ~ 200mm。

图 5.9-2　通风管道处局部吊顶　　　　　　图 5.9-3　地面架空为管线布置和同层排水提供了方便

4. 顶棚吊顶 + 地面架空的情况

顶棚吊顶 + 地面架空的情况，建筑层高须增加 300mm 左右。

5.9.3　增加建筑层高的必要性

1）上有吊顶下有架空有许多好处，所有管线都不用埋设到混凝土楼板中，可以方便地实现同层排水和集中布置管道竖井，层间隔声和保温效果好，管线水电维修不涉及结构"伤筋动骨"。

2）上有吊顶下有架空，装配式的麻烦和"负担"比较少。

5.10　防火设计

1）装配式建筑的外墙挂板与楼板之间的缝、与层间板之间的缝、与梁柱之间的缝需要做防火处理，而现浇建筑是一体的，不需要再做防火处理。

2）装配式建筑的预制构件节点构造设计时，外漏部位应采取防火保护措施。预制外墙板作为围护结构，应与各层楼板、防火墙、隔墙相交部位设置防火封堵措施，封堵构造的耐火极限应满足现行国家建筑设计防火规范。

3）采用预制混凝土夹芯保温外墙时，墙体同时兼有保温的作用。此类墙体的耐火极限应符合建筑防火规范中对建筑外墙的防火要求。节点构造设计应注意适用的地域范围。如果在地方标准中，防火、防水、隔声、保温等要求严于国家标准，可按照地方标准的规定执行。

4）关于剪力墙外墙板和外挂墙板板缝的防火设计详见第 6 章。

思考题

1. 装配式对建筑使用功能有什么影响?
2. 装配式混凝土建筑高度有什么限制?
3. 装配式混凝土建筑平面形状有什么限制?
4. 装配式混凝土建筑高宽比有什么限制?
5. 如何拆分剪力墙外墙板?
6. 为什么宜增加建筑层高?

第6章　外围护系统建筑设计

6.1　概述

　　按照国家标准《装标》的定义，外围护系统是"由建筑外墙、屋面、外门窗及其他部品部件等组合而成，用于分隔建筑室内外环境的部品部件的整体"。

　　本章介绍装配式混凝土建筑的外围护系统建筑设计。主要介绍与装配式有关的外围护系统的做法和部品部件设计，与现浇混凝土建筑一样的外围护系统做法不予介绍。外围护系统建筑构造设计在第7章介绍。

　　本章具体内容包括外围护系统分类（6.2），外围护系统建筑设计内容（6.3），外墙保温设计（6.4），建筑表皮质感设计（6.5），外挂墙板建筑设计（6.6），其他外墙围护系统建筑设计（6.7），阳台、空调板、遮阳板设计（6.8）。

6.2　外围护系统分类

　　装配式建筑外围护系统包括屋面系统和外墙系统。

6.2.1　屋面系统类型

　　装配式混凝土屋面系统包括预制屋面板和预制空间薄壁结构等。

1. 预制屋面板

　　预制屋面板应用较多：装配式工业厂房、公共建筑的屋面板、悬索屋盖的屋面板等。图6.2-1是纽约纽瓦克机场候机楼室内的预制屋面板。

2. 空间薄壁结构

　　空间薄壁结构是由曲面薄壳组成的承受竖向与水平作用的结构，装配式空间薄壁结构或用叠合方式或用后浇混凝土连接方式将预制薄壁板（或带肋薄壁板）连接为整体。

图6.2-1　纽约纽瓦克机场候机楼室内的预制屋面板

　　悉尼歌剧院的围护结构是屋面与墙一体化的装配式空间薄壁结构（图6.2-2），由带肋的曲面叠合板装配而成。在第1章介绍过的奈尔维设计的都灵展览馆（图1.1-9）和梵蒂冈会堂（图1.1-10）也都属于空间薄壁结构。

6.2.2 外墙类型

装配式混凝土建筑外墙系统类型与结构体系有关。

1. 柱梁结构体系外墙

柱梁体系是指以柱、梁为主要构件的结构体系，包括框架结构、框剪结构、筒体结构等。其外墙类型包括外挂墙板、柱梁围合和条板等。

（1）外挂墙板　外挂墙板是指安装在主体结构上，起围护、装饰作用的非承重预制混凝土外墙板。一般为整间板，如图6.6-1所示。本书第5章图5.4-5、图5.4-6、图5.4-10、图5.4-11、图5.4-12和图5.8-12的外墙都是外挂墙板。

（2）柱梁围合　柱梁围合是指用柱、梁围合玻璃窗形成的外围护墙体系统。本书第5章图5.4-3、图5.8-2、图5.8-3和图5.8-4都是柱梁围合的建筑表皮。

柱梁围合方式可采用带翼缘的柱、梁，以减少窗洞面积。带翼缘的柱、梁见第5章图5.8-6。

（3）条板　条板是规格化外墙板，一般为轻质墙板，蒸压轻质水泥墙板（ALC）就是装配式建筑外墙常用的条板，如图6.2-3所示。

图6.2-2　空间薄壁结构——悉尼歌剧院

图6.2-3　凹入式阳台ALC轻体外墙

2. 剪力墙结构体系外墙

剪力墙结构体系是由剪力墙组成的承受竖向和水平作用的结构，剪力墙与楼盖一起组成空间体系。

剪力墙外墙板是承重的结构墙体，外墙类型包括整间板和墙板-连梁围合型。

（1）整间板型　整间板类型由预制剪力墙整间板与纵横墙相交处的后浇混凝土结合而成（图15.5-1），整间板是结构与围护功能一体化构件。

（2）墙板-连梁围合型　墙板-连梁围合型是指用纵横墙相交处的预制剪力墙板（或预制剪力墙T形构件）与连梁围合成外围护墙体系统（图15.5-2和图15.5-3），类似于柱梁围合，只不过将柱换成了剪力墙。

3. 墙板结构外墙

墙板结构用于低层和多层建筑，有三种类型：

1）剪力墙结构简化型，结构连接简单一些。

2）框架结构墙板型，将柱或梁与墙板一体化制作，以简化安装。

3）全装配式墙板，由墙板与楼板组合成的结构体系，采用干法连接。图 1.1-8 是贝聿铭设计的普林斯顿大学学生宿舍，就是全装配式墙板，全部用螺栓连接。

这三种类型的预制墙板都是结构围护一体化构件。

4. 其他外墙系统

国家标准《装标》关于外围护系统设计的章节还介绍了现场组装骨架外墙和建筑幕墙。

（1）现场组装骨架外墙　现场组装骨架外墙是指用轻钢龙骨或木龙骨与板材组合的外墙，在国外应用较多，多用于钢结构或木结构低层建筑与多层建筑，在装配式混凝土建筑中应用不多。图 6.2-4 是日本装配式别墅的现场组装骨架外墙的照片，图 6.2-5 是现场组装骨架外墙构造。

图 6.2-4　日本装配式别墅的现场组装骨架外墙

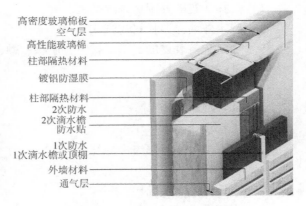

图 6.2-5　现场组装骨架外墙构造

（2）建筑幕墙　装配式混凝土建筑所用建筑幕墙与常规幕墙一样，包括玻璃幕墙、石材幕墙、金属幕墙和人造材幕墙。

6.2.3　如何选择适宜的外围护系统类型

1）根据已经确定的结构体系选择。

2）根据建筑功能的要求选择。

3）根据建筑风格的要求选择。

4）根据环境和地域特点选择。

5）根据当地制作和施工条件选择。

6）根据降低成本的要求选择。

6.3　外围护系统建筑设计内容

外围护系统设计对建筑使用功能和艺术效果影响很大，是装配式建筑设计非常重要的环节。

6.3.1　外围护系统设计要求

装配式混凝土建筑外围护系统设计要求如下：

1）性能要求。根据项目所在地区的气候条件、使用功能等综合因素确定抗风性能、抗震性能、耐撞击性能、防火性能、水密性能、气密性能、隔声性能、热工性能和耐久性要求。剪力墙外墙、墙板结构外墙和屋面系统尚应满足结构性能要求。

2）使用年限。外围护系统设计使用年限应与主体结构相协调。

3）可靠连接。外围护系统部件与主体结构的连接牢固可靠，具有适应主体结构变形的能力。

4）模数协同。外围护系统设计应符合模数化要求，实现模数协调。

5）符合制作、运输、安装条件。

6）太阳能一体化设计。

6.3.2　外围护系统建筑设计内容

装配式建筑外围护系统建筑设计包括以下内容：

1）选择适宜的外围护系统类型。

2）确定外墙保温材料与方式。

3）确定建筑表皮的造型、材料、质感、颜色。

4）进行拆分设计。

5）进行集成设计。

6）进行部品部件设计。

7）进行部品部件连接设计。

8）进行部品部件接缝设计等。

6.4　外墙保温设计

本节先看看目前国内外墙外保温方式存在的问题，然后讨论夹芯保温构件，再介绍一下我国有关研究单位和企业研发的预制外墙保温新方式。

6.4.1　目前外墙保温存在的问题

目前我国大多数住宅采用外墙外保温方式，将保温材料（聚苯乙烯板）粘在外墙上，挂玻纤网抹薄灰浆保护层。

外墙外保温具有保温节能效果好、不影响室内装修的优点，但目前的粘贴抹薄灰浆的方式存在三个问题：

1）薄壁保护层容易裂缝和脱落，这是常见的质量问题。

2）保温材料本身也会脱落，已经发生过多起脱落事故。

3）薄壁灰浆保护层防火性能不可靠，有火灾隐患。已发生过多起保温层着火事故。

6.4.2　夹芯保温构件

1. 夹芯保温构件介绍

夹芯保温板国外称为"三明治板"。由钢筋混凝土外叶板、保温层和钢筋混凝土内叶板组成。是建筑、结构、保温、装饰一体化墙板（图6.4-1）。

外围柱梁也可以做夹芯保温。沈阳万科春河里住宅的柱梁就是夹芯保温柱梁。所以，这里用"夹

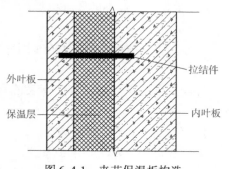

图6.4-1　夹芯保温板构造

芯保温构件"的概念，包括夹芯保温剪力墙外墙板、夹芯保温外墙挂板、夹芯保温柱、夹芯保温梁等。

夹芯保温构件的外叶板最小厚度 50mm，用可靠的拉结件与内叶构件连接，不会像薄层灰浆那样裂缝脱落，保温层也不会脱落，防火性能也大大提高。但拉结件的选择、锚固和埋入工艺必须可靠。

外叶板可以直接做成装饰层或作为装饰面层的基层。

夹芯保温构件的保温材料可用 XPS，即挤塑板。不能用 EPS 板，因为 EPS 板强度低、颗粒松散，制作时容易破损，形成热桥；浇筑混凝土时也容易压缩变形，特别是夹芯保温柱梁构件。

夹芯保温构件比粘贴保温层抹薄灰浆的方式增加了外叶板重量和成本，也增加了无使用效能的建筑面积。

装配式混凝土建筑外墙外保温也可以沿用传统的粘贴保温层抹薄灰浆的做法，目前国内一些装配式建筑也这样做。但这样做没有借装配式之机提高保温层的安全性和可靠性，也削弱了装配式的优势，属于为了装配式而装配式的应付做法。

2. 有空气层的夹芯保温构件

外墙外保温构造中没有空气层，结露区在保温层内，时间长了会导致保温效能下降。

夹芯保温板内叶板和外叶板是用拉结件连接的，与保温层粘接没有关系，如此，外叶板内壁可以做成槽形，在保温板与外叶板之间形成空气层，以结露排水，这是夹芯保温板的升级做法，对长期保证保温效果非常有利，如图 6.4-2 所示。

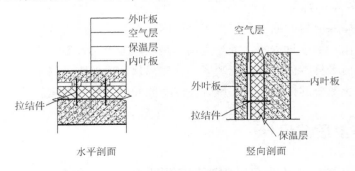

图 6.4-2　有空气层的夹芯保温板构造

6.4.3　装配式混凝土建筑保温新思路

国内有科研机构和企业研发了装配式混凝土建筑保温新做法，这里做简单介绍。

1. 双层轻质保温外墙板

双层轻质保温外墙板是用低热导率的轻质混凝土制成的墙板，分结构层和保温层两层。结构层混凝土强度等级 C30，重力密度 1700kN/m³，热导率 λ 约为 0.2，比普通混凝土提高了隔热性能；保温层混凝土强度等级 C15，重力密度 1300 ~ 1400kN/m³，热导率 λ 约为 0.12。结构层与保温层钢筋网之间有拉结筋。保温层表面或直接涂漆，或做装饰混凝土面层，如图 6.4-3 所示。

双层轻质保温外墙板的优点是制作工艺简单，成本低。双层轻质保温外墙板用憎水型轻骨料，可用在不很寒冷的地区。

2. 无龙骨锚栓干挂装饰面板

无龙骨锚栓干挂装饰面板就是在保温层外干挂石材或装饰混凝土板，但不用龙骨。

由于外挂墙板具有比较高的精度，可以在制作时准确埋置内埋式螺母，由此，干挂石材或装饰混凝土板可以省去龙骨，干挂石材的锚栓直接与内埋式螺母连接，如图 6.4-4 所示。

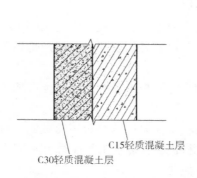

图 6.4-3　双层轻质保温外墙板构造

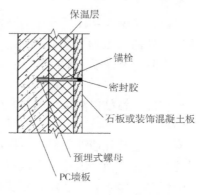

图 6.4-4　无龙骨锚栓干挂保护层

无龙骨锚栓保护板方式与夹芯保温墙板比较，由于没有外叶板，减轻了重量。与传统的保温层薄壁抹灰方式比较，不会脱落，安全可靠。与有龙骨幕墙比较节省了龙骨材料和安装费用。干挂方式保温材料可以用岩棉等 A 级保温材料。

6.4.4　日本的外墙内保温

日本建筑外墙保温目前绝大多数采用外墙内保温方式。虽然政府也推广外墙外保温，但仅在北海道有应用。由于日本的供暖与空调都是以户为单元开启和计量，外墙内保温方式似乎更精确一些。由于日本住宅都是精装修，顶棚吊顶地面架空，内壁有架空层，外墙内保温在顶棚、地面防止热桥的构造不存在影响室内空间问题。户与户之间的隔墙也有保温层。

6.5　建筑表皮质感设计

装配式混凝土建筑常见的表皮质感包括清水混凝土、涂料、石材、面砖、装饰混凝土等。

6.5.1　清水混凝土

预制构件可以提供高品质的清水混凝土表面，既可以做到安藤忠雄那种绸缎般细腻的混凝土质感，也可以做到勒·柯布西耶粗野的清水混凝土风格。第 5 章图 5.4-3 所示日本鹿岛装配式混凝土建筑裸露的柱梁就是清水混凝土。第 5 章图 5.4-10 所示是哈尔滨大剧院局部清水混凝土幕墙板。

建筑师选择清水混凝土质感，应要求工厂打样，作为制作依据和验收依据。

建筑师对清水混凝土质感可以有较高的质量要求，但对颜色均匀不应有过高期望，因为水泥先后窑产品、混凝土干燥程度不同都会有色差。存在一定的色差是混凝土固有的特征，要求颜色必须均匀，只能靠涂刷具有清水混凝土效果的涂料来实现，反倒假了。真实的清水混凝土存在一定的色差。当然，因水泥和骨料不是同一来源、配合比不准确、骨料含泥量大等因素造成的色差应当避免。

清水混凝土构件垂直角容易磕碰，宜做成抹角或圆弧角，对此设计应当给出要求（第 7章图 7.8-1）。有的建筑师喜欢清晰的直角感觉，也可以实现，需要强调构件的棱角保护。

清水混凝土柱子如果要求 4 个面都做成光洁质感，设计师应当给出明确说明。因为正常情况下，柱子是在"躺着"的模具里制作的，5 个模具面，1 个压光面。压光面的光洁度要差些。4 面光洁的柱子应当用立式模具制作。

设计应要求清水混凝土表面涂覆透明的保护剂，以保护面层不被雾霾、沙尘和雨雪污染。

6.5.2　涂漆

在混凝土表面涂漆是装配式混凝土建筑常见的做法，可以涂乳胶漆、氟碳漆或喷射真石漆。由于预制构件表面可以做得非常光洁，涂漆效果要比现浇混凝土抹灰后涂漆精致很多，如图 6.5-1 所示。

涂漆作业最好在构件工厂进行，可以更好地保证质量和色彩均匀。这需要产品在存放、运输、安装和缝隙处理环节的精心保护。

6.5.3　石材质感

1. 石材"反打"

石材是装配式混凝土建筑常用的建筑表皮，用"反打"工艺实现。不仅装配式混凝土建筑，许多钢结构建筑的石材幕墙也用石材反打的外挂墙板，如图 6.5-2 所示。

图 6.5-1　表面涂漆的外挂墙板　　　　　图 6.5-2　日本大阪钢结构商业综合体的
　　　　　　　　　　　　　　　　　　　　　　　　　　石材反打外挂墙板

石材反打是将石材铺到模具中，装饰面朝向模具，用不锈钢卡钩将石材钩住，不锈钢卡钩的数量取决于石板面积（图 6.5-3）。钢筋穿过卡钩，然后浇筑混凝土，石材与混凝土结合为一体。在石材与混凝土之间须涂覆隔离剂，一是防止混凝土"泛碱"透过石材，避免湿法粘贴石材常出现的问题；一是起到隔离作用，削弱石材与混凝土温度变形不一致产生的温度应力的不利影响。

夹芯保温板石材反打是在外叶板上进行，外叶板由此会增加厚度和重量，对拉结件的结构计算和布置会有影响，应提醒结构设计师。

石材反打设计，建筑师应给出详细的石材拼图，是否有缝，如果有缝，缝宽是多少等。

石材规格严格按照设计要求加工。从图 6.5-4 石材反打成品照片中，可以看到石材拼图的精细程度。

图 6.5-3　石材反打工艺——把石材铺到模具上，
背后有不锈钢卡钩

图 6.5-4　石材反打成品

2. 无龙骨锚栓石材

前面介绍了无龙骨锚栓保护板，无龙骨锚栓石材就是以石材为保护板，在外挂墙板上埋置内埋式螺母，用连接件和锚栓干挂石材。

3. 有龙骨石材幕墙

国内有的企业在做装配式混凝土建筑时，幕墙依然采用有龙骨幕墙，在外挂墙板预制是埋设内埋式螺母，固定龙骨，然后干挂幕墙。

6.5.4　装饰面砖反打

装饰面砖也是装配式混凝土建筑常用的建筑表皮，如图 6.5-5 所示，用"反打"工艺实现。面砖还可以在弧面上反打，如图 6.5-6 所示。

图 6.5-5　面砖反打的外挂墙板

图 6.5-6　面砖反打弧形预制阳台板

装饰面砖反打工艺原理与石材反打一样，将面砖铺到模具中，装饰面朝向模具，在面砖背面浇筑混凝土（图 6.5-7）。装饰面砖反打要比现场贴面砖精致很多（图 6.5-8），100 多 m 高的建筑，外墙面砖接缝看上去是笔直的，误差在 2mm 以内。面砖反打工艺面砖与混凝土的结合也很牢固，据日本设计师介绍，日本几十年面砖反打工程没有出现过脱落现象，比现场湿法粘接安全可靠。

图 6.5-7 反打面砖工艺

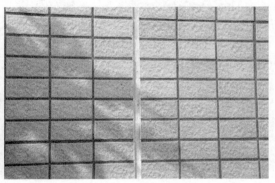

图 6.5-8 反打面砖可以做到非常精致

装饰面砖反打，建筑师须给出排砖的详细布置图。面砖供货商按照图样配置瓷砖，有些特殊规格的瓷砖，如转角瓷砖，须特殊加工。

面砖反打可以与石材反打搭配，如图 6.5-9 所示。

6.5.5 装饰混凝土

装饰混凝土是指有装饰效果的水泥基材质。包括彩色混凝土、仿砂岩、仿石材、文化石、仿木、仿砖各种质感。

本书第 5 章的 5.4 节介绍了图 5.4-12 美国著名建筑组合墨菲西斯设计的渐变的地质纹理质感是预制混凝土板就是装饰混凝土的做法。

装饰混凝土的造型与质感通过模具、附加装饰混凝土质感层、无龙骨干挂装饰混凝土板等方式实现。装饰混凝土的色彩通过水泥或白水泥、彩色骨料和颜料实现。

图 6.5-9 反打面砖与反打石材结合

1. 依靠模具形成造型与质感

装饰混凝土依靠模具的形状和纹理形成造型与质感（图 6.5-10、图 6.5-11）。模具可用硅胶、橡胶、水泥基、玻璃钢等材料制成。

2. 表面附着质感装饰层

在混凝土表面附着质感装饰层。附着的方式是在模具中首先浇筑质感装饰层，然后再浇筑混凝土层。质感装饰层的原材料包括水泥（或白水泥）、彩砂（花岗石人工砂和石英砂等）、砂子、颜料、水、外加剂等。质感装饰层适宜的厚度 10～20mm，过薄容易透色，即混凝土浆料的颜色透到装饰混凝土表面；过厚容易裂缝。

图 6.5-10　模具形成凸凹不平的石材质感

图 6.5-11　模具形成的条状造型

表面质感形成的方式包括：

1）在模具表面刷缓凝剂，脱模后用水刷方式刷去水泥浆，露出彩砂骨料的质感。

2）用喷砂方式把表面水泥石打去，形成凸凹表面，露出彩砂骨料质感。

3）人工剔凿。用人工剔凿的方式凿去水泥石，露出彩砂骨料质感。剔凿方式多用于凸凹条纹板，凸出部位厚度可达 60mm。

图 6.5-12 是装饰混凝土质感的墙板。

3. 无龙骨干挂装饰混凝土板

装饰混凝土板基层材质用 GRC 或超高性能混凝土（加钢纤维），表层为装饰混凝土。GRC 板基层与装饰层可以做成一样。

装饰混凝土板板厚 15～30mm。可做成

图 6.5-12　装饰混凝土质感的墙板

$2m^2$ 以下带边肋板，平板或曲面板，用前面介绍的无龙骨锚栓方式干挂。

6.6　外挂墙板建筑设计

外挂墙板应用非常广泛，可以组合成建筑幕墙，也可以局部应用。不仅用于装配式混凝土建筑，也用于现浇混凝土建筑，日本还大量用于钢结构建筑。外挂墙板结构设计和连接节点设计见第 18 章，本节介绍外挂墙板建筑设计。

6.6.1　外挂墙板造型设计

外挂墙板可以方便地做成平面板、曲面板、实体板、镂空板，造型是预制混凝土的优势。在进行造型设计时，建筑师应了解和注意：

1）任何复杂造型或曲面，用参数化技术或算法技术生成数字模型，可以方便地借助计算机和数控机床准确地制作出模具；还可以由雕塑师雕塑模型，再翻制出模具，然后在模具中浇筑混凝土制作出构件。

2）有规律数量多的构件，即使造型复杂，模具成本高，但可以摊在多个构件上。如果个性化构件太多，模具类型和数量就会很多，会大幅度增加成本。

3）构件应避免凸出的锐角造型，在制作、运输和安装过程中容易损坏。

4）构件造型应考虑脱模的便利性。

6.6.2 外挂墙板集成设计

外挂墙板集成化设计是指墙板与门窗、保温、装饰一体化设计。

整间板可以实现墙板与窗户、保温、装饰一体化；横向和竖向条形板可以实现保温、装饰一体化，但无法实现窗户一体化，需要为安装窗户设置预埋木砖等。

外围护系统的保温和表皮装饰已经分别在 6.4 节和 6.5 节做了介绍。

行业标准《装规》关于装饰一体化外挂墙板有如下规定：

1）外墙饰面宜采用耐久、不宜污染的材料。

2）采用反打一次成型的外墙饰面材料，其规格尺寸、材质类别、连接构造等应进行工艺试验验证。工艺试验是指为考查摸索工艺方法、工艺参数的可行性或材料的可加工性等而进行的试验。

6.6.3 外挂墙板拆分设计

外挂墙板拆分设计包括以下内容：

1. 拆分原则

外挂墙板具有整体性，尺寸根据层高与开间大小确定。外挂墙板一般用 4 个节点与主体结构连接，宽度小于 1.2m 的板也可以用 3 个节点连接。比较多的方式是一块墙板覆盖一个开间和层高范围，称为整间板。如果层高较高，或开间较大，或重量限制，或建筑风格的要求，墙板也可灵活拆分，但都必须与主体结构连接。有上下连接到梁或楼板上的竖向板；左右连接到柱子上的横向板；也有悬挂在楼板或梁上的横向板。

关于外挂墙板，有"小规格多组合"的主张，这对 ALC 等规格化墙板是正确的，但对外挂墙板不合适。外挂墙板的拆分原则在满足以下条件的情况下，大一些为好。

1）满足建筑风格的要求。

2）安装节点的位置在主体结构上。

3）保证安装作业空间。

4）板的重量和规格符合制作、运输和安装限制条件。

2. 墙板类型

（1）整间板　整间板是覆盖一跨和一层楼高的板，安装节点一般设置在梁或楼板上，如图 6.6-1 所示。

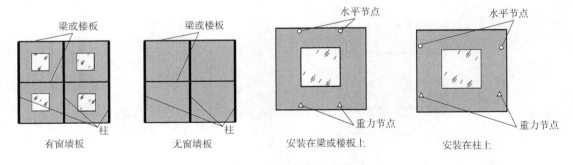

图 6.6-1　整间板示意图

（2）横向板　横向板是水平方向的板，安装节点设置在柱子或楼板上，如图 6.6-2 所示。

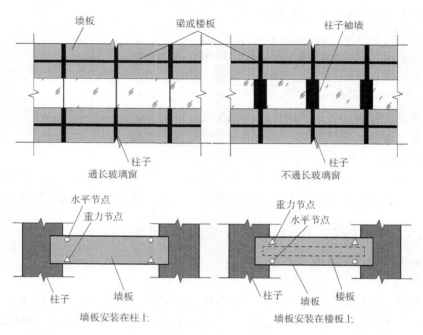

图 6.6-2　横向板示意图

（3）竖向板　竖向板是竖直方向的板，安装节点设置在柱旁或上下楼板、梁上，如图 6.6-3 所示。

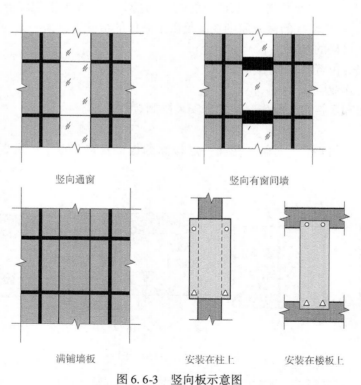

图 6.6-3　竖向板示意图

3. 转角拆分

建筑平面的转角有阳角直角、斜角和阴角，拆分时要考虑墙板与柱子的关系，考虑安装作业的空间。

（1）平面阳角直角拆分　平面直角板的连接有直角平接、折板、对接三种方式，如图6.6-4所示。

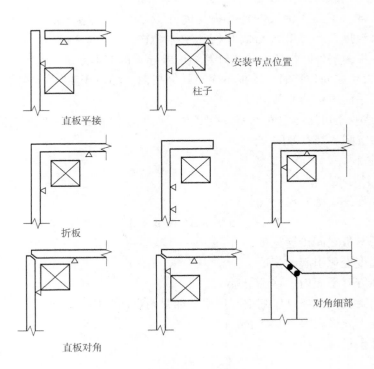

图6.6-4　平面阳角拆分

（2）平面斜角拆分　平面斜角拆分如图6.6-5所示。

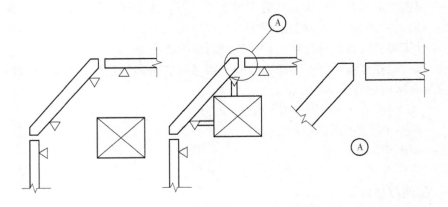

图6.6-5　平面斜角拆分

（3）平面阴角拆分　平面阴角拆分如图6.6-6所示。

6.6.4　外挂墙板接缝宽度计算

墙板与墙板之间水平方向接缝（竖缝）宽度应考虑如下因素：

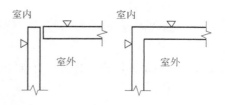

图 6.6-6　平面阴角拆分

1）温度变化引起的墙板与结构的变形差。外挂墙板与钢筋混凝土结构线膨胀系数是一样的，热胀冷缩变形按说应当一样，但三明治板的外叶板与内叶板之间有保温层，有温度差，外叶板与内叶板和主体结构的变形不一样，板缝按外叶板考虑应当计算温度差导致的变形差。

2）结构会发生层间位移时，墙板不应当随之扭曲。相对于主体结构的位移被允许，如此接缝要留出板平面内移动的预留量。

3）密封胶或胶条可压缩空间比率，温度变形和地震位移要求的是净空间，所以密封胶或胶条压缩后的空间才是有效的。

4）安装允许误差。

5）留有一定的富余量。

竖缝宽度计算公式见下式：

$$W_s = (\Delta L_t + \Delta L_E)/\delta + dc + df \tag{6.6-1}$$

式中　W_s——板与板之间接缝宽度；

ΔL_t——温度变化引起的变形；

ΔL_E——地震时平面内位移预留量；

δ——密封胶或胶条可压缩空间比率，如果两者同时用，取较小者；

dc——施工允许误差，$3 \sim 5mm$；

df——富余量，$3 \sim 5mm$。

① ΔL_t

$$\Delta L_t = \alpha \Delta T L \tag{6.6-2}$$

式中　α——线膨胀系数，$\alpha = 1.0 \sim 2.0 \times 10^{-5}/℃$；

ΔT——温差，取墙板与结构之间的相对温差，两者线膨胀系数一样，因有保温层的缘故，存在温差，与保温层厚度有关；

L——计算竖缝时取构件长度，计算横缝时取构件高度。

② ΔL_E。ΔL_E 只在竖缝计算中考虑，横缝不需考虑。幕墙规范规定，幕墙构件平面内变形预留量应当是结构层间位移的 3 倍。

$$\Delta L_E = 3\Delta \tag{6.6-3}$$

式中　ΔL_E——平面内变形预留量；

Δ——层间位移。

$$\Delta = \beta h \tag{6.6-4}$$

式中　β——层间位移角；

h——板高。

层间位移角可以从表 6.6-1 中查到。

表 6.6-1 主体结构楼层最大弹性层间位移角

建筑高度 结构类型		建筑高度 H/m		
		H≤150	150<H≤250	H>250
钢筋混凝土结构	框架	1/550	—	—
	板柱—剪力墙	1/800	—	—
	框架—剪力墙、框架—核心筒	1/800	线性插值	—
	筒中筒	1/1000	线性插值	1/500
	剪力墙	1/1000	线性插值	—
	框支层	1/1000	—	—
多、高层钢结构		1/300		

注：1. 弹性层间位移角 $-\Delta/h$，Δ 为最大弹性层间位移量，h 为层高。

2. 线性插值是指建筑高度在 150~250m，层间位移角取 1/800（1/1000）与 1/500 线性插值。

③δ。δ 是密封胶与胶条压缩后的比率

$$\delta = \Delta W/W \tag{6.6-5}$$

式中　δ——密封胶或胶条可压缩的空间的比率；

ΔW——可压缩的宽度，或压缩后空隙宽度；

W——压缩前宽度。

密封胶压缩后的比率是指固化后的压缩比率。密封胶厂家提供试验数据，一般在25%~50%。如果密封胶与胶条同时使用，选其中较小者计算。

只打密封胶不用胶条，只计算密封胶的压缩后比率。对于不打胶的敞开缝，此项不须考虑。

通过以上计算的竖缝宽度如果小于20mm，应按20mm设定缝宽。

横缝宽度可参照式（6.6-3）计算，没有地震位移，计算结果小于竖缝宽度。如果没有通过缝宽变化强调横向或竖向线条的建筑艺术方面的考虑，横缝可与竖缝宽度一样。

6.7 其他外墙围护系统建筑设计

外墙围护系统还包括蒸压加气混凝土板、现场组装骨架外墙板和建筑幕墙板。

6.7.1 蒸压加气混凝土板

1. 材料特性

蒸压加气混凝土板材简称 ALC 板，是由经过防锈处理的钢筋网片增强，经过高温、高压、蒸汽养护而成的一种性能优越的轻质建筑材料，可用于外围护结构，具有以下特性：

1）具有保温隔热性，强度等级为 A2.5 的 ALC 板的热导率为 0.12 [W/（m·K）]。

2）具有耐热阻燃性，15cm 厚墙板能达到 4h 以上防火性能，且不会产生放射性物质和有害气体。

3）轻质高强，抗震性能好。

4）抗侵蚀、冻融、抗老化，耐久性好，使用年限为 50 年。

5）施工便捷，多采用干式施工法等。

2. 蒸压加气混凝土板系统设计

（1）适用范围 《装标》对 ALC 板的适用范围没有规定。ALC 板在日本可以用于 6 层楼以下建筑外墙和高层建筑凹入式阳台的外墙。

（2）布置方式 蒸压加气混凝土板用于外墙时，分为内嵌和外挂两种形式（图 6.7-1），适用于框架及框剪结构的各种使用功能建筑，可根据安装方式需要分为横装和竖装两种。板材的使用应符合《蒸压加气混凝土建筑应用技术规程》（JGJ/T 17—2008）的相关规定。

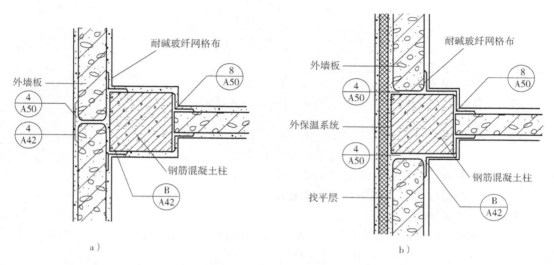

图 6.7-1 ALC 外墙板安装示意图（《蒸压加气混凝土砌块、板材构造》13J 104）
a）外挂式 ALC 外墙板 b）内嵌式 ALC 外墙板

（3）设计厚度 当外围护结构同系统时需满足保温、隔热要求时，加气混凝土板的厚度应满足保温或隔热要求的较大值。

（4）蒸压加气混凝土板接缝设计

1）ALC 墙板侧边及顶部与混凝土柱、梁、板等主体结构连接时应预留 10~20mm 缝隙。

2）墙体与主体之间宜采用柔性连接，宜采用弹性材料填缝，有防火要求时应采用防火材料填缝（如岩棉、玻璃棉），地震区应有卡固措施。

3）外门、窗框与墙体之间应采取保温及防水措施。

（5）安装方式 可根据技术条件选择钩头螺栓法、滑动螺栓法、内置锚法、摇摆型工法等安装方式。国内工程钩头螺栓法应用普遍，其特点是施工方便、造价低，缺点是损伤板材，连接点不属于真正意义上的柔性节点，属于半刚性连接节点，应用于多层建筑外墙是可行的；对高层建筑外墙宜选用内置锚法、摇摆型工法，如图 6.7-2 所示。

（6）封闭处理 外墙室外侧板面及有防潮要求的外墙室内侧板面应用专用防水界面剂进行封闭处理。

6.7.2 现场组装骨架外墙系统设计

1.《装标》规定

《装标》关于现场组装骨架外墙系统设计有下列规定：

1）骨架应具有足够的承载能力、刚度和稳定性，并应与主体结构有可靠连接；骨架应

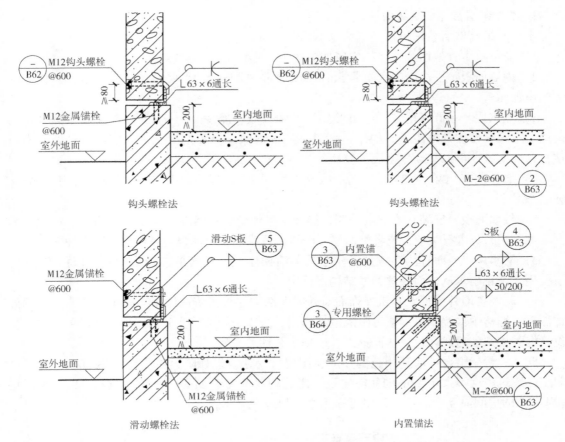

图 6.7-2　ALC 外墙板安装示意图（《蒸压加气混凝土砌块、板材构造》13J 104）

对其进行整体及连接点验算。

2）墙内铺设电气线路时，应对其进行穿管保护。

3）金属骨架组合外墙应符合下列规定：

①金属骨架应设置有效的防腐蚀措施。

②骨架外部、中部和内部可分别设置防护层、隔离层、保温隔汽层和内饰层，并根据使用条件设置防水透气材料、空气间层、反射材料、结构蒙皮材料和隔汽材料等。

4）木骨架组合外墙系统设计应符合下列规定：

①材料种类、连接构造、板缝构造、内外面层做法等要求应符合《木骨架组合墙体技术规范》（GB/T 50361）的有关规定。

②木骨架组合外墙与主体结构之间应采用金属连接件进行连接。

③内侧的墙面材料宜采用普通型、耐火型或防潮型纸面石膏板，外侧墙面材料宜采用防潮型纸面石膏板或水泥纤维板材等材料。

④保温隔热材料宜采用岩棉或玻璃棉等。

⑤隔声吸声材料宜采用岩棉、矿棉、玻璃棉和石膏板材。

⑥填充材料的燃烧性能应为 A 级。

2. 木骨架组合外墙系统设计

木骨架组合外墙系统的特点包括以下几个方面：

1）非承重木骨架组合外墙的构成如图 6.7-3 所示。

2）内墙面板：一般为耐火石膏板，厚度通常为 12mm，主要满足防火要求，并作为墙体的内饰面。

3）隔汽层：在严寒地区一般可使用聚乙烯薄膜，厚度 0.15mm，用来控制水蒸气从室内居住空间向墙体内部渗透。如果把薄膜之间的缝隙以及和混凝土之间的缝隙粘好并密封住，这层薄膜还可以起到气密层的作用。

4）墙骨柱（内填保温棉）：起结构支撑和保温隔热的作用。墙骨柱通常采用 2mm × 6mm 规格材。

5）外墙面板：安装在木框架外侧，用来支撑外墙防水层以及安装外饰面等。可使用厚度为 12mm 的防水石膏板，或者类似厚度的水泥纤维板，以加强墙体构件的防火性能。

6）防水层：有时称为防潮层，一般为具有防水透汽性能的油纸或薄膜，俗称呼吸纸，主要用来防止雨水从外面渗透到木结构墙体中。

7）防雨幕墙外饰面：建筑外饰面对外墙内部构件起到防护作用。有排水通风功能的外饰面系统即防雨幕墙，可以通过阻隔毛细作用，减小防雨幕墙空腔内和外部环境的压差，提供良好的排水和通风途径，从而提高外墙的耐久性。

此外木骨架组合外墙适用范围还应参照现行《建筑设计防火规范》（GB 50016—2014）规定：建筑高度不大于 18m 的住宅建筑、建筑高度不大于 24m 的办公建筑和丁、戊类厂房（库房）的房间隔墙和非承重外墙可采用木骨架组合墙体。

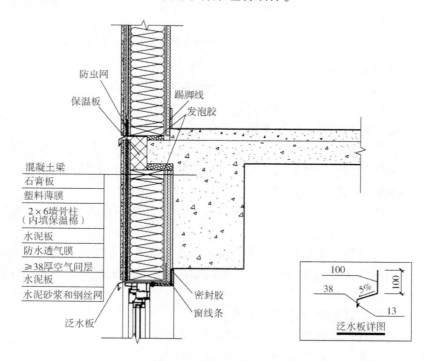

图 6.7-3　标准墙体构造

6.7.3　装配式建筑的建筑幕墙

关于建筑幕墙，《装标》规定：装配式混凝土建筑应根据建筑物的使用要求、建筑造型，合理选择幕墙形式，宜采用单元式幕墙系统。

装配式混凝土建筑的一大特点就是墙、梁等都是预制构件，尺寸精度比较高，由于预制构件表面平整，幕墙所需预埋件可以通过在预制构件中预埋内置螺母等方式来实现，免去了为了找平用的幕墙龙骨，为施工安装提供了便利性并降低了成本。

对于柱梁体系可以选用单元式的整间板组合安装，对于剪力墙体系可选用无龙骨幕墙。装配式混凝土建筑也可用 GRC 幕墙、超高性能混凝土幕墙。

6.8　阳台、空调板、遮阳板设计

阳台、空调板、遮阳板设计时不仅要考虑它的结构功能作用，同时还要考虑构件本身可表达的建筑艺术元素。阳台、空调板、遮阳板的结构设计见第 20 章。

6.8.1　预制阳台

装配式预制阳台的坡度、排水等与现浇基本相同，但是要有防雷构造，预制阳台板内需设置防雷引下线。

阳台板为悬挑板式构件，有叠合式和全预制式两种类型，全预制式又分为全预制板式和全预制梁式（图 6.8-1）。瓷砖反打整体式阳台如图 6.8-2 所示。

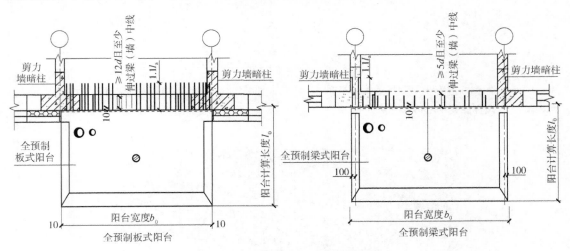

图 6.8-1　阳台类型（国标图集 15G368—1）

6.8.2　预制空调板

预制空调板分为两种情况：

1）一种是建筑三面出墙，预制空调板是直接放置在墙上部的。

2）另一种是挑出的，预制空调板整块预制，伸出支座钢筋，钢筋锚固伸入现浇圈梁、楼板内，如图 6.8-3 和图 6.8-4 所示。

另外装配式建筑行业标准《装规》规定：空调板宜集中布置，并与阳台合并设置（第5.3.6 条）。

6.8.3　预制遮阳挑檐板

预制遮阳挑檐板分为两种情况：

1）一种是剪力墙结构的挑檐板，在构件中预留钢筋，钢筋锚固进入叠合楼板，采用后浇混凝土的方式与主体结构连接。

2）另一种是主梁结构体系的挑檐板，一般会采用挑檐板与梁或楼板组合为一体预制。

图 6.8-5 中的预制遮阳板，不单纯起遮阳作用，而是把它作为一种艺术元素，将功能性的构件与艺术元素相结合，成为一种建筑美学的表达。

图 6.8-2　瓷砖反打整体化阳台

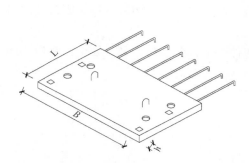

图 6.8-3　预制钢筋混凝土空调板结构示意图
（国标图集 15G368—1）

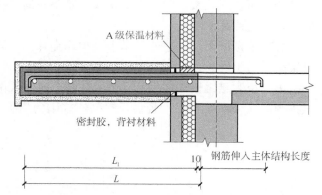

图 6.8-4　预制钢筋混凝土空调板连接节点
（国标图集 15G368—1）

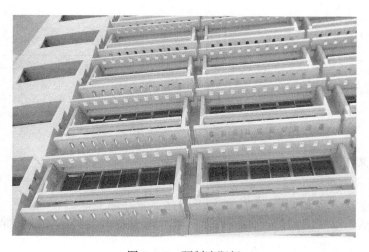

图 6.8-5　预制遮阳板

思考题

1. 什么是外围护系统? 有几种类型? 如何选择适宜的类型?
2. 装配式建筑外围护系统有哪些要求? 设计应包括哪些内容?
3. 如何进行装配式建筑外墙保温设计?
4. 外墙板部品连接和接缝设计应符合什么规定?
5. 如何进行外挂墙板拆分? 须考虑哪些因素?

第 7 章　内墙与建筑构造设计

7.1　概述

本章介绍装配式混凝土建筑内墙与建筑构造设计，结构构造设计在结构设计的章节介绍。

本章内容包括内墙设计（7.2），夹芯保温剪力墙外墙板构造设计（7.3），外墙门窗设计（7.4），滴水、排水、泛水构造设计（7.5），外挂墙板墙脚构造设计（7.6），预制墙板接缝构造设计（7.7），构件细部构造设计（7.8）。

7.2　内墙设计

本节对装配式混凝土建筑内墙设计做简单的概念介绍。

7.2.1　内墙类型

装配式混凝土建筑内墙包括以下类型：

1）轻钢龙骨石膏板隔墙。

2）轻质混凝土板空心墙板隔墙。

3）蒸压加气混凝土板隔墙。

4）木龙骨石膏板隔墙。

5）外墙内壁和剪力墙内墙架空层。

7.2.2　内墙设计内容

装配式混凝土建筑内墙设计内容包括：

1）确定内墙类型和材料。

2）进行隔声设计。

3）分户墙有隔热要求时进行保温隔热设计。

4）结合室内管线敷设进行构造设计并考虑管线维修的便利性。

5）墙板或龙骨与主体结构连接节点设计。

6）悬挂空调、吊柜、镜子、相框的构造加强设计等。

7.2.3　轻钢龙骨石膏板隔墙设计

轻钢龙骨石膏板内隔墙具有重量轻、隔声好，布设管线方便，维修方便等优点，在国外应用非常普遍。图 7.2-1 给出了轻钢龙骨石膏板实际做法的照片；图 7.2-2 给出了日本住宅轻钢龙骨石膏板分户墙构造图，分户墙两侧采用双层石膏板。

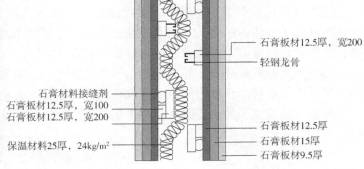

石膏板材12.5厚，宽200
轻钢龙骨

石膏材料接缝剂
石膏板材12.5厚，宽100
石膏板材12.5厚，宽200

保温材料25厚，24kg/m²

石膏板材12.5厚
石膏板材15厚
石膏板材9.5厚

图 7.2-1　轻钢龙骨石膏板墙体示意图　　　　图 7.2-2　日本最高 PC 住宅分户墙剖面图

7.2.4　轻质混凝土空心墙板隔墙设计

　　轻质混凝土空心板隔墙在国内应用比较普遍，具有安装方便、敷设管线方便、价格低的特点。板厚分别为 80mm、90mm、100mm、120mm，板宽为 600mm、1200mm；分为单层板、双层板构造。图 7.2-3 为轻质混凝土空心墙板实物照片，图 7.2-4 为用于分户墙的双层板构造图。

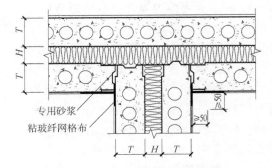

专用砂浆
粘玻纤网格布

图 7.2-3　轻质混凝土空心墙板　　　　　　图 7.2-4　分户墙双层板构造图

7.2.5　蒸压加气混凝土板隔墙

　　蒸压加气混凝土板即 ALC 板，在第 6 章外墙板中已经介绍，在装配式建筑内墙的应用主要是楼梯间隔墙、公共走廊隔墙等。

7.2.6　木龙骨隔墙设计

　　木龙骨石膏板隔墙除了龙骨是木材外，其他构造与轻钢龙骨石膏板隔墙一样。在国外，木龙骨隔墙多用于低层建筑隔墙，高层建筑外墙的内壁架空层和柱梁装饰层也用木龙骨。在日本，木龙骨与结构墙板的连接除了预埋螺母连接外，还有粘接方式。

7.2.7　剪力墙架空层设计

按照《装标》的要求，装配式混凝土建筑设备与管线宜与主体结构分离。如此，之前埋设在混凝土墙体内的开关、网络线路、电源线、有线电视线等管线和箱盒要实现管线分离，敷设管线的剪力墙内墙和外墙内壁需要设置架空层。

即使不实行管线分离，外墙也不应当埋设管线，必须敷设管线的外墙，内壁也应当设置架空层。因为在外墙预制构件中埋设管线易导致渗漏、透寒、透风。

外墙内壁架空层的构造做法如图 7.2-5、图 7.2-6 所示。

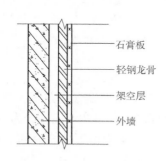

图 7.2-5　外墙内壁架空层示意

图 7.2-6　预制外墙内壁架空层做法

7.3　夹芯保温剪力墙外墙板构造设计

1. 夹芯保温剪力墙外墙水平缝节点

夹芯保温剪力墙外墙的内叶墙是通过套筒灌浆料或浆锚搭接的方式与后浇梁连接的，外叶板有水平缝及其防水构造，如图 7.3-1 所示。

2. 夹芯保温剪力墙外墙竖缝节点

剪力墙外墙的竖缝一般是在后浇混凝土区。预制剪力墙的保温层与外叶墙外延，以遮挡后浇区，也作为后浇区混凝土的外模板，如图 7.3-2 所示。

3. L 形后浇段构造

剪力墙外墙转角处一般为后浇区，此处构造为：制作与夹芯保温剪力墙外墙板的外叶板厚度和质感一样的带保温层的墙板，作为后浇区永久性外模板，表皮与其他墙板一样，如图 7.3-3 所示。

图 7.3-3 所示构造的竖缝位置可能对建筑立面分格的规律或韵律有影响，也可以采取将预制剪力墙外叶板延伸的

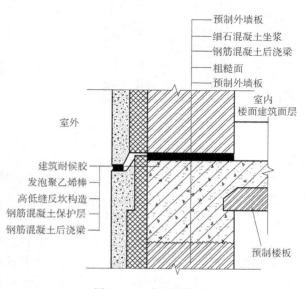

图 7.3-1　水平缝构造

做法，竖缝设置在转角处，如图 7.3-4 所示。

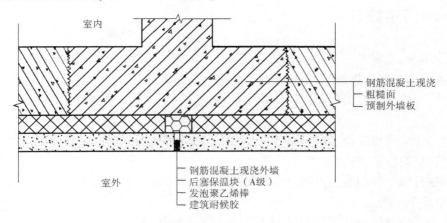

图 7.3-2　竖缝构造

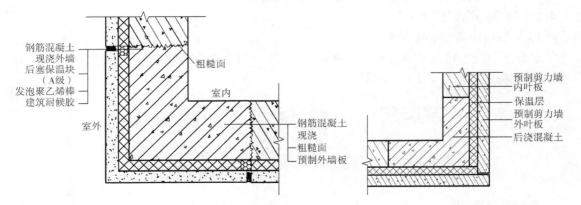

图 7.3-3　L 形竖向后浇段构造图　　　　图 7.3-4　转角处预制剪力墙板
　　　　　　　　　　　　　　　　　　　　　　　　　外叶板延伸构造

4. 剪力墙女儿墙构造

剪力墙女儿墙构造如图 7.3-5 所示。

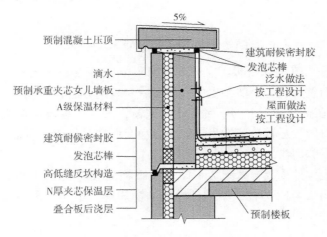

图 7.3-5　剪力墙女儿墙构造

7.4　外墙门窗设计

7.4.1　《装标》规定

关于装配式混凝土建筑外门窗设计,《装标》规定:

1) 外门窗应采用在工厂生产的标准化系列产品,并应采用带有批水板等的外门窗配套系列部品。

2) 外门窗应可靠连接,门窗洞口与外门框接缝处的气密性能、水密性能和保温性能不应低于外门窗的有关性能。

3) 预制外墙中外门窗宜采用企口或预埋件等方法固定,外门窗可采用预装法或后装法设计,并应满足下列要求:

①采用预装法时,外门窗框应在工厂与预制外墙整体成型。

②采用后装法时,预制外墙的门窗洞口应设置预埋件。

7.4.2　外墙门窗安装方式

1. 外墙门窗两种安装方式

装配式混凝土建筑外墙门窗有两种安装方式,一种是与预制墙板一体化制作;一种是在预制墙板做好或就位后安装,如图 7.4-1 所示。

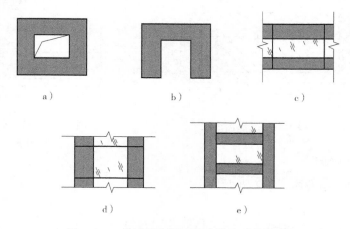

a)　　　　　　　　b)　　　　　　　　c)

d)　　　　　　　　e)

图 7.4-1　外墙门窗类型与安装方式的关系

图 7.4-1a 为窗洞开在整块墙板上,窗户才有可能与墙板一体化制作,包括带窗洞的外挂墙板和剪力墙外墙整间板。当然,也可以采用后安装的方法。

图 7.4-1b 为开在整块墙板上的阳台门和落地窗,理论上可以与墙板一体化制作,但由于墙板有一边是敞口的,运输吊装过程板的受力和变形情况复杂,不宜一体化制作门窗,一般是构件安装后再安装门窗。

窗户由两个以上构件围成,如图 7.4-1c 为上下横向板之间的窗户;图 7.4-1d 为左右竖向板之间的窗户;图 7.4-1e 为柱、梁构件围成的窗户等,不能与预制构件一体化制作,只能在构件安装后安装窗户。

2. 窗户与预制墙板一体化节点

　　窗户与预制墙板一体化制作，窗框在混凝土浇筑时锚固其中，两者之间没有后填塞缝隙，密闭性、防渗性和保温性好，窗户包括玻璃都可以在工厂安装好，现场作业简单。

　　窗户与无保温层墙板一体化节点如图 7.4-2 所示。

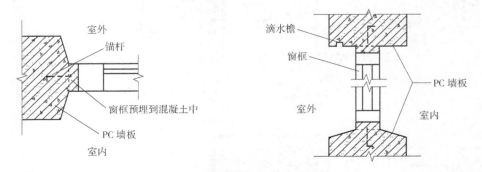

图 7.4-2　窗户与无保温层墙板一体化节点

窗户与夹芯保温墙板一体化节点如图 7.4-3 所示。

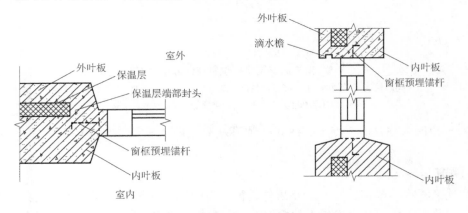

图 7.4-3　窗户与夹芯保温墙板一体化节点

3. 窗户后安装节点

　　窗户后安装节点，对于没有保温层或外墙内保温构件，做法与现浇混凝土建筑窗户安装做法一样。在预制构件预制时需要预埋安装窗框的木砖，如图 7.4-4 所示。

　　对于夹芯保温构件，窗户安装节点与现浇混凝土结构不一样，窗框位置有在保温层处和保温层里侧位置的情况，下面分别介绍。

　　（1）窗框位置在保温层处节点　后安装窗户的 PC 夹芯保温墙板，窗户位置一般在保温层处，带翼缘的夹芯保温柱、梁和窗户位置靠外的夹芯保温柱、梁的窗户位置也在保温层处，如图 7.4-5 所示。

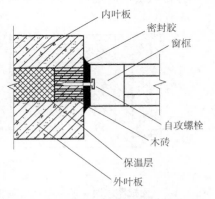

图 7.4-4　窗夹芯保温预制构件窗户
后装法节点

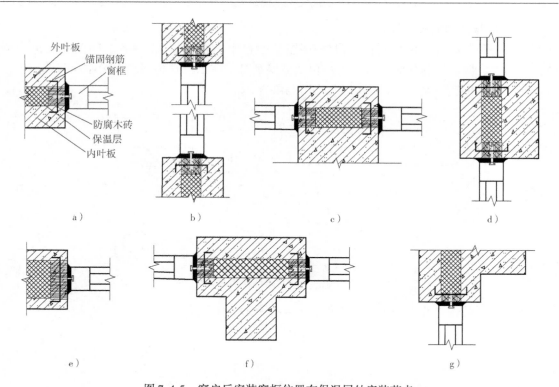

图 7.4-5 窗户后安装窗框位置在保温层处安装节点

a）夹芯保温板平剖面 b）夹芯保温板立剖面 c）夹芯保温柱 d）夹芯保温梁
e）保温层厚度大于窗框 f）带翼缘柱 g）带翼缘梁

（2）窗户凹入柱梁的节点 有的建筑师喜欢窗户凹入柱梁，夹芯保温柱窗户节点如图 7.4-6 所示。

7.4.3 飘窗

一些地区喜欢"飘窗"——探出墙体的窗，有的地方甚至没有飘窗的住宅会影响销售。尽管装配式建筑不大适合里出外进的构件，但装配式应当服从市场所要求的建筑功能。

剪力墙结构的飘窗可以整体预制，图 7.4-7 是上海保利装配式建筑的整体式飘窗。

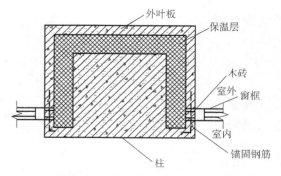

图 7.4-6 窗户凹入时夹芯保温柱后装法窗户安装节点

图 7.4-7 剪力墙结构整体式飘窗

7.4.4 墙板门窗洞口防水构造

设计应给出门窗洞口的防水构造设计：

1）窗台坡度须在构件预制时形成。

2）窗户洞口的滴水槽在预制时采用硅胶条模具形成，或埋设塑料槽，具体做法详见本章 7.5 节。

7.5　滴水、排水、泛水构造设计

由于装配式混凝土建筑外墙构件不需要抹灰，以往在抹灰阶段形成的防止水渍、积灰和积冰污染滴水构造与排水坡度，防止渗漏的女儿墙和飘窗泛水构造等，必须在预制构件制作时形成。

1. 滴水

须设置滴水的构件包括窗上口的梁或墙、挑檐板、阳台、飘窗顶板、空调板、遮阳板等水平方向悬挑构件。

预制构件的滴水构造宜用滴水槽，不适宜用鹰嘴构造。滴水槽或采用硅胶条模具形成，或埋设塑料槽，如图 7.5-1 所示。

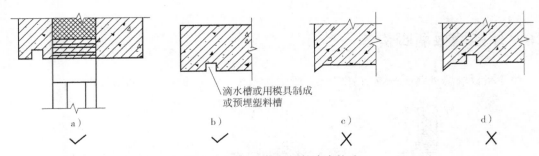

图 7.5-1　悬挑预制构件滴水构造

a）窗顶墙板滴水槽　b）水平构件滴水檐　c）鹰嘴滴水　d）鹰嘴加滴水槽

2. 排水构造

挑檐板、阳台、飘窗顶板、空调板、遮阳板等水平方向悬挑构件的排水构造主要是排水坡度，对于叠合悬挑构件，排水坡度在后浇混凝土时形成；对于全预制构件，排水坡度在工厂预制时形成。

阳台板还需要设置落水管孔和地漏孔，如图 7.5-2 所示。

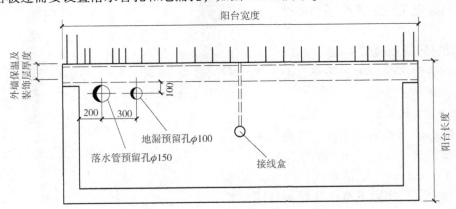

图 7.5-2　阳台板水落管孔、接线盒和地漏孔

（选自标准图集 15G368—1）

3. 泛水构造

预制女儿墙和飘窗墙板须在预制时设置泛水构造，如图 7.5-3 所示。

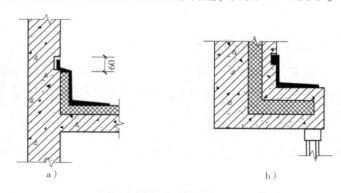

图 7.5-3　泛水构造

a）屋顶女儿墙　b）飘窗顶

7.6　外挂墙板墙脚构造设计

外挂墙板墙脚处常见做法如图 7.6-1 所示；图 7.6-2 是收集雨水的墙脚做法。

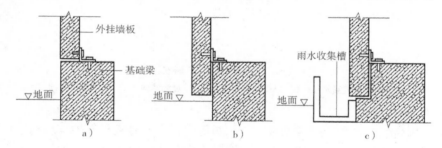

图 7.6-1　外挂墙板墙脚构造

7.7　预制墙板接缝构造设计

7.7.1　预制外墙板接缝类型

预制外墙板接缝分为水平缝、垂直缝、斜缝、十字缝、变形缝。

1. 宽缝与深缝

出于建筑设计效果的考虑，如强调某个方向的线条感，可以采用宽缝或深缝方式，如图 7.7-1 所示。所谓宽缝，是缝的表面宽度加大了，实际缝宽还是按照计算宽度设置。

图 7.6-2　外挂墙板墙脚收集雨水

2. 分隔缝（假缝）构造

在连接缝以外部位从建筑艺术效果考虑设置的墙面分格缝是假缝，在预制构件制作时形成，缝的构造应便于脱模，如图 7.7-2 所示。

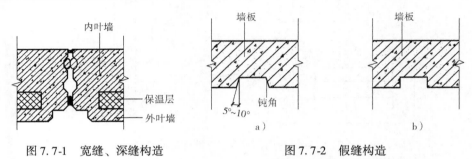

图 7.7-1　宽缝、深缝构造　　　　　　　　　　图 7.7-2　假缝构造

　　　　　　　　　　　　　　　　　　　　　a）有坡度易脱模　b）直角不易脱模

3. 灌浆料部位凹缝

无保温层或外墙内保温的构件，表面为清水混凝土或涂漆时，连接节点灌浆料部位往往做成凹缝，构造如图 7.7-3 所示。为保证接缝处受力钢筋的保护层厚度达到 20mm，堵缝用橡胶条塞入堵缝，灌浆后取出，形成凹缝。

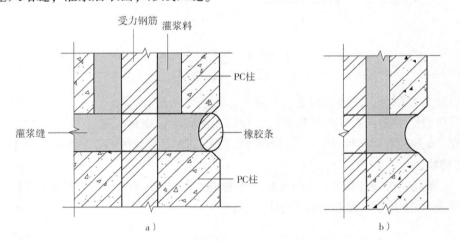

图 7.7-3　灌浆料部位凹缝构造

a）灌浆时用橡胶条临时堵缝　b）灌浆后取出橡胶条效果

4. 腰墙、垂墙、袖墙缝

腰墙、垂墙和袖墙从结构考虑，与相邻构件之间需要留缝，避免地震时互相作用，如图 7.7-4 所示。缝的构造需要塞填橡胶条和建筑密封胶。

5. 变形缝

变形缝构造如图 7.7-5 所示。

7.7.2　预制外墙板接缝防水设计

1.《装标》有关规定

装配式建筑国家标准《装标》中提出预制外墙接缝应符合下列规定：

1）接缝位置宜与建筑立面分格相对应。

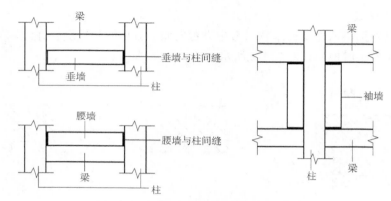

图 7.7-4　腰墙、垂墙、袖墙构造缝示意

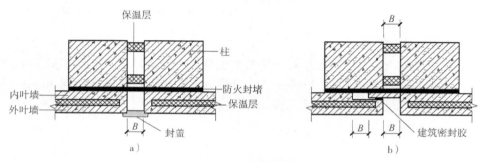

图 7.7-5　变形缝构造

a) 封盖式　b) PC 板悬壁式

2) 竖缝宜采用平口或槽口构造；平缝宜采用企口构造。

3) 当板缝空腔需设置导水管排水时，板缝内侧应增设密封构造。

4) 宜避免接缝跨越防火分区；当接缝跨越防火分区时，接缝内侧应采用耐火材料封堵。

2. 接缝构造

（1）无保温墙板接缝构造　PC 墙板水平缝防水设置包括密封胶、橡胶条和企口构造。竖缝防水设置为密封胶、橡胶条和排水槽。如图 7.7-6 所示。

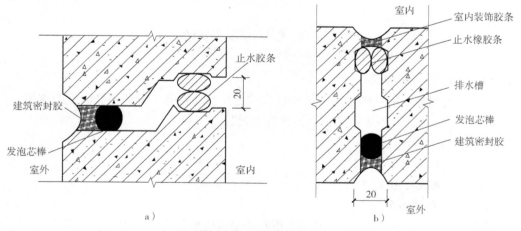

图 7.7-6　无保温墙板接缝构造

a) 水平缝　b) 竖向缝

（2）夹芯保温板接缝构造　夹芯保温板接缝有两种方案：A 方案，防水构造分别设置在外叶板和内叶板上。此方案的优点是便于制作，但保温层防水措施只有一道密封胶，一旦密封胶防水失效，会影响保温效果。B 方案是将密封胶、橡胶条和企口都设置在外叶板上，对保温层有防水保护。但外叶板端部需要加宽，端部保温层厚度变小，为保证隔热效果，局部可采用低热导率的保温材料，如图 7.7-7 所示。

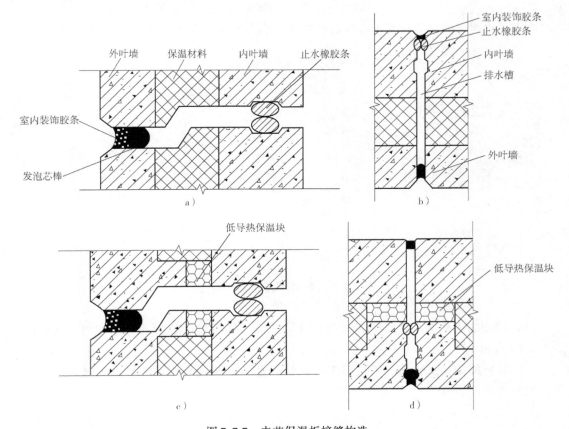

图 7.7-7　夹芯保温板接缝构造

a）水平缝　b）竖直缝　c）水平缝　d）竖直缝

（3）夹芯保温板外叶板端部封头构造 夹芯保温板接缝在柱子处，且夹芯保温层厚度不大的情况下，外叶板端部可做封头处理，如图 7.7-8 所示。

7.7.3　预制外墙构件接缝防火设计

1.《装标》规定

1）露明的金属支撑构件及墙板内侧与主体结构的调整间隙，应采用燃烧性能等级为 A 级的材料进行封堵，封堵构造的耐火极限不低于墙体的耐火极限，封堵材料在耐火极限内不得开裂、脱落。

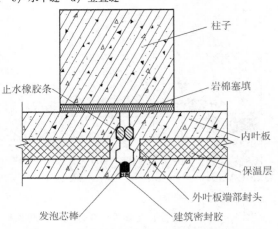

图 7.7-8　外叶板封头的夹芯保温板接缝构造

2）防火性能应按非承重外墙的要求执行，当夹芯保温材料的燃烧性能等级为 B_1 或 B_2 级时，内、外叶墙板应采用不燃材料且厚度均不应小于 50mm。

2. 外挂墙板防火构造

外挂墙板防火构造的三个部位：有防火要求的板缝、层间缝隙和板柱之间缝隙。

（1）板缝防火构造　板缝防火构造是板缝之间塞填防火材料，如图 7.7-9 所示。板缝塞填防火材料的长度 L_{fh} 与耐火极限的要求和缝的宽度有关，需要通过计算确定。

在有防火要求的板缝，墙板保温材料的边缘应当用 A 级防火等级保温材料。

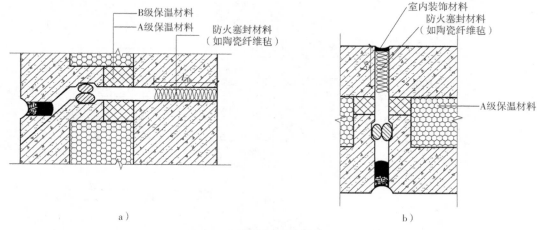

图 7.7-9　外墙挂板板缝防火构造
a）水平缝　b）竖直缝

（2）层间防火构造　层间防火构造是外墙挂板与楼板或梁之间的缝隙的防火封堵，如图 7.7-10 所示。

（3）板柱缝隙防火构造　板柱缝隙防火构造是外墙挂板与柱或内墙之间缝隙的防火构造，如图 7.7-11 所示。

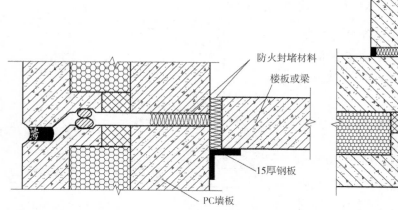

图 7.7-10　外墙挂板与楼板或梁之间缝隙防火构造

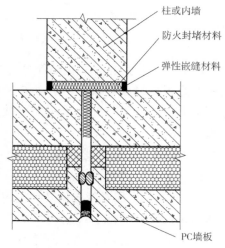

图 7.7-11　外墙挂板与柱或内隔墙之间缝隙的防火构造

7.8　构件细部构造设计

1. 构件边角细部

构件边角细部可做成直角、抹角、圆弧角。45°抹角为宜，不易破损，制作便利，如图7.8-1所示。

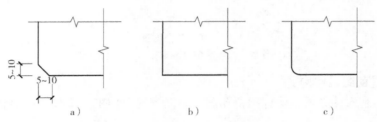

图7.8-1　构件边角构造

a）45°折角　b）直角　c）弧角

2. 石材、瓷砖反打转角

石材、瓷砖反打构件的转角构造如图7.8-2所示。

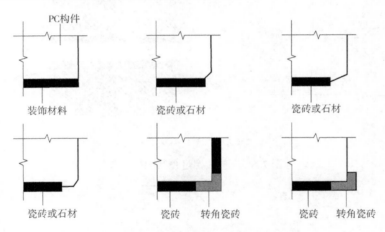

图7.8-2　瓷砖和石材反打转角构造

3. 楼梯防滑构造

楼梯防滑构造如图7.8-3所示。

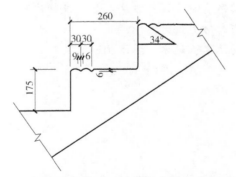

图7.8-3　楼梯防滑构造（选自标准图集15G367—1）

4. 镂空构造

镂空预制构件，为脱模方便，应当有一定的稍度，如图7.8-4所示。

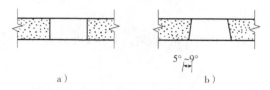

图7.8-4　镂空构造

a）直角，不易脱模　b）斜角，容易脱模

5. 管线穿过预制构件构造

管线穿过预制构件必须在构件预留孔洞，不能到现场切割。管线穿过预制构件构造如图7.8-5所示。

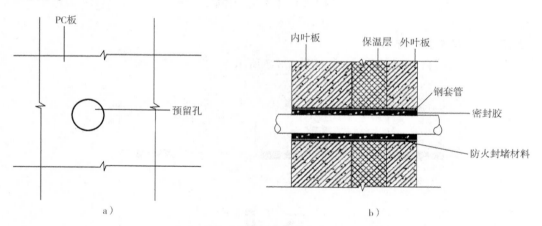

图7.8-5　管线穿过预制构件构造

a）立面　b）剖面

 思考题

1. 如何进行装配式建筑内墙设计？
2. 装配式夹芯保温板接缝如何设计？
3. 预制外墙构件上的门窗有哪些固定方法？如何进行构造设计？
4. 外挂墙板板缝如何进行防火设计？
5. 如何设计预制构件的滴水、泛水、排水构造？

第8章 模数协调与标准化设计

本章介绍模数化的意义（8.1），模数的基本概念（8.2），模数协调的具体要求（8.3），标准化设计（8.4）。

8.1 模数化的意义

模数化对装配式建筑尤为重要，是建筑部品制造实现工业化、机械化、自动化和智能化的前提，是正确和精确装配的技术保障，也是降低成本的重要手段。

例如，模具在预制构件制作中占成本比重较大。模具或边模大多是钢结构或其他金属材料，可周转几百次上千次甚至更多，可实际工程一种构件可能只做几十个，模具实际周转次数太少，加大了无效成本。模数化设计可以使不同工程不同规格的构件共用或方便地改用模具。

再如，窗户采用模数化设计，窗洞尺寸有规律可循，制作墙板时的窗洞模具可以归纳为几种常用规格。由此，不同项目不同尺寸的墙板，窗洞模具可以通用，就会减少模具量和制作模具的工期，降低成本。

装配式建筑"装配"是关键，保证精确装配的前提是确定合适的公差，也就是允许误差，包括制作公差、安装公差和位形公差。位形公差是指在力学、物理、化学作用下，建筑部件或分部件所产生的位移和变形的允许偏差，墙板的温度变形就属于位形公差。设计中还需要考虑"连接空间"，即安装时为保证与相邻部件或分部件之间的连接所需要的最小空间，也称空隙，如外挂墙板之间的空隙。给出合理的公差和空隙是模数化设计的重要内容。

装配式建筑的模数化就是在建筑设计、结构设计、拆分设计、构件设计、构件装配设计、一体化设计和集成化设计中，采用模数化尺寸，给出合理公差，实现建筑、建筑的一部分和部件尺寸与安装位置的模数协调。

8.2 模数的基本概念

1. 模数

所谓模数就是选定的尺寸单位，作为尺度协调中的增值单位。例如，以100mm为建筑层高的模数，建筑层高的变化就以100mm为增值单位，设计层高有2.8m、2.9m、3.0m高，而不是2.84m、2.96m、3.03m……。

以300mm为跨度变化模数，跨度的变化就以300mm为增值单位，设计跨度有3m、3.3m、4.2m、4.5m，而没有3.12m、4.37m、5.89m……。

2. 模数协调

模数协调是应用模数实现尺寸协调及安装位置的方法和过程。

3. 建筑基本模数、扩大模数和分模数

基本模数是指模数协调中的基本尺寸单位，用 M 表示。建筑设计的基本模数为 100mm，也就是 1M=100mm。建筑物、建筑的一部分和建筑部件的模数化尺寸，应当是 100mm 的倍数。扩大模数是基本模数的整数倍数；分模数是基本模数的整数分数。

国家标准《装标》关于基本模数、扩大模数和分模数有以下规定：

1）装配式混凝土建筑的开间或柱距、进深或跨度、门窗洞口等宜采用水平扩大模数数列 2nM、3nM（n 为自然数）。

2）装配式混凝土建筑的层高和门窗洞口高度等宜采用竖向扩大模数数列 nM。

3）梁、柱、墙等部件的截面尺寸等宜采用竖向扩大模数数列 nM。

4）构造节点和部件的接口尺寸采用分模数数列 M/2、nM/5、nM/10。

4. 模数数列

以基本模数、扩大模数、分模数为基础，扩展成的一系列尺寸，被称为模数数列。模数数列应根据功能性和经济性原则确定。

1）建筑物的开间或柱距，进深或跨度，梁、板、隔墙和门窗洞口宽度等分部件的截面尺寸宜采用水平基本模数和水平扩大模数数列，且水平扩大模数数列宜采用 2nM、3nM（n 为自然数）。

2）建筑物的高度、层高和门窗洞口高度等宜采用竖向基本模数和竖向扩大模数数列，且竖向扩大模数数列宜采用 nM。

3）构造节点和分部件的接口尺寸等宜采用分模数数列，且分模数数列宜采用 M/10、M/5、M/2。

5. 优先尺寸

优先尺寸是从模数数列中事先排选出的模数或扩大模数尺寸。部件的优先尺寸应由部件中通用性强的尺寸系列确定，并应指定其中若干尺寸作为优先尺寸系列。

（1）装配式剪力墙住宅适用的优选尺寸　我国大多数建筑是剪力墙结构，剪力墙的优选尺寸意义重大。北京地方标准《装配式剪力墙住宅建筑设计规程》（DB 11/T 970—2013）中给出了装配式剪力墙住宅适用的优选尺寸，见表 8.2-1。

表 8.2-1　装配式剪力墙住宅适用的优选尺寸系列（M）

类型	建 筑 尺 寸			预制墙板尺寸			预制楼板尺寸	
部位	开间	进深	层高	厚度	长度	高度	宽度	厚度
基本模数	3M	3M	1M	1M	3M	1M	3M	0.2M
扩大模数	2M	2M/1M	0.5M	0.5M	2M	0.5M	2M	0.1M
类型	门洞尺寸		窗洞尺寸		内隔墙尺寸			
部位	宽度	高度	宽度	高度	厚度	长度	高度	
基本模数	3M	1M	3M	1M	1M	2M	1M	
扩大模数	2M/1M	0.5M	2M/1M	0.5M	0.2M	1M	0.2M	

注：1. 楼板厚度的优选尺寸序列为 80mm、100mm、120mm、150mm、160mm、180mm。

2. 内隔墙厚度优选尺寸序列为 60mm、80mm、100mm、120mm、150mm、180mm、200mm，高度与楼板的模数序列有关。

3. 本表中 M 是模数协调的最小单位，1M=100mm（以下同）。

（2）集成式部品的优选尺寸　《装标》提出了集成设计的原则，并在条文说明中给出了集成式厨房、集成式卫生间的优选尺寸，见表 8.2-2、表 8.2-3。

表 8.2-2　集成式厨房的优选尺寸　　　　　　　　　（单位：mm）

厨房家具布置形式	厨房最小净宽度	厨房最小净长度
单排型	1500（1600）/2000	3000
双排型	2200/2700	2700
L 形	1600/2700	2700
U 形	1900/2100	2700
壁柜型	700	2100

表 8.2-3　集成式卫生间的优选尺寸　　　　　　　　（单位：mm）

卫生间平面布置形式	卫生间最小净宽度	卫生间最小净长度
单设便器卫生间	900	1600
设便器、洗面器两间洁具	1500	1550
设便器、洗浴器两间洁具	1600	1800
设三件洁具（喷淋）	1650	2050
设三件洁具（浴缸）	1750	2450
设三件洁具无障碍卫生间	1950	2550

（3）楼梯的优选尺寸　《装标》条文说明中给出了楼梯的优选尺寸，见表 8.2-4。

表 8.2-4　楼梯的优选尺寸　　　　　　　　　　（单位：mm）

楼梯类别	踏步最小宽度	踏步最大高度
共用楼梯	260	175
服务楼梯，住宅套内楼梯	260	200

（4）门窗的优选尺寸　《装标》条文说明中给出了门窗洞口的优选尺寸，详见表 8.2-5。

表 8.2-5　门窗洞口的优选尺寸　　　　　　　　　（单位：mm）

类　　别	最小洞宽	最小洞高	最大洞宽	最大洞高
门洞口	700	1500	2400	23（22）00
窗洞口	600	600	2400	23（22）00

8.3　模数协调的具体要求

装配式建筑模数化设计的目标是实现模数协调，具体目标包括：

1）实现设计、制造、施工各个环节和建设计各个专业的互相协调。

2）对建筑各部位尺寸进行分割，确定集成化部件、预制构件的尺寸和边界条件。

3）尽可能实现部品部件和配件的标准化，特别是用量大构件，优选标准化设计。

4）有利于部件、构件的互换性，模具的共用性和可改用性。

5）有利于建筑部件、构件的定位和安装，协调建筑部件与功能空间之间的尺寸关系。

8.3.1　装配式混凝土建筑模数化设计主要工作

装配式建筑模数化设计的工作包括（但不限于）：

1）按照国家标准《建筑模数协调标准》（GB/T 50002—2013）进行设计。

2）设定模数网格：

①结构网格宜采用扩大模数网格，且优先尺寸应为 $2n$M、$3n$M 模数系列。

②装修网格宜采用基本模数网格或分模数网格。

③隔墙、固定橱柜、设备、管井等部件宜采用基本模数网格，构造做法、接口、填充件等分部件宜采用分模数网格。分模数的优先尺寸应为 M/2、M/5。

3）将部件设计在模数网格内：将每一个部品部件都设计在模数网格内，部件占用的模数空间尺寸应包括部件尺寸、部件公差以及技术尺寸所必需的空间。技术尺寸是指模数尺寸条件下，非模数尺寸或生产过程中出现误差时所需的技术处理尺寸。

①确定部件尺寸。部件尺寸包括标志尺寸、制作尺寸和实际尺寸。

标志尺寸是指符合模数数列的规定，用以标注建筑物定位线或基准面之间的垂直距离以及建筑部件、建筑分部件、有关设备安装基准面之间的尺寸。

制作尺寸是指制作部件或分部件所依据的设计尺寸。是依据标志尺寸减去空隙和安装公差、位形公差后的尺寸。

实际尺寸则是部件、分部件等生产制作后的实际测得的尺寸，是包括了制作误差的尺寸。

以宽度为一个跨度的外挂墙板为例。该跨度轴线间距为 4200mm，这个间距就是该墙板的宽度的标志尺寸；外挂墙板之间的安装缝和允许安装误差合计为 20mm，用 4200mm 减去这个尺寸即为该墙板的制作尺寸 4180mm。外挂墙板实际制作跨度可能又小了 5mm，墙板的实际尺寸是 4175mm。

设计者应当根据标志尺寸确定构件尺寸，并给出公差，即允许误差。

②确定部品部件定位方法。部件或分部件的定位方法包括中心线定位法、界面定位法或两者结合的定位法。

对于主体结构部件的定位，采用中心线定位法或界面定位法。

对于柱、梁、承重墙的定位，宜采用中心线定位法。

对于楼板及屋面板的定位，宜采用界面定位法，即以楼面定位。

对于外挂墙板，应采用中心线定位法和界面定位法结合的方法。板的上下和左右位置，按中心线定位，力求减少缝的误差；板的前后位置按界面定位，以求外墙表面平整。

③在节点设计时考虑安装顺序和安装的便利性。

8.3.2　模数和模数协调在装配式混凝土建筑设计中的运用

所谓模数就是选定的尺寸单位，作为尺度协调中的增值单位。模数协调是应用模数实现尺寸协调及安装位置的方法和过程。

1）国家标准《装标》及行业标准均要求装配式混凝土建筑应符合现行国家标准《建筑模数协调标准》（GB/T 50002）的有关规定。实现建筑的设计、生产、装配等活动的相互协调以及建筑、结构、内装、设备管线等集成设计的相互协调。

2）国家标准《装标》还提出部品部件尺寸及安装位置的公差协调应根据生产装配要求、主体结构层间变形、密封材料变形能力、材料干缩、温差变形、施工误差等确定。

3）装配式建筑中各部分的模数及模数协调规定，应符合下列规定：

①预制构件生产和装配应满足模数和模数协调，并考虑制作公差和安装公差对构件组合的影响。

②预制构件的配筋应进行模数协调，应便于构件的标准化和系列化，还应与构件内的机电设备管线、点位及内装预埋等实现协调。

③预制构件内的设备管线、终端点位的预留预埋宜依照模数协调规则进行设计，并与钢筋网片实现模数协调，避免碰撞和交叉。

④门窗、防护栏杆、空调百叶等外围护墙上的建筑部品，应采用符合模数的工业产品，并与门窗洞口、预埋节点等协调。

4）立面设计的模数协调

①建筑物的高度、层高和门窗洞口高度等宜采用竖向基本模数和竖向扩大模数数列，且竖向扩大模数数列宜采用 nM。

②部件优选尺寸的确定应符合下列规定：层高和室内净高的优选尺寸系列宜为 nM。

③建筑沿高度方向的部件或分部件定位应根据不同条件确定基准面并符合以下规定：建筑层高和室内层高宜满足模数层高和模数净高的要求。

5）构造节点设计的模数协调。构造节点和分部件的接口尺寸等宜采用分模数数列，且分模数数列宜采用 M/10、M/5、M/2。

8.4　标准化设计

《装标》要求，装配式结构的建筑设计，应在满足建筑功能的前提下，实现基本单元的标准化定型，以提高定型的标准化建筑构配件的重复使用率。

8.4.1　模块化设计

所谓模块是指建筑中相对独立，具有特定功能，能够通用互换的单元。装配式建筑的部品部件及部品部件的接口宜采用模块化设计。

1.《装标》规定

1）对于公共建筑，应采用楼电梯、公共卫生间、公共管井、基本单元等模块进行组合设计。

2）对于住宅建筑，应采用楼电梯、公共管井、集成式厨房、集成式卫生间等模块进行组合设计，并设置满足功能要求的接口。

3）关于装配式混凝土建筑的部品部件的接口要求应采用标准化接口统一接口的几何尺寸、材料和连接方式，实现直接或间接连接。

2. 模块化设计方法

结合建筑功能、形式、空间特色、结构和构造要求，考虑工厂加工和现场装配的要求，合理划分模块单元。模块单元应具备某一种或几种建筑功能，适用于使用需求，还应满足下列要求：

1）模块应进行精细化、系列化设计，模块间应具备相应的逻辑关系，并通过统一的接口，实现多种不同模块的多样化组合。

2）模块应采用模数化的部品部件，模块的组合和集成应符合模数协调的要求。

3）模块应实现结构、外围护、内装、设备管线的系统集成。

8.4.2　标准化设计内容

装配式建筑的部品部件及部品部件的连接应采用标准化、系列化的设计方法，主要包括：

（1）尺寸的标准化　只有尺寸标准了，才可以进行互换。

（2）规格系列的标准化　例如预应力叠合板，板的跨度和板的肋高、厚度、配筋都是相对应的。

（3）接口的标准化　安装方法的构造、部品的接口的标准，例如集成式的卫生间，它与现场给水排水的接口是标准的，就可以互换。

8.4.3　标准化覆盖范围

实行标准化是个大的发展方向，但是要意识到装配式建筑受运输条件的限制、受各地的习俗影响、受气候环境的影响，地域性很强，所以不能千篇一律都搞大范围的标准化。标准化要有一个适宜的区域范围，在这个范围内寻求标准化，使建筑艺术的个性化、习惯的个性化、资源条件的个性化以及地域个性化都能得到照顾。其中，配件、接口可以实现标准化，例如内置螺母、套筒的标准化；以及对艺术性不强和民俗关联不大的构件可以标准化，例如楼板等可以标准化。对受运输的限制、受地方材料限制、受气候民俗环境限制少的部品部件、配件和连接方式应当大范围标准化，受这些条件影响大的可实行小范围标准化。

宜采用工业化、标准化产品的部品部件如下：建筑的围护结构以及楼梯、阳台、隔墙、空调板、管道井等配套构件、室内装修材料、储藏系统、整体厨房、整体卫生间、地板系统等。

国外装配式混凝土建筑的标准化部品部件配件主要包括：

（1）楼板　例如美国、欧洲的双 T 板、空心板和叠合楼板为标准化产品，日本的双 T 板和叠合楼板也是标准化产品。

（2）连接件　构件常用的连接件采用标准化产品如内置螺母，这样用户不用单独设计，可直接选型，带来极大的方便，并降低了成本。

（3）构造构件　女儿墙、挑檐板、遮阳板等标准化产品。

（4）内装系统部件　内隔墙系统的标准化产品。

8.4.4　如何解决标准化与建筑个性化的矛盾？

建筑不仅要解决功能问题，还要解决建筑艺术性的问题。没有个性就没有艺术，不能将建筑都设计成千篇一律的样子。既要标准化又要实现艺术化、个性化是建筑师的一个重要任务。

1）美国著名大师山崎实在 20 世纪 50 年代设计的由 33 栋装配式建筑组成的廉租房社区，位于美国中部城市圣路易斯市。这 33 栋楼都是一个模样，14 层板式公寓简化到了极点，只考虑最起码的居住功能。由于没有人愿意居住这样的房子，18 年后，开发商只好炸掉它重新建设。这个事件是建筑工业化的一个警钟，不能因为标准化，把建筑的艺术性牺牲了。

2）目前国际上做得比较成功的是结构构件的标准化，如叠合板、预应力板、双 T 板等，装配式在这个领域较大程度地实现了标准化。但在外围护结构建筑表皮往往是个性化比较突出。

3）国外标准化与艺术性结合得比较好的是低层住宅，结构构件、连接件、连接构造实现了标准化；但户型布置、建筑形体、建筑表皮上有多种变化。既是标准化的建筑，又有着丰富的变化，而不是千篇一律的。

思考题

1. 什么是模数与模数协调？
2. 装配式建筑设计如何运用模数和模数协调？
3. 如何进行标准化设计？
4. 如何解决标准化与建筑个性化的矛盾？

第9章 集 成 设 计

本章介绍集成设计概念（9.1），集成设计原则（9.2），集成设计内容（9.3），集成设计案例（9.4）。

9.1 集成设计概念

1. 集成设计的概念

集成设计就是一体化设计的意思，在装配式混凝土建筑设计中，特指建筑结构系统、外围护系统、设备与管线系统和内装系统的一体化设计。

例如，表面带装饰层的夹芯保温剪力墙板就是结构、门窗、保温、防水、装饰一体化部件，集成了建筑、结构和装饰系统。再比如，集成式厨房包含了建筑、内装、给水、排水、供暖、通风、燃气、电气各专业内容，是建筑系统、设备管线系统和内装系统的集成。

2. 集成的类型

装配式混凝土建筑集成化有四种类型，详见表9.1-1。

表9.1-1 装配式混凝土建筑集成化类型表

类 型	类 型 名 称	特 征	举 例
A	多系统统筹设计	在设计中各个专业进行协同，对相关系统进行综合考虑统筹设计	对管线进行集中布置时考虑建筑功能、结构拆分、内装修等因素
B	多系统部品部件	不同系统单元集合成一个部品部件	夹芯保温装饰一体化剪力墙外墙板、集成式厨房、集成式卫生间
C	多单元部品部件	一个系统内不同单元组合成部品部件	柱-梁一体化构件、梁-墙板一体化构件
D	支持型部品部件	单一型部品部件包括对其他系统或环节的支持性元素	预制楼板预埋内装修需要的预埋件、预制梁留有管线穿过孔洞

3. 集成的好处

集成的好处是提高质量、减少失误、提升效率、减少人工、减少浪费和缩短工期。

9.2 集成设计原则

集成设计应遵循以下原则：

1. 实用原则

集成设计必须带来好处，或降低成本或提高质量或缩短工期，既不要为了应付规范要求或预制率指标勉强搞集成化，也不能为了作秀搞集成化。集成化设计应进行多方案技术经济分析比较。

2. 统筹原则

不应当简单地把集成化看成仅仅是设计一些多功能部品部件，集成化设计中最重要的是多因素综合考虑，统筹设计，找到最优方案。

3. 信息化原则

集成设计是多专业多环节协同设计的过程，不是一两个人拍脑袋就行，必须建立信息共享渠道和平台，包括各专业信息共享与交流，设计人员与部品部件制作厂家、施工企业的信息共享与交流。信息共享与交流是搞好集成设计的前提；BIM 是集成设计的重要帮手。

4. 效果跟踪原则

集成设计并不会必然带来效益和其他好处，设计人员应当跟踪集成设计的实现过程和使用过程，找出问题，避免重复犯错误。

9.3　集成设计内容

9.3.1　结构系统集成设计

1）为简化制作和安装作业，设计柱梁一体化、梁板一体化构件。

2）剪力墙外墙板门窗、保温、装饰一体化设计。

3）预制构件预埋件、预埋物、预留孔洞设置等。

9.3.2　围护系统集成设计

1）对外墙板、幕墙、外门窗、阳台板、空调板、遮阳部件等进行集成设计。

2）应采用提高建筑性能的构造连接措施。

3）宜采用单元式装配式外墙系统，外墙板装饰一体化。

4）采用建筑幕墙时，利用预制墙板精度高的优势，设计无龙骨幕墙。

5）利用预制优势实现功能性构件艺术化。

9.3.3　内装系统集成设计

1）内装设计应与建筑设计、设备与管线设计同步进行。

2）宜采用装配式楼地面、墙面、吊顶等部品系统。

3）住宅建筑宜采用集成式厨房、集成式卫生间及整体收纳等部品系统。

4）集成式背景墙、窗帘盒等部品。

9.3.4　设备与管线系统集成设计

1）给水排水、暖通空调、电器智能化、燃气等设备与管线应综合设计。

2）宜选用模块化产品，接口应标准化，并应预留扩展条件。

9.3.5　进行接口与构造设计

1）结构部件、内装部品和设备管线之间的连接方式应满足安全性和耐久性要求。

2）结构系统与外围护系统宜采用干式工法连接，其接缝宽度应满足结构变形和温度变形的要求。

3）部品部件的连接应安全可靠，接口及构造设计应满足安装与使用维护的要求。

4）确定适宜的制作公差和安装公差设计值。

5）设备管线接口应避开预制构件受力较大部位和节点连接区域。

9.4 集成设计案例

1. 肯尼迪图书馆排水管

贝聿铭设计的位于美国波士顿的肯尼迪图书馆是一座装配式建筑，预制外挂墙板。贝聿铭将塑料水落管设计成方形，凹入墙板接缝处，构成装饰元素（图9.4-1）。虽然它不是一个集成部件，但却把建筑功能、排水功能、装饰功能非常好地融为一体了。

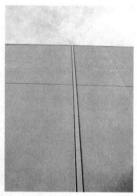

图9.4-1　肯尼迪图书馆

2. 日本发明的莲藕梁

所谓莲藕梁其实不仅仅是梁，而是柱梁一体化构件，柱子处有预留钢筋孔，像莲藕一样（图9.4-2）。莲藕梁可以减少后浇混凝土，大大提高施工效率。

莲藕梁是柱-梁集成的范例，分为单莲藕梁和双莲藕梁两种。其中双莲藕梁也是制作难度最大的预制构件（见本书彩页图C08，沈阳兆寰公司提供照片）。

图9.4-2　单莲藕梁

 思考题

1. 什么是装配式建筑系统集成？由哪些系统组成？有什么优点？

2. 如何进行装配式混凝土建筑集成设计？

3. 装配式建筑为什么应实行集成化设计？

第10章 结构设计概述

10.1 概述

装配式混凝土建筑结构设计虽然不是另起炉灶自成体系，基本上也须按照现浇混凝土结构进行设计计算，以现行国家标准和行业标准《混规》、《高规》和《抗规》等结构设计标准为基本依据，但装配式混凝土结构有自身的结构特点，国家标准《装标》和行业标准《装规》有一些不同于现浇混凝土结构的规定，这些特点和规定，必须从结构设计一开始就贯彻落实，并贯穿整个结构设计过程，而不是"事后"延伸或深化设计所能解决的。

本章介绍装配式混凝土结构设计基本概念，包括结构设计原则与内容（10.2），结构概念设计（10.3），结构体系选择（10.4），结构连接方式选择（10.5），国外装配式建筑结构设计简介（10.6）。

10.2 结构设计原则与内容

10.2.1 结构设计原则

本书第3章给出了装配式混凝土建筑设计原则，包括依据规范、借鉴国外经验、专家论证、协同设计和一张图原则。这些原则都是结构设计所要遵循的。本节再从结构设计角度强调或提出一些具体原则。

1. 用活规范

国家标准《装标》和行业标准《装规》是装配式建筑结构设计必须遵循的依据，但不能机械地照搬规范条文和图例，结构设计师应当熟悉规范，对规定知其所以然，灵活运用规范做好结构设计。

例如：关于剪力墙结构，规范规定当接缝位于纵横交接处边缘构件区域时，边缘构件宜全部采用后浇混凝土。设计者不应据此凡纵横交接处都用后浇混凝土。如此设计导致建筑物外墙后浇混凝土部位太多，预制构件出筋多，工厂制作和现场施工都麻烦，装配式优势体现不出来。设计者依据规范也可以做另外的方案进行比较，例如将接缝避开边缘构件区域，设计T形和L形预制构件，如此设计，外墙基本没有后浇混凝土部位。

2. 概念设计

装配式结构设计不是简单的"规范＋计算＋（照搬标准图）画图"，更不能让计算软件代替"设计"。在结构设计中，概念设计往往比精确计算更重要。一个工程如能很好地进行概念设计，再辅以计算机计算，会得到更合理的结果。

3. 灵活拆分

根据每个项目的实际情况，因地制宜进行拆分设计，尽最大可能实现装配式建筑的效益与效率，是结构设计的重要任务。笔者在日本看到这样一个例子，设计师了解到施工企业的塔式起重机吨位比较大，工厂也有相应的制作能力，拆分时就充分利用塔式起重机的吊能，设计了比"常规"构件重的构件，包括梁柱一体化构件，既提高了吊装效率，也减少了连接部位和后浇混凝土作业。

4. 聚焦结构安全

需要结构设计师聚焦与结构安全有关的问题包括：

1）夹芯保温墙拉结件及其锚固的可靠性。

2）预制构件连接的可靠性。

3）预制构件吊点、外挂墙板安装节点的可靠性等。

5. 协同清单

装配式结构设计必须与各个环节各个专业密切协同，避免预制构件遗漏预埋件预埋物等，为此需要列出详细的协同清单，逐一核对确认是否设计到位。

10.2.2　结构设计内容

第3章3.3节已经介绍了装配式混凝土建筑设计的主要内容，包括结构设计在方案设计阶段和施工图设计阶段的主要内容，这里再择其重点予以强调：

1. 选择适宜的结构体系

在选择确定结构体系时进行多方案技术经济分析，在设计高层住宅项目时应打破非剪力墙不可的心理定式，进行使用功能、成本、装配式适宜性的全面分析。

2. 进行结构概念设计

依据结构原理和装配式结构特点，对涉及结构整体性、抗震设计等与结构安全有关的重点问题进行概念设计，确定拆分设计、连接节点设计和构件设计的基本原则。关于装配式结构概念设计的简述见本章10.3节。

3. 进行拆分设计

确定构件接缝位置。

4. 选择结构连接方式

确定连接方式，进行连接节点设计，选定连接材料，给出连接方式试验验证的要求。进行后浇混凝土结构构造设计。

5. 拉结件设计

选择夹芯保温构件拉结方式和拉结件，进行拉结节点布置、外叶板结构设计和拉结件结构计算，明确给出拉结件的物理力学性能要求与耐久性要求，明确给出试验验证的要求。

6. 预制构件设计

1）对预制构件承载力和变形进行验算，包括在脱模、翻转、吊运、存放、运输、安装和安装后临时支撑时的承载力和变形验算，给出各种工况吊点、支撑点的设计。

2）进行预制构件结构设计，将建筑、装饰、水暖电等专业需要在预制构件中埋设的管线、预埋件、预埋物、预留沟槽；连接需要的粗糙面和键槽要求；制作、施工环节需要的预埋件等，都无一遗漏地汇集到构件制作图中。

3）给出构件制作、存放、运输和安装后临时支撑的要求，包括临时支撑拆除条件设定。

10.3　结构概念设计

所谓结构概念设计是依据结构原理对结构安全进行分析判断和总体把握，特别是对结构计算解决不了的问题，进行定性分析，做出正确设计。

在装配式结构设计中，概念设计比具体计算和画图更重要。结构设计师除了需具有结构概念设计的意识，还应具有装配式结构概念设计意识。

1. 装配式混凝土结构整体性概念设计

装配整体式混凝土结构设计的基本原理是等同原理，等同的意思是说通过采用可靠的连接技术和必要的结构构造措施，使装配整体式混凝土结构与现浇混凝土结构的效能基本等同。因此，在装配式建筑结构方案设计和拆分设计中，必须贯彻结构整体性的概念设计，对于需要加强结构整体性的部位，应有意识地加强。

如图 10.3-1 的平面布置图，楼梯间外凸，其剪力墙的整体性相对较差，需要利用楼梯板的水平约束作用加强楼梯间的整体性。此时，设计师就不应一味强调预制，按标准图设计一端固定铰一端滑动铰的楼梯，而应当将楼梯板现浇并将钢筋锚入剪力墙，对剪力墙平面外形成类似"竹节"效应的侧向约束，有利于增强整体抗震性能。

通过概念设计确保结构整体性的关注点还包括不规则的特殊楼层及特殊部位的关键构件、平面凹凸及楼板不连续形成的弱连接部位、层间受剪承载力突变的薄弱层、侧向刚度不规则的软弱层、挑空空间形成的穿层柱、部分框支剪力墙结构框支层及相邻上一层、转换梁、转换柱、预制叠合楼板传递不同方向地震力的作用分析等。总之，结构设计师不可盲目追求预制率，不做区分地采用预制方案。

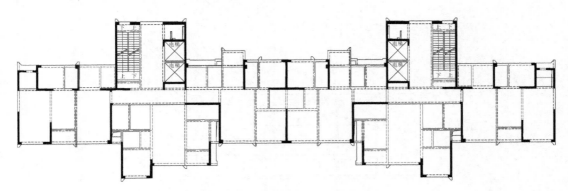

图 10.3-1　楼梯间外凸整体性差

2. 强柱弱梁设计

"强柱弱梁"的目的简单说就是框架柱不先于框架梁破坏。因为框架梁破坏是局部性构件破坏，而框架柱破坏将危及整个结构的安全——有可能整体倒塌。"强柱弱梁"是一个相对概念，要保证竖向承载构件"相对"更安全一些。由于预制构件及其连接可能会带来一些对"强柱弱梁"的不利影响，所以需要设计师足够重视，确保装配式混凝土结构形成合理的"梁铰"屈服机制（图 10.3-2a），避免出现"柱铰"屈服机制（图 10.3-2b）。

装配式混凝土结构有可能影响强柱弱梁的因素包括：

（1）叠合楼板对梁的增强　因预制需要、埋设管线等因素，叠合楼板的厚度、刚度、配筋比传统现浇楼板大很多，由此会连带增强框架梁端的承载力，导致对"强柱弱梁"不利。

（2）梁端负弯矩及实配钢筋的影响　预制梁端的竖缝因抗剪要求往往需增设钢筋，从叠合梁的现浇叠合层（梁上部区域）伸入支座，如此加大了梁端负筋配置，导致对"强柱弱梁"不利。

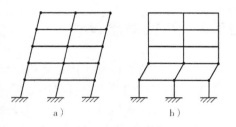

图 10.3-2　框架结构塑性铰屈服机制
a）梁铰机制　b）柱铰机制

（3）梁端正弯矩及实配钢筋的影响　有的装配式结构设计，对梁截面和跨度一致的预制梁归类为同一种预制梁，钢筋也按配筋最大的梁统一配置，如此造成梁端底部配筋超出"强柱弱梁"所需要的配筋量，导致对"强柱弱梁"不利。

3. 强剪弱弯设计

"弯曲破坏"是延性破坏，有显性预兆特征，如开裂或下挠变形过大等，会给人以提醒。而"剪切破坏"是一种脆性破坏，没有预兆，瞬时发生。装配式建筑结构设计要避免先发生剪切破坏，设定"强剪弱弯"的目标。

例如：在预制叠合梁设计中，将梁端竖缝结合面抗剪加强钢筋宜设置在梁断面中间位置（图 10.3-3），既可避免从上部伸入支座影响梁柱强弱关系，又可较好地实现"强剪弱弯"。

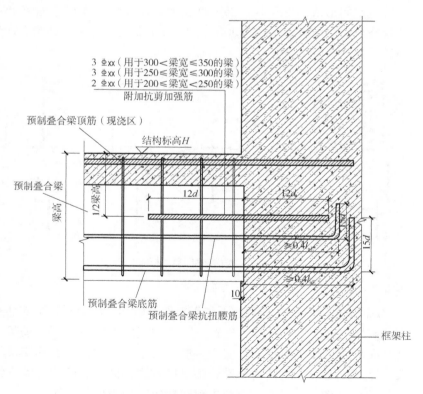

图 10.3-3　梁端竖缝抗剪加强筋置于梁中部

4. 强节点弱构件设计

"强节点弱构件"是指连接核心区不能先于构件破坏，以确保整体结构的安全。在装配式柱梁结构设计中，应考虑采用合适的（或者说宽松一些）的梁柱截面，以避免钢筋、套筒等在后浇节点区密集拥挤，影响混凝土浇筑密实度，削弱节点承载力。

5. "强"接缝结合面"弱"斜截面受剪设计的概念

在装配式结构中，存在较多"接缝"——预制构件之间以及预制构件与现浇混凝土之间的结合面，包括梁端接缝、柱底柱顶接缝、剪力墙的竖向和水平接缝等。在地震设计工况下，接缝要实现强连接，保证接缝结合面不先于斜截面发生破坏，实际设计可用附加结合面抗剪钢筋（图 10.3-3）或抗剪钢板达到此目的。

6. 柱梁结构体系套筒连接节点避开"塑性铰"的概念

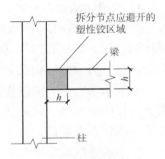

装配式混凝土建筑套筒连接节点应避开塑性铰位置。具体地说，柱、梁结构一层柱脚、最高层柱顶、梁端部和受拉边柱和角柱，这些部位不应做套筒连接部位。《装规》规定装配式框架结构一层宜现浇，顶层楼盖现浇，如此已经避免了柱的塑性铰位置。避开梁端塑性铰位置的具体要求是：梁的连接节点不应设在距离梁端 h 范围内（h 为梁高），如图 10.3-4 所示。

图 10.3-4　结构梁连接节点避开塑性铰位置

7. 刚度影响概念

非承重外围护墙、内隔墙的刚度对结构的整体刚度、地震力分配、相邻构件的破坏模式等都有影响。其中预制混凝土墙的刚度影响最大。当不得不采用非承重预制混凝土墙时，应当从设计构造上削弱其对主体结构刚度的影响。应采用相对合理的构造做法，并从结构刚度折减系数上加以考虑。在装配式混凝土结构设计时应避免做出如图 10.3-5 所示忽视刚度影响的错误方案。

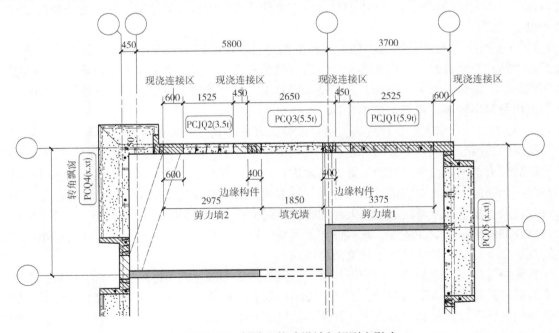

图 10.3-5　拆分和构造设计忽视刚度影响

10.4　结构体系选择

一般而言，任何结构体系的混凝土建筑都可以做装配式，但有的结构体系更适宜一些，有的结构体系则勉强一些；有的结构体系技术与经验已经成熟，有的结构体系则正在摸索之中。

本书第 2 章已经介绍了装配式混凝土建筑结构体系，表 2.4-1 给出了各种结构体系的简单定义、平面示意图、立体图和装配式混凝土建筑适应性。本节讨论如何选择适宜的结构体系。

1. 柱梁结构体系分析

住宅项目选择什么样的结构体系，结构设计师处于两难境地。就装配式适宜性而言，框架结构、框剪结构和筒体结构等柱梁体系结构最适宜；但就我国住宅市场的认知度和施工成熟度而言，剪力墙结构却是首选。

必须承认，剪力墙结构体系做装配式不是很适合，至少在目前技术水平和规范规定的情况下，存在成本高、效率低、质量优势不明显的问题。如果非搞装配式不可，与其勉强在剪力墙结构体系上硬搞，为了装配式而装配式，不如尝试一下框架和其他柱梁结构体系。

日本是装配式建筑技术最发达的国家，也是装配式效益实现得最好的国家，本书第 1 章 1.3 节举的日本宁可在工地建露天临时工厂也不搞现浇的例子，说明了装配式的优势和被依赖程度。但是，日本不在剪力墙结构建筑上搞装配式，为数不多的剪力墙结构建筑都是现浇，框-剪结构中的剪力墙和筒体结构中的剪力墙核心筒也都现浇。这也旁证了剪力墙结构做装配式的不适宜性。

日本高层和超高层住宅大都是框架结构或其他柱梁体系结构，很少采用剪力墙结构。笔者与多位日本设计师交流过，问他们日本住宅为什么很少用剪力墙结构，日本设计师说主要基于以下考虑：

1）他们比较信任柔性抗震，柱梁结构体系高层建筑经历了多次地震的实际考验。他们对剪力墙结构靠自身刚度抵抗地震作用的技术路线不认同，因为刚度越大，自重越重，地震作用就越大，是得不偿失的做法，尤其是高层建筑。剪力墙结构混凝土用量比柱梁结构体系混凝土用量高出较多，经济上也不合算。

2）框架结构布置灵活，户内布置可以改变。日本建筑寿命为 65 年、100 年和 100 年以上。高层和超高层建筑的寿命大都是 100 年和 100 年以上。框架结构可以使不同年代不同年龄段的居住者根据自己的需要和偏好方便地进行户内布置改变。关于柱子与梁凸入房屋空间对布置不利问题，从日本实践看，一方面，目前框架结构很少有 6m 以下的小柱网，大都是大跨度柱网，柱子间距可达 12m。大柱网布置削弱了这个不利影响。另一方面，合理的户型设计也会削弱不利影响。还有，日本住宅都是精装修，上有吊顶、下有架空，室内布置比较多的收纳柜，自然而然地遮掩了柱梁凸出问题。

笔者与国内多位建筑师、结构设计师讨论过为什么我国住宅不愿用柱梁结构体系，千篇一律的说法是柱梁凸入室内空间，而剪力墙结构没有这种情况。其实，剪力墙的这种优势是建立在把管线埋设到结构混凝土中这种落后做法的基础上的。日本住宅实行管线分离，柱梁结构体系布置管线非常方便。如果实行管线分离，剪力墙内不准埋设管线，墙体需要增加架空层，侵占的室内空间要比框架结构多很多。

柱梁结构体系搞装配式的问题是，柱、梁、外挂墙板等预制构件的制作目前还很难实现自动化。日本到目前为止只有叠合楼板制作实现了自动化。也就是说，世界上装配式混凝土结构技术最发达、装配式建筑比例最高、装配式混凝土高层建筑最多的国家，却是自动化比例很低的国家。

2. 筒体结构发展前景

日本超高层装配式混凝土建筑大都是筒体结构。表 10.4-1 给出了几栋日本超高层装配式混凝土筒体结构建筑的示意图。

笔者认为，筒体结构是装配式建筑的发展方向。

1）节约用地，筒体结构用于超高层建筑，超高层建筑在节约用地方面具有优势。日本最高的装配式建筑高 208m 的北浜大厦是筒体结构，容积率高达 12.58%。

2）效率高，超高层建筑标准层多，设计、制作和施工便捷。

3）成本低，构件标准化程度高，构件种类少，模具成本低、制作和施工成本低。

4）空间大，使用灵活，实现建筑全生命周期。

5）筒体结构的主要问题是：

①其平面形状多是方形或接近方形，即"点式"建筑。

②用于住宅有朝向问题和自然通风问题。

这两个问题日本的解决方案是：朝向问题，在背阴面布置小户型公寓；通风问题，设置微型强制通风系统等。

3. 剪力墙结构体系分析

1）就装配式而言，剪力墙结构体系装配式比现浇有以下优势：

①构件在工厂制作，比现场浇筑质量要好很多。

②外墙板可以实现结构保温一体化，防火性能提高，省去了外墙保温作业环节与工期。

③石材反打或者瓷砖反打，节省了干挂石材工艺的龙骨费用，也省去了外装修环节和工期；瓷砖的粘接力大大加强，减小脱落概率。

④各个环节协调得好，计划合理调度得当，可以缩短主体结构施工以外的内外装修工期。

⑤无需满堂红外架，施工现场整洁干净。

剪力墙结构还有一个优势是可以将预制构件拆分成以板式构件为主，以适于流水线制作工艺。但按照剪力墙的结构特点和国家标准、行业标准的规定，墙板三边出筋，一边是套筒或浆锚孔，制作麻烦，上了流水线也无法实现自动化。

2）问题：

①剪力墙结构混凝土用量大，竖向构件连接面积大，钢筋连接节点多，连接点局部加强的构造也增加较多，连接作业量大。

②边缘构件处、水平现浇带、双向叠合楼板间现浇带，叠合板现浇叠合层等后浇混凝土比较多，工地虽然总的来说比现浇施工方式减少了混凝土现浇量，但作业环节增加，也比较麻烦。

③剪力墙板和叠合楼板的侧边都出筋，制作环节不仅无法实现自动化，手工作业也非常麻烦，耗费工时多。

表 10.4-1　几栋日本超高层装配式混凝土筒体结构示意

序号	工程名称	功能	层数	高度/m	建筑面积/m²	户数	外形	结构平面	结构体系类型	说明
1	大阪北浜大厦	综合住宅	地下1、地上54	208	79605	465			筒体–稀柱框架	
2	东京芝浦空中大厦	综合住宅	地下1、地上48	169	85512	871			筒中筒结构	内外都是密柱框筒
3	东京练马区第一大厦	综合住宅	地下1、地上43	108	31745	286			单筒结构	
4	东京中央区胜哄广场大厦	综合住宅	地下2、地上41	155	56765	512			双H形剪力墙筒体-稀柱结构	特殊的稀柱结构。一个方向不对称的矩形平面，非常适合住宅的平面形状
5	东京港区虎之门大厦	综合住宅	地下1、地上37	147	38800	266			束筒结构	力墙筒体剪力一个方向不对称的束筒结构
6	东京港区海角大厦	综合住宅	地下1、地上48	155	139812	1095			Y字形密柱筒体结构	一个方向不对称的束筒结构

说明：此表根据日本鹿岛建设提供的资料整理，表中建筑都是由鹿岛建设施工。

　　④剪力墙竖向连接虽然采用套筒灌浆或浆锚搭接方式，但剪力墙之间都有水平现浇带，一般在现浇带浇筑第二天，混凝土强度还很低的时候，就开始安装上一层墙板，每一装配楼层都是如此。

　　以上问题致使剪力墙结构装配式建筑效率低，工期难以压缩、结构成本增加较多。而这些问题多是剪力墙结构自身特性带来的，不是短期内可以解决的。笔者认为，在进行装配式住宅建筑设计时，应当解构"住宅只适合做剪力墙结构"的心理定式。

10.5　结构连接方式选择

　　第 2 章 2.6 节对装配式混凝土建筑结构连接方式和适用范围做了概略的介绍，《装标》和《装规》关于结构连接的规定在第 11 章 11.7 节中将详细介绍。本节讨论如何选择结构连接方式。

　　结构连接是装配式混凝土建筑结构安全最关键的环节，也是对成本影响较大的环节，结构设计师既要确保结构安全，又要避免过剩功能导致成本过高。在以往的设计实践中，出现过极端现象：有的设计师比较大胆，百米高层也用浆锚搭接连接；而有的设计师又非常保守，连小院围墙的柱子也用套筒灌浆连接。

　　如何在确保结构安全的前提下选择适宜的连接方式，降低成本提高效率，是结构设计师的重要职责。下面给出几条建议。

1. 选择连接部位对连接方式的影响

　　在选择连接方式前应该先从结构宏观整体的角度进行连接部位的选择，连接部位的选择是装配式结构设计、拆分设计的核心内容，连接部位选择是否合理直接决定了连接的可靠性和连接的复杂程度。例如：在梁柱体系中，梁柱节点是钢筋密集区，要满足从不同方向过来的梁筋的锚固，要满足节点核心区的立体交错的箍筋布设，还要满足柱纵筋在节点区穿越以及保证各钢筋之间的净距要求，选择在梁柱节点连接是很困难的。若采用如图 10.5-1 所示的莲藕梁方案，就可以回避在节点核心区连接困难的问题。

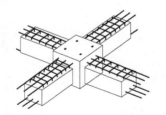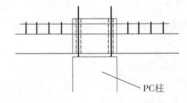

PC柱

图 10.5-1　连藕梁节点示意图

2. 减少后浇混凝土的必要性与途径

　　预制装配构件与较多现浇部位交叉作业，给现场安装和连接带来非常大的困难，减少后浇混凝土对提高效率、降低成本是非常必要的。拆分设计时需寻求减少后浇混凝土的有效途径。减少后浇混凝土会带来构件三维化、复杂化，尽管是这样，因为现场比工厂更麻烦，宁可选择在工厂预制。

3. 规范未覆盖领域的探索

　　装配式建筑结构体系在现行规范体系上是以"等同现浇"设计理念为主的，由于要与现浇等同，存在着大量的后浇连接，装配式建筑的优势得不到全面发挥；而全装配混凝土结构体系在规范上基本未涉及，工程实践也少，有待科研及设计单位进一步研究和实践。我国装配式建筑全面推广应用尚处于初期，无论是装配式结构体系、连接技术、减振隔振技术的应用等各方面都有规范未能覆盖的领域，需要进一步研究和探索。

10.6　国外装配式建筑结构设计简介

10.6.1　结构体系

装配式混凝土技术发达国家主要采用的结构体系见表 10.6-1。

表 10.6-1　发达国家主要采用的结构体系

国　家	主要结构体系
美国	以多层柱梁结构为主，也有框架剪力墙和框架核心筒结构
欧洲	以叠合板剪力墙结构和框架结构为主
日本	以框架结构和框架核心筒结构为主
澳洲	以框架结构为主，也有混凝土与型钢的组合框架结构
新加坡	以框架结构为主

10.6.2　日本装配式混凝土建筑结构设计做法

这里列出日本装配式混凝土建筑结构方面的一些做法供参考。

1）日本装配式混凝土建筑的结构体系是：框架结构、框-剪结构和筒体结构。没有剪力墙结构。

2）框-剪结构的剪力墙位置上下对应。剪力墙处的框架结构梁做成与剪力墙同宽的暗梁。

3）地下室、首层或与标准层不一样的底部裙楼、顶层楼盖采用现浇混凝土；框-剪结构和筒体结构中的剪力墙也现浇。

4）构件拆分的结构原则是在应力小的地方拆分。

5）结构连接方式是套筒灌浆和后浇区结合的方式。楼盖为叠合楼板或预应力叠合楼板。

6）梁的结合面以键销为主；柱的结合面以粗糙面为主。

7）对结构构件连接接缝处进行受剪承载力验算。

8）超高层建筑（即高 60m 以上建筑），柱、梁结构体系的连接节点避开塑性铰位置，即不在塑性铰位置设置套筒连接。塑性铰位置包括梁端部、一层柱底和最顶层柱顶。

9）避免非结构构件对主体结构的刚度影响和两者受力状态复杂化。对附着在主体构件上的非结构构件，如为减小窗洞面积而设置的梁、柱翼缘，与相邻主体构件之间断开。

10）用高强度等级混凝土。混凝土强度等级最低为设计强度标准值 21MPa（比 C30 略高一些），一般构件混凝土设计强度标准值最高为 80MPa（相当于 C120 以上了），柱子混凝土设计强度标准值最高为 100MPa。一方面与装配式建筑多是超高层建筑有关，日本的超高层建筑使用寿命都在 100 年以上；一方面为了减小构件断面尺寸。

11）用高强度大直径钢筋。柱、梁主筋使用屈服极限 490MPa 以上的钢筋（相当于国内最高强度的钢筋），最高用到屈服极限 1275MPa 的钢筋。使用高强度大直径钢筋可以减少钢筋根数，从而减少套筒连接节点。

12）尽量统一结构构件的断面形状和尺寸。如柱子断面尺寸尽量不变化，而是调整混凝土强度等级。底层柱子强度等级高，顶层柱子强度等级低。如此，可以减少模具类型。

13）尽量统一钢筋布置类型。如钢筋位置和间距不变，调整钢筋强度和直径，如此，可以减少与构件出筋有关的模具种类。

10.6.3 欧洲常用的简易连接方式

1. 钢丝绳索套加钢筋销连接

钢丝绳加钢筋销连接是欧洲常见的连接方法，用于墙板与墙板之间后浇区竖缝构造连接。相邻墙板在连接处伸出钢丝绳索套交汇，中间插入竖向钢筋，然后浇筑混凝土，如图 10.6-1 所示。

预埋伸出钢丝绳索套比出筋方便，适于自动化生产线，现场安装简单，是非常简便实用的连接方式。

图 10.6-1 钢丝绳索套加钢筋销连接实例

2. 螺栓连接在全装配混凝土结构中的应用

螺栓连接是全装配式混凝土结构的主要连接方式，可以连接结构柱梁。非抗震设计或低抗震设防烈度设计的低层或多层建筑，当采用全装配混凝土结构时，可用螺栓连接主体结构。

图 10.6-2 是欧洲一座全装配式混凝土框架结构建筑，柱梁体系都是用螺栓连接。图 10.6-3 是螺栓连接柱子的示意图。

图 10.6-2 螺栓连接的框架结构全装配式建筑

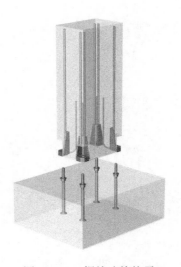

图 10.6-3 螺栓连接柱子

思考题

1. 概念设计为什么重要？

2. 为什么要在装配式混凝土结构里强调使用高强混凝土和高强钢筋？

3. 以双向板-梁楼盖为例，框架梁截面为 300mm × 600mm，板厚分别为 120mm 和 150mm 时，通过计算结果比较强柱弱梁验算时梁端受拉翼缘有效影响宽度和抗弯刚度的差异。

4. 装配式混凝土结构连接类型分为哪两大类？在湿法连接中，适应面最广、最可靠的连接方式是哪种？

5. 梁端竖缝抗剪承载力不足时，如何合理地采取措施实现"强"接缝结合"弱"斜截面受剪的概念设计？

6. 装配式建筑里可以采取什么样的构造和设计措施来考虑内嵌式非承重预制混凝土墙的刚度影响？

7. 选择结构连接方式前应重点做好连接部位的选择，试举例说明连接部位选择的重要性。

8. 简述装配式剪力墙结构相比现浇结构的优势和劣势。

9. 简述日本和我国装配式结构做法的差异。

第 11 章   规范关于结构设计的基本规定

11.1   概述

现行国家标准《装标》和行业标准《装规》对装配式混凝土结构建筑的结构设计有很多具体规定，关于装配式混凝土建筑的适用高度、高宽比和平面形状，本书第 5 章 5.5、5.6 和 5.7 节中已经介绍。

本章主要介绍规范关于装配式混凝土结构设计的基本规定并做简要解读和设计提示。包括现浇范围（11.2），抗震设计规定（11.3），作用与作用组合（11.4），结构分析和变形验算（11.5），构件设计（11.6），连接方式（11.7）。规范关于楼盖、各结构体系和外挂墙板的设计规定在相关章节介绍。

由于本书不是设计手册类的工具书，为了读者清晰阅读，本书介绍规范的有关规定时，对规范条文号未全部引用，对《装标》和《装规》等不同标准对同一问题的规定进行了合并和梳理。

11.2   现浇范围

《装标》和《装规》关于高层装配整体式结构现浇部位的规定：

1）宜设置地下室，地下室宜采用现浇混凝土。

2）剪力墙结构和部分框支剪力墙底部加强部位宜采用现浇混凝土。

3）框架结构首层柱宜采用现浇混凝土，顶层宜采用现浇楼盖结构。

4）当底部加强部位的剪力墙、框架结构的首层柱采用预制混凝土时，应采取可靠技术措施。

5）当采用部分框支剪力墙结构时，底部框支层不宜超过 2 层，且框支层及相邻上一层应采用现浇结构。

6）部分框支剪力墙以外的结构中，转换梁、转换柱宜现浇。

7）剪力墙结构屋顶层可采用预制剪力墙及叠合楼板，但考虑到结构整体性、构件种类、温度应力等因素，建议采用现浇构件。

8）住宅标准层卫生间、电梯前室、公共交通走廊宜采用现浇结构。

9）电梯井、楼梯间剪力墙宜采用现浇结构。

10）折板楼梯宜采用现浇结构。

11.3　抗震设计规定

1. 适用范围

装配式混凝土建筑适用于抗震设防烈度为 8 度及 8 度以下地区的乙类、丙类建筑。

2. 抗震等级

《装标》规定：装配整体式结构构件的抗震设计，应根据设防类别、烈度、结构类型和房屋高度采用不同的抗震等级，并应符合相应的计算和构造设计要求。

（1）甲类建筑　甲类建筑是指特大建筑工程和地震时不能发生严重次生灾害的建筑。现行装配式混凝土建筑的国家标准和行业标准不适用于甲类建筑。

（2）乙类建筑　乙类建筑是指地震时使用功能不能中断或需尽快恢复的建筑。

《装规》规定：乙类装配整体式结构应按本地区抗震设防烈度提高一度的要求加强其抗震措施；当本地区抗震设防烈度为 8 度且抗震等级为一级时，应采取比一级更高的抗震措施；当建筑场地为 I 类时，仍可按本地区抗震设防烈度的要求采取抗震构造措施。

此条规定与《抗震规范》和《高规》关于现浇混凝土结构的抗震规定是一样的。

（3）丙类建筑　丙类建筑是指一般工业与民用建筑。

丙类装配整体式结构的抗震等级应按表 11.3-1 确定。

表 11.3-1　丙类装配整体式结构的抗震等级

结 构 类 型		抗震设防烈度					
		6 度		7 度		8 度	
装配整体式框架结构	高度/m	≤24	>24	≤24	>24	≤24	>24
	框架	四	三	三	二	二	一
	大跨度框架	三		二		一	
装配整体式框架-现浇剪力墙结构	高度/m	≤60	>60	≤24	>24 且≤60	>60	≤24	>24 且≤60	>60
	框架	四	三	四	三	二	三	二	一
	剪力墙	三	三	三	三	二	二	二	一
装配整体式框架-现浇核心筒结构	框架	二					
	核心筒	二		二			
装配整体式剪力墙结构	高度/m	≤70	>70	≤24	>24 且≤70	>70	≤24	>24 且≤70	>70
	剪力墙	四	三	四	三	二	三	二	一
装配整体式部分框支剪力墙结构	高度/m	≤70	>70	≤24	>24 且≤70	>70	≤24	>24 且≤70	
	现浇框支框架	二	二	二	二	一	二	一	
	底部加强部位剪力墙	三	三	三	三	二	二	一	
	其他区域剪力墙	四	三	四	三	二	三	二	

注：1. 大跨度框架是指跨度不小于 18m 的框架。

　　2. 高度不超过 60m 的装配整体式框架-现浇核心筒结构按装配整体式框架-现浇剪力墙的要求设计时，应按表中装配整体式框架-现浇剪力墙结构的规定确定其抗震等级。

此表与《建筑抗震设计规范》（GB 50011）比较，框架结构、框架-现浇剪力墙结构和框架-现浇核心筒结构的抗震等级，装配式与现浇一样。不同之处是：

1）对装配式剪力墙结构和部分框支剪力墙结构要求更严，装配整体式划分高度比现浇混凝土结构低 10m，从 80m 降到 70m。

2）没有板柱-剪力墙的抗震等级。

3. 抗震性能设计

1）抗震设计的高层装配式结构，当其房屋高度、规则性、结构类型等超过本规程的规定或抗震设防标准有特殊要求时，可按现行行业标准《高规》的有关规定进行结构抗震性能设计。（《装规》第 6.1.7 条）

2）抗震调整系数 γ_{RE}。抗震设计时，构件及节点的承载力抗震调整系数 γ_{RE} 应按表 11.3-2 采用；当仅考虑竖向地震作用组合时，承载力抗震调整系数 γ_{RE} 应取 1.0。预埋件锚筋截面计算的承载力抗震调整系数 γ_{RE} 应取 1.0。（《装规》第 6.1.11 条）

表 11.3-2　构件及节点承载力抗震调整系数

结构构件类别	正截面承载力计算					斜截面承载力计算	受冲切承载力计算、接缝受剪承载力计算
	受弯构件	偏心受压柱		偏心受拉构件	剪力墙	各类构件及框架节点	
		轴压比小于 0.15	轴压比不小于 0.15				
γ_{RE}	0.75	0.75	0.8	0.85	0.85	0.85	0.85

3）当同一层内既有预制又有现浇抗侧力构件时，地震状况下宜对现浇抗侧力构件在地震作用下的弯矩和剪力进行适当放大。（《装规》第 6.3.1 条）

4）对于同一层内既有现浇墙肢也有预制墙肢的装配整体式剪力墙结构，现浇墙肢水平地震作用弯矩、剪力宜乘以不小于 1.1 的增大系数。（《装标》第 5.7.2 条）

5）装配式混凝土结构应采取措施保证结构的整体性。安全等级为一级的高层装配式混凝土结构尚应按照现行行业标准《高程》的有关规定进行抗连续倒塌概念设计。

11.4　作用及作用组合

关于装配式混凝土建筑的作用及作用组合，国家标准《装标》没有给出具体规定。行业标准《装规》除要求根据《建筑结构荷载规范》、《建筑抗震设计规范》、《混凝土结构工程施工规范》、《高规》确定外，给出了两条具体的规定：

1）预制构件在翻转、运输、吊运、安装等短暂设计状况下的施工验算，应将构件自重标准值乘以动力系数后作为等效静力荷载标准值。构件运输、吊运时，动力系数宜取 1.5；构件翻转及安装过程中就位、临时固定时，动力系数可取 1.2。（《装规》第 6.2.2 条）

2）预制构件进行脱模验算时，等效静力荷载标准值应取构件自重标准值乘以动力系数与脱模吸附力之和，且不宜小于构件自重标准值的 1.5 倍。动力系数与脱模吸附力应符合下列规定：

①动力系数不宜小于 1.2。

②脱模吸附力应根据构件和模具的实际状况取用，且不宜小于 $1.5kN/m^2$。（《装规》第 6.2.3 条）

11.5　结构分析和变形验算

本节介绍《装标》和《装规》关于装配整体式建筑结构分析和变形验算的规定。

11.5.1　结构分析

1）在各种设计状况下，装配整体式结构可采用与现浇混凝土结构相同的方法进行结构分析。当同一层内既有预制又有现浇抗侧力构件时，地震设计状况下宜对现浇抗侧力构件在地震作用下的弯矩和剪力进行适当放大。（《装规》第6.3.1条）

2）装配整体式结构承载能力极限状态及正常使用极限状态的作用效应分析可采用弹性方法。（《装规》第6.3.2条）

3）装配式混凝土结构弹性分析时，节点和接缝的模拟应符合下列规定：

①当预制构件之间采用后浇带连接且接缝构造及承载力满足本标准中的相应要求时，可按现浇混凝土结构进行模拟。

②对于本标准中未包含的连接节点及接缝形式，应按照实际情况模拟。（《装标》第5.3.1条）

③进行抗震性能化设计时，结构在设防烈度地震及罕遇地震作用下的内力及变形分析，可根据结构受力状态采用弹性分析方法或弹塑性分析方法。弹塑性分析时，宜根据节点和接缝在受力全过程中的特性进行节点和接缝的模拟。材料的非线性行为可根据现行国家标准《混凝土结构设计规范》（GB 50010）确定，节点和接缝的非线性行为可根据试验研究确定。（《装标》第5.3.2条）

④在结构内力与位移计算时，对现浇楼盖和叠合楼盖，均可假定楼盖在其自身平面内为无限刚性，楼面梁的刚度可计入翼缘作用予以增大；梁刚度增大系数可根据翼缘情况近似取为1.3~2.0。（《装规》第6.3.4条）

⑤内力和变形计算时，应计入填充墙对结构刚度的影响。当采用轻质墙板填充墙时，可采用周期折减的方法考虑其对结构刚度的影响；对于框架结构，周期折减系数可取0.7~0.9；对于剪力墙结构，周期折减系数可取0.8~1.0。（《装标》第5.3.3条）

提醒：当采用内嵌非承重预制混凝土墙时，对结构整体刚度影响最大，应当从设计构造上来削弱填充墙预制构件对主体结构刚度的影响，合理评估结构周期折减系数的取用。

11.5.2　变形验算

1）在风荷载或多遇地震作用下，结构楼层内最大的弹性层间位移应符合下列规定：

$$\Delta u_e \leq [\theta_e]h \qquad (11.5\text{-}1)(《装标》式5.3.4)$$

式中　Δu_e——楼层内最大弹性层间位移；

　　　$[\theta_e]$——弹性层间位移角限值，应按表11.5-1采用；

　　　h——层高。

表11.5-1　弹性层间位移角限值

结构类型	限值
装配整体式框架结构	1/550
装配整体式框架-现浇剪力墙结构、装配整体式框架-现浇核心筒结构	1/800
装配整体式剪力墙结构、装配整体式部分框支剪力墙结构	1/1000

表 11.5-1 的层间位移角限值均与现浇结构相同。

《装规》中弹性层间位移角限值表比表 11.5-1 多了一栏,"多层装配式剪力墙结构",位移角限值是 1/1200,比现浇要求严格。

2)在罕遇地震作用下,结构薄弱层(部位)弹塑性层间位移应符合下式规定:

$$\Delta u_P \leq [\theta_P]h \qquad (11.5\text{-}2)(《装标》式 5.3.5)$$

式中　Δu_P——弹塑性层间位移;

　　　$[\theta_P]$——弹塑性层间位移角限值,应按表 11.5-2 采用;

　　　h——层高。

表 11.5-2　弹塑性层间位移角限值

结　构　类　型	限　　值
装配整体式框架结构	1/50
装配整体式框架-现浇剪力墙结构、装配整体式框架-现浇核心筒结构	1/100
装配整体式剪力墙结构、装配整体式部分框支剪力墙结构	1/120

11.6　构件设计

11.6.1　规范规定

《装标》和《装规》关于预制构件设计的主要规定如下:

1)对持久设计状况,应对预制构件进行承载力、变形、裂缝控制验算。

2)对地震设计状况,应对预制构件进行承载力验算。

3)对制作、运输和堆放、安装等短暂设计状况下的预制构件验算,应符合现行国家标准《混凝土结构工程施工规范》(GB 50666)的有关规定。

4)当预制构件中的钢筋混凝土保护层大于 50mm 时,宜对钢筋的混凝土保护层采取有效的构造措施。

5)预制构件的设计应满足标准化的要求,宜采用建筑信息化模型(BIM)技术进行一体化设计,确保预制构件的钢筋与预留洞口、预埋件等相协调,简化预制构件连接节点施工。

6)预制构件深化设计的深度应满足建筑、结构和机电设备等各专业以及构件制作、运输、安装等各环节的综合要求。

7)预制构件的形状、尺寸、重量等应满足制作、运输、安全各环节的要求。

8)预制构件的配筋设计应便于工厂化生产和现场连接。

11.6.2　构件设计内容

构件设计的主要内容包括:

1)各种工况下预制构件及连接的承载力、变形、裂缝控制验算;取各种工况下对预制构件进行配筋设计。

2)确定钢筋连接方式(套筒灌浆、浆锚搭接、后浇混凝土等),进行连接方式构造设计。

3)预制构件连接界面及其构造设计。

　　4）各个专业各个环节需要埋设在构件里的各种连接件、拉结件、预埋件、预埋物等进行设计。

11.7　连接方式

　　第 2 章 2.6 节对装配式混凝土建筑连接方式有了概略的介绍，本节介绍规范关于连接方式设计的规定。

11.7.1　接缝承载力

　　装配整体式结构中的接缝主要是指预制构件之间的接缝和预制构件与现浇及后浇混凝土之间的结合面，包括梁端接缝、柱顶柱底接缝、剪力墙竖向和水平接缝等。接缝是装配整体式结构的关键部位，关于接缝承载力，《装标》规定：

　　装配整体式结构中，接缝的正截面承载力应符合现行国家标准《混凝土结构设计规范》（GB 50010）的规定。接缝的受剪承载力应符合下列规定：

　　1）持久设计状况、短暂设计状况：

$$\gamma_o V_{jd} \leq V_u \qquad (11.7\text{-}1)（《装标》式 5.4.2\text{-}1）$$

　　2）地震设计状况：

$$V_{jdE} \leq V_{uE}/\gamma_{RE} \qquad (11.7\text{-}2)（《装标》式 5.4.2\text{-}2）$$

　　在梁、柱端部箍筋加密区及剪力墙底部加强部位尚应符合下式要求：

$$\eta_j V_{mua} \leq V_{uE} \qquad (11.7\text{-}3)（《装标》式 5.4.2\text{-}3）$$

式中　γ_o——结构重要性系数，安全等级为一级时不应小于 1.1，安全等级为二级时不应小于 1.0；

　　　V_{jd}——持久设计状况和短暂设计状况下接缝剪力设计值（N）；

　　　V_{jdE}——地震设计状况下接缝剪力设计值（N）；

　　　V_u——持久设计状况下和短暂设计状况下梁端、柱端、剪力墙底部接缝受剪承载力设计值（N）；

　　　V_{uE}——地震设计状况下梁端、柱端、剪力墙底部接缝受剪承载力设计值（N）；

　　　V_{mua}——被连接构件端部按实配钢筋面积计算的斜截面受剪承载力设计值（N）；

　　　γ_{RE}——抗震调整系数，见表 11.3-2；

　　　η_j——接缝受剪承载力增大系数，抗震等级为一、二级取 1.2，抗震等级为三、四级取 1.1。

　　《装标》和《装规》只给出了接缝受剪承载力的计算公式，没有给出正截面受压、受拉和受弯承载力的计算公式。对此，《装规》的条文说明解释：

　　“接缝的压力通过后浇混凝土、灌浆料或坐浆材料直接传递；拉力通过由各种方式连接的钢筋、预埋件传递。”“预制构件连接接缝一般采用强度等级高于构件的后浇混凝土、灌浆料或坐浆材料，当穿过接缝的钢筋不少于构件内钢筋并且构造符合《装规》规定时，节点及接缝的正截面受压、受拉及受弯承载力一般不低于构件，可不必进行承载力验算。当需要计算时，可按照混凝土构件正截面的计算方法进行，混凝土强度取接缝及构件混凝土材料强度的较低值，钢筋取穿过正截面且有可靠锚固的钢筋数量。”

　　《装规》还给出了框架、剪力墙结构接缝受剪承载力的计算公式，分别在第 14 章、第

15 章介绍。

11.7.2　套筒灌浆连接

本小节主要介绍《装标》、《装规》对套筒灌浆连接的基本规定和套筒灌浆连接的设计要点内容。关于灌浆套筒等参见第 2 章 2.6.2 和第 4 章第 4.2.1 小节的介绍，关于套筒灌浆料参见第 4 章第 4.2.2 小节的介绍。

1. 规范的规定

1）接头应满足行业标准《钢筋机械连接技术规程》（JGJ 107—2016）中 I 级接头的性能要求，并应符合国家现行有关标准的规定。

2）预制剪力墙中钢筋接头处套筒外侧钢筋混凝土保护层厚度不应小于 15mm，预制柱中钢筋接头处套筒外侧箍筋的混凝土保护层厚度不应小于 20mm。

3）套筒之间净距不应小于 25mm。

4）预制结构构件采用钢筋套筒灌浆连接时，应在构件生产前进行钢筋套筒灌浆连接接头的抗拉强度试验，每种规格的连接接头试件数量不应少于 3 个（这一条是强制性规定）。

5）当预制构件中钢筋的混凝土保护层厚度大于 50mm 时，宜对钢筋的混凝土保护层采取有效的构造措施（如铺设钢筋网片等）。

2. 设计提示

1）采用套筒灌浆连接时，钢筋应是带肋钢筋。

2）设计图须给出套筒和灌浆料的选用要求。

3）由于套筒外径大于所对应的钢筋直径，由此：

①套筒区箍筋尺寸与非套筒区箍筋尺寸不一样，且箍筋间距加密。

②两个区域保护层厚度不一样；在结构计算时，应当注意由于套筒引起的受力钢筋保护层厚度的增大，或者说 h_0 的减小。

③对于按照现浇进行结构设计，之后才决定做装配式的工程，以套筒箍筋保护层作为控制因素，或断面尺寸不变，受力钢筋 "内移"，由此会减小 h_0；或断面尺寸扩大，由此会改变构件刚度；结构设计必须进行复核计算，做出选择。

11.7.3　浆锚搭接

1.《装规》的规定

1）对于框架结构，当房屋高度大于 12m 或层数超过 3 层时，宜采用套筒灌浆连接（这一规定表明在多层高层框架结构中不推荐浆锚搭接方式）。

2）直径大于 20mm 的钢筋不宜采用浆锚搭接连接。

3）直接承受动力荷载构件的纵向钢筋不应采用浆锚搭接连接。

4）纵向钢筋采用浆锚搭接连接时，对预留成孔工艺、孔道形状和长度、构造要求、灌浆料和被连接钢筋，应进行力学性能以及适用性的试验验证。

2. 设计提示

1）钢筋应是带肋钢筋，不能用光圆钢筋。

2）按规范规定给出灌浆料选用要求。

3）根据浆锚连接的技术要求确定钢筋搭接长度、孔道长度。

4）要保证螺旋筋保护层，由此受力筋的保护层增大。

11.7.4　后浇混凝土连接

后浇混凝土是装配整体式混凝土建筑的主要连接方式之一，本书第 2 章 2.6.2 节中已经做了简单介绍。关于后浇混凝土，《装标》、《装规》有如下规定：

1）预制构件拼接部位的后浇混凝土强度等级不应低于预制构件的混凝土强度等级。

2）预制构件的拼接应考虑温度作用和混凝土收缩徐变的比例影响，宜适当增加构造钢筋。

3）预制构件纵向钢筋宜在后浇混凝土内直线锚固；当直线锚固长度不足时，可采用弯折、机械锚固方式，并应符合现行国家标准《混凝土结构设计规范》（GB 50010）和《钢筋锚固板应用技术规程》（JGJ 256）的规定。

11.7.5　粗糙面与键槽

预制构件与后浇混凝土、灌浆料、坐浆材料的结合面应设置粗糙面、键槽，并应符合下列规定：

1）预制板与后浇混凝土叠合层之间的结合面应设置粗糙面。

2）预制梁与后浇混凝土叠合层之间的结合面应设置粗糙面；预制梁端面应设置键槽（图 11.7-1）且宜设置粗糙面。键槽的尺寸和数量根据计算确定，键槽的深度 t 不宜小于 30mm，宽度 w 不宜小于深度的 3 倍且不宜大于深度的 10 倍；键槽可贯通截面，当不贯通时槽口距离边缘不宜小于 50mm；键槽间距宜等于键槽宽度；键槽端部斜面倾角不宜大于 30°。

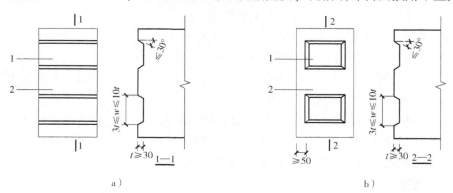

图 11.7-1　梁端键槽构造示意

a）键槽贯通截面　b）键槽不贯通截面

1—键槽　2—梁端面

3）预制剪力墙的顶部和底部与后浇混凝土的结合面应设置粗糙面；侧面与后浇混凝土的结合面应设置粗糙面，也可设置键槽；键槽深度 t 不宜小于 20mm，宽度 w 不宜小于深度的 3 倍且不宜大于深度的 10 倍；键槽间距宜等于键槽宽度；键槽端部斜面倾角不宜大于 30°。

4）预制柱的底部应设置键槽宜设置粗糙面，键槽应均匀布置，键槽深度不宜小于 30mm，键槽端部斜面倾角不宜大于 30°。柱顶应设置粗糙面。

5）粗糙面的面积不宜小于结合面的 80%，预制板的粗糙面凹凸深度不应小于 4mm，预制梁端、预制柱端、预制墙端的粗糙面凹凸深度不应小于 6mm。

 **思考题**

1. 装配式混凝土结构确定预制范围需要考虑哪些因素？

2. 多层装配式剪力墙结构的层间位移角限值规定更严的原因是什么？

3. 采用和参照等同现浇的结构弹性分析模型进行结构分析要符合的条件是什么？

4. 在采用弹性分析模型对结构内力和位移计算时，对叠合楼盖刚度需要符合什么条件？如何考虑叠合楼盖对楼面梁的刚度影响？

5. 预制构件脱模时混凝土强度需要达到什么要求？试计算一块叠合楼板的脱模吊点荷载最不利作用（采用四点起吊，吊点均匀受力，叠合板尺寸为 $2500mm \times 3500mm \times 60mm$）。

6. 对哪些情况预制构件的纵筋连接不应采用浆锚搭接连接？

7. 套筒灌浆连接锚固长度的基本要求是什么？钢筋套筒灌浆连接接头有怎样的试验要求？

第 12 章　结构拆分设计

12.1　概述

拆分设计是装配式混凝土建筑设计中最关键的环节，对结构安全、建筑功能、建造成本影响非常大，也是最消耗人力、最容易出问题的环节。

本章介绍装配式混凝土建筑结构拆分设计，主要内容包括拆分设计原则（12.2），拆分设计步骤（12.3），拆分设计内容及总说明（12.4），拆分布置图（12.5），连接节点图（12.6）和拆分设计应用软件（12.7）。构件制作图设计见第 23 章。

12.2　拆分设计原则

拆分设计须遵循以下原则：

1. 符合标准和政策要求的原则

（1）符合标准规定　装配式混凝土建筑结构拆分设计应当依据国家标准、行业标准和项目所在地的地方标准。

（2）符合地方政策　有些地方政府制定了具体的装配式建筑政策：或要求预制外墙面积比达到一定比例；或强调三板（预制楼梯板、叠合楼板、预制墙板）的应用比例等。拆分设计须符合这些要求。

2. 各专业各环节协同原则

结构拆分设计须兼顾建筑功能、艺术、结构合理性、制作、运输、安装环节的可行性和便利性等，也包含对约束条件的调查和经济分析。拆分应当在各环节技术人员协作下完成。

3. 结构合理性原则

从结构合理性考虑，拆分原则如下：

1）结构拆分应考虑结构的合理性。

2）构件接缝选在应力小的部位。

3）高层建筑柱梁结构体系套筒连接节点应避开塑性铰位置，见第 10 章图 10.3-4。

4）尽可能统一和减少构件规格。

5）相邻、相关构件拆分协调一致。如叠合板拆分与支座梁拆分需协调一致。

4. 符合制作、运输、安装环节约束条件原则

从安装效率和便利性考虑，构件越大越好，但必须考虑工厂起重机能力、模台或生产线尺寸、运输限高限宽限重约束、道路路况限制、施工现场塔式起重机或其他起重机能力限制等。

（1）吊运重量约束条件　表 12.2-1 给出了工厂及工地常用起重设备对构件重量限制。

表 12.2-1　工厂及工地常用起重设备对构件重量限制

环节	设备	型号	可吊构件重量	可吊构件范围	说　明
工厂	桥式起重机	5t	4.2t（max）	柱、梁、剪力墙内墙板（长度 3m 以内）、外挂墙板、叠合板、楼梯、阳台板、遮阳板等	要考虑吊装架及脱模吸附力
		10t	9t（max）	双层柱、夹芯剪力墙板（长度 4m 以内）、较大的外挂墙板	要考虑吊装架及脱模吸附力
		16t	15t（max）	夹芯剪力墙板（4～6m）、特殊的柱、梁、双连藕梁、十字连藕梁、双 T 板	要考虑吊装架及脱模吸附力
		20t	19t（max）	夹芯剪力墙板（6m 以上）、超大预制板、双 T 板	要考虑吊装架及脱模吸附力
工地	塔式起重机	QTZ80（5613）	1.3～8t（max）	柱、梁、剪力墙内墙（长度 3m 以内）、夹芯剪力墙板（长度 3m 以内）、外挂墙板、叠合板、楼梯、阳台板、遮阳板	可吊重量与吊臂工作幅度有关，8t 工作幅度是在 3m 处；1.3t 工作幅度是在 56m 处
		QTZ315（S315K16）	3.2～16t（max）	双层柱、夹芯剪力墙板（长度 3～6m）、较大的外挂墙板、特殊的柱、梁、双连藕梁、十字连藕梁	可吊重量与吊臂工作幅度有关，16t 工作幅度是在 3.1m 处；3.2t 工作幅度是在 70m 处
		QTZ560（S560K25）	7.25～25t（max）	夹芯剪力墙板（6m 以上）、超大预制板、双 T 板	可吊重量与吊臂工作幅度有关，25t 工作幅度是在 3.9m 处；9.5t 工作幅度是在 60m 处

注：本表数据可作为设计大多数构件时参考，如果有个别构件大于此表重量，工厂可以临时用大吨位汽车式起重机；对于工地，当吊装高度在汽车式起重机高度限值内时，也可以考虑汽车式起重机。塔式起重机以本系列中最大臂长型号作为参考，制作该表，以塔式起重机实际布置为准。本表剪力墙板是以住宅为例。

（2）尺寸约束条件

1）运输尺寸约束条件。表 12.2-2 给出了装配式建筑部品部件运输限制。

表 12.2-2　装配式建筑部品部件运输限制

情　况	限制项目	限制值	部品部件最大尺寸与质量			说　明
			普通车	低底盘车	加长车	
正常情况	高度/m	4m	2.8m	3m	3m	
	宽度/m	2.5m	2.5m	2.5m	2.5m	
	长度/m	13m	9.6m	13m	17.5m	
	重量/t	40t	8t	25t	30t	
特殊审批情况	高度/m	4.5m	3.2m	3.5m	3.5m	高度 4.5m 是从地面算起总高度
	宽度/m	3.75m	3.75m	3.75m	3.75m	总宽度是指货物总宽度
	长度/m	28m	9.6m	13m	28m	总长度是指货物总长度
	重量/t	100t	8t	46t	100t	重量是指货物总重量

注：本表未考虑桥梁、隧洞、人行天桥、道路转弯半径等条件对运输的限制。

除了车辆限制外，还需要调查道路转弯半径、途中隧道或过道电线通信线路的限高等。

2）工厂生产模台尺寸约束条件。表 12.2-3 给出了工厂模台尺寸对预制构件的尺寸限制。

表 12.2-3　工厂模台尺寸对预制构件的尺寸限制

工　艺	限 制 项 目	常规模台尺寸	构件最大尺寸	说　　明
固定模台	长度/m	12m	11.5m	主要考虑生产框架体系的梁，也有 14m 长的但比较少
	宽度/m	4m	3.7m	更宽的模台要求订制更大尺寸的钢板，不易实现，费用高
	允许高度/m	—	没有限制	如立式浇筑的柱子可以做到 4m 高，窄高形的模具要特别考虑模具的稳定性，并进行倾覆力矩的验算
流水线	长度/m	9m	8.5m	模台越长，流水作业节拍越慢
	宽度/m	3.5m	3.2m	模台越宽，厂房跨度越大
	允许高度/m	0.4m	0.4m	受养护窑层高的限制

注：本表数据可作为设计大多数构件时的参考，如果有个别构件大于此表的最大尺寸，可以采用独立模具或其他模具制作。但构件规格还要受吊装能力、运输规定的限制。

3）构件形状约束条件。三维立体构件制作和运输都会麻烦一些，圆形截面柱生产比矩形截面柱困难得多。构件拆分设计时应尽量地将异形构件规则化、空间构件平面化进行设计。

5. 经济性原则

拆分对成本影响非常大，成本高背离了搞装配式的宗旨。拆分设计人员必须遵循经济性原则，进行多方案比较，给出经济上可行的拆分设计。尽可能减少构件规格是最重要的经济性原则。

12.3　拆分设计步骤

拆分设计步骤如图 12.3-1 所示。

12.4　拆分设计内容及总说明

12.4.1　拆分设计内容

1. 拆分设计主要内容

1）拆分界线确定。

2）连接节点设计。

3）预制构件设计。

2. 拆分设计图构成

1）拆分设计总说明。

2）拆分布置图。

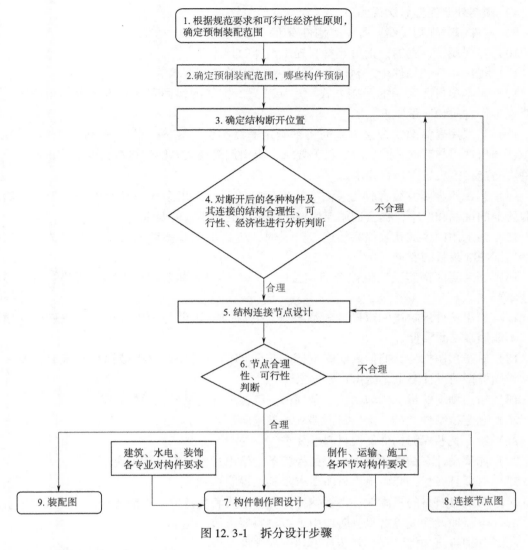

图 12.3-1　拆分设计步骤

3）连接节点图。

4）构件制作图。

12.4.2　拆分设计图总说明

拆分设计图总说明包括以下内容：

1）设计所依据的规范标准，所采用的图集，依据的政策文件及批文文件等。

2）项目所采用的装配式结构体系，相关的技术指标和条件说明，如抗震等级，环境类别，基本风压及地面粗糙度类别等。

3）项目预制率、装配率指标要求及指标落实情况说明。

4）预制构件类型说明及预制构件使用楼层分布范围说明。

5）预制混凝土装饰面工艺说明。

6）预制外墙是否采用窗框一体化预埋说明。

7）预制混凝土外墙防水做法说明。

8）预制外墙保温做法说明。

9）构件编号规则说明，每一类构件有唯一的编号标识。

10）对混凝土、钢筋、钢材等材料提出设计的具体要求。

11）提出对各类构件生产制作和检验要求，误差控制要求等。

12）对本项目所采用的连接方式、连接节点、钢筋的锚固和连接方案等作出说明，提出对连接件材质和质量要求。

13）当采用套筒灌浆连接方式时，须确定套筒类型、规格、材质等提出力学物理性能要求，提出选用与套筒适配的灌浆料的要求，提出钢筋灌浆套筒连接接头的抗拉试验要求及每种规格连接接头试件数量要求。

14）当采用金属波纹管成孔浆锚搭接连接方式时，给出金属波纹管的材质要求，给出试验验证的说明和要求，提出选用与浆锚搭接适配的灌浆料的要求。

15）当采用内模成孔浆锚搭接连接方式时，应给出试验验证的要求，提出选用与浆锚搭接适配的灌浆料的要求。

16）当后浇区钢筋采用机械套筒连接时，应对选择机械套筒的类型、规格、材质等提出技术要求。

17）给出构件保护层间隔件的材质要求，特别是清水混凝土构件钢筋间隔件的材质要求，不能用金属间隔件。

18）对于预制构件钢筋伸入支座锚固长度不够的情况，采用机械锚固措施时，要给出机械锚固类型的设计要求，给出材质要求。

19）给出预埋螺母、预埋螺栓、预埋吊点等预埋件的材质和规格要求。

20）确定拉结件类型，给出材质要求和试验验证要求。

21）给出夹芯保温构件保温材料的要求。

22）如果设计有粘在预制构件上的橡胶条，给出材质要求及相关说明。

23）对反打石材、瓷砖提出材质要求及相关说明。

24）对反打石材的隔离剂、不锈钢挂钩提出材质和物理力学性能要求。

25）电器埋设管线等材料，防雷引下线材料要求等。

26）分别给出构件脱模、安装需要达到的强度要求。

27）给出构件质量检查、堆放和运输支撑点位置与方式的说明和要求。

28）给出构件安装后临时支撑的位置、方式，给出临时支撑可以拆除的条件或时间要求。

29）对吊点材质、规格、强度等给出说明和要求，对吊点的受力方式等提出说明和要求。

30）对各类预制构件、部品构件的吊装方案给出说明和设计要求等。

12.5　拆分布置图

拆分布置图包括平面拆分布置图、立面拆分布置图和剖面拆分图。

1. 平面拆分布置图

在平面布置图中，需要绘制出完整的预制构件范围，给出预制构件的完整信息以及详图索引等具体内容（图12.5-1），需要符合以下具体要求：

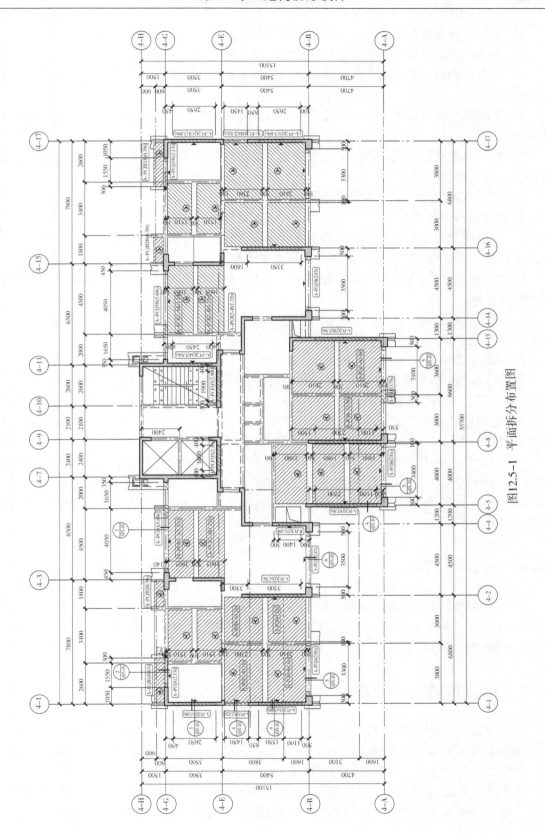

图12.5-1　平面拆分布置图

1）平面拆分布置图给出一个标准层的拆分布置，并标明适用的楼层范围。

2）凡是布置不一样或拆分有差异的楼层都应当另行给出该楼层拆分布置图。

3）平面面积较大的建筑，除整体完整的拆分布置图外，还可以分成几个区域给出区域拆分布置图。

4）需要在平面布置图中给出构件类型、构件尺寸标注、构件重量、构件安装方向等具体信息。

5）构件名称宜包含预制构件的位置信息、对称信息、结构信息，以方便生产管理、运输存放及施工管理。

6）在平面布置图中给出必要的详图索引号。

2. 立面拆分布置图

1）东西南北四个立面宜分别给出立面拆分布置图，各立面布置图要表达各层预制构件的外轮廓线、拼缝线，门、窗、洞口及外部装饰线条等信息。

2）立面图上需将现浇部分与预制部分清晰区分开，每块预制构件的名称需表达准确且与平面图一致。

3）给出建筑两端或分段的轴线轴号信息；给出各层的标高线及标高，给出每层预制构件的竖向尺寸关系。

3. 剖面拆分图

剖面拆分图是拆分图极为重要的图样内容，能反映构件与主体结构的相对关系。

1）原则上每一个预制墙都应给出墙身剖面图，剖面关系一致时则同一个墙身索引号。

2）剖切位置应选择该墙身有代表性的位置，如孔、洞、槽位置（孔、洞、槽若有对称性则经过其中心线）。

3）墙身剖面图中应将预制构件之间及预制构件与主体结构之间的相对关系尺寸准确标注绘出，绘出各层层高及每层预制构件间的竖向尺寸关系。

4）对于在墙身剖面图上不能清晰表达的一些细部构造节点，需通过详图索引后另行绘制索引详图。

12.6　连接节点图

连接节点图就是把装配式混凝土结构连接做法、构造等局部细节采用较大比例（通常采用20∶100 的比例）的图绘制出来，详细表达出节点所集成项之间的相互关系、构造做法、尺寸、材料规格等信息。

12.7　拆分设计应用软件

目前，拆分设计可利用的软件包括 PKPM、Tekla、All Plan、盈建科等软件。下面对基于 BIM 的装配式建筑设计软件系统 PKPM-PC 做一些简介，以方便了解软件工具的应用。

装配式结构拆分设计软件应用流程如图 12.7-1 所示。

基于 BIM 的设计拆分软件要实现预制构件库的建立、构件拆分与预拼装、全专业协同设计、构件深化与详图生成、碰撞检查、材料统计等，设计数据可直接接力到生产加工设备。PKPM-PC 是基于 PKPM-BIM 平台按照装配式建筑全产业链集成应用模式研发的，是装配式结构拆分设计的工具软件。

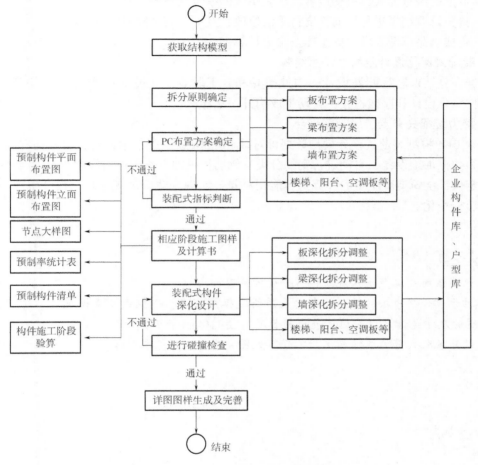

图 12.7-1　PKPM-PC 装配式设计应用流程

软件主要功能：

1. 开放的预制构件库

按照模数化与标准化理念建立的标准构件库，为装配式设计与生产加工提供基础单元。

1）内置满足国标要求构件库及附件库，包括各种结构体系的墙、板、楼梯、阳台、梁、柱等辅助装配式住宅标准化。

2）提供自定义构件功能，可定义各类非国标构件。

2. 提供设计院设计流程

（1）装配式方案设计

1）通过多种建模方式完成装配式 BIM 模型建立，在三维模式下辅助装配式拆分设计。

2）内置全国多个重点城市预制指标统计算法，可自选参与预制率统计的构件类型。

3）简洁化功能菜单，规范装配式设计深化流程。

（2）结构整体分析与设计　针对装配式结构完成现浇部分地震内力放大、现浇部分与预制部分承担的规定水平力地震剪力百分比统计、叠合梁纵向抗剪计算、构件接缝处的受剪承载力计算等。

（3）生成满足审图要求的施工图及报审计算书

1）灵活的编号方式，可适应各设计院不同的编号规则。

2）接力计算结果进行配筋，支持平法修改，且可与三维模型实时联动。

3）生成满足审图要求的施工图及报审计算书。

3. 装配式深化设计及构件详图绘制

根据计算结果进行配筋设计、构件验算和施工验算，通过 BIM 平台集成各专业模型，完成构件深化设计和碰撞检查，自动生成构件深化详图。

4. 接力装配式智慧工厂管理平台

基于 BIM 模型装配式设计模型数据可对接 PKPM-PC 生产管理系统，预制构件模型信息直接接力数控加工设备，自动进行钢筋分类、钢筋机械加工、构件边模摆放、管线开孔信息的画线定位、浇筑混凝土量的计算与智能化浇筑，实现企业管理规范化，设计生成一体化，工厂生产标准化。

 思考题

1. 简述装配式混凝土建筑结构拆分设计须遵循的原则。

2. 对于叠合梁楼板的拆分，考虑采用固定模台生产，平躺式正常情况运输时，拆分设计时合适的尺寸是什么（板边底筋出筋长度均按 110mm 计算）？

3. 简述装配式剪力墙结构平面拆分布置图需要表达的基本内容。

第13章 楼盖设计

13.1 概述

不同结构体系的装配式混凝土建筑可能采用同样的楼盖，钢结构建筑也可采用预制混凝土楼盖。

本章介绍楼盖类型（13.2），楼盖设计内容（13.3），楼盖拆分（13.4），普通叠合楼盖设计（13.5），预应力叠合楼盖设计（13.6），全预制楼盖设计（13.7）。

13.2 楼盖类型

装配式混凝土建筑楼盖包括叠合楼盖、全预制楼盖和现浇楼盖。

叠合楼板是由预制板和现浇混凝土层叠合而成的装配整体式楼板。预制板既是楼板结构的组成部分之一，又是现浇混凝土叠合层的永久性模板。

叠合楼盖适用于装配整体式建筑，全预制楼盖适用于全装配式建筑，现浇楼盖适用于装配整体式建筑的现浇部分，如转换层、屋顶、卫生间等不适宜预制的部位。

楼盖由楼板组成，表13.2-1汇总了各种楼板，给出了适用范围、基本尺寸、示意图等。

13.3 楼盖设计内容

装配式混凝土建筑楼盖设计内容包括：

1）确定现浇楼盖和预制楼盖的范围。

2）选用楼盖类型。

3）进行楼盖拆分设计。

4）根据所选楼板类型及其与支座的关系，确定计算简图，进行结构分析和计算。

5）进行楼板连接节点、板缝构造设计。

6）进行支座节点设计。

7）进行吊点布置与设计。

8）进行预制楼板构件制作图设计。

9）给出施工安装阶段预制板临时支撑的布置和要求。

10）将预埋件、预埋物、预留孔洞汇集到楼板制作图中，避免与钢筋干扰。

表 13.2-1　预制混凝土楼板类型与使用范围

序号	品名	图示	厚度	跨度	宽度	单独使用	叠合使用图示	适用范围
1	实心板	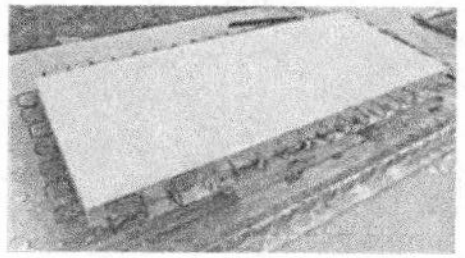	120mm 和 150mm	4.2m 以下	0.6m	可	—	小跨度的低层建筑
2	叠合板		60mm	6m 以下	3.5m 以下	不可	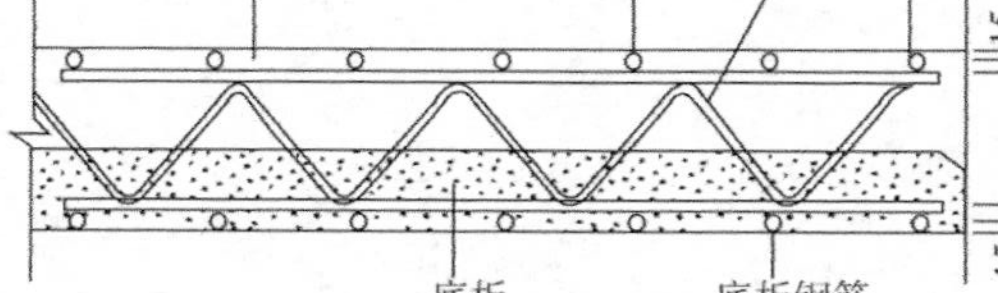	各种结构体系
3	预应力叠合肋板（有架立筋）		42.6mm	16m 以下	2m	不可	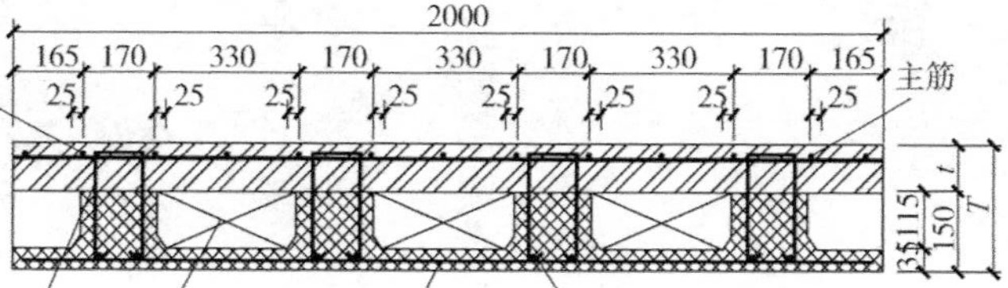	各种结构体系

（续）

序号	品名	图示	厚度	跨度	宽度	单独使用	叠合使用图示	适用范围
4	预应力叠合肋板（无架立筋）		42.6mm	16m以下	2m	不可	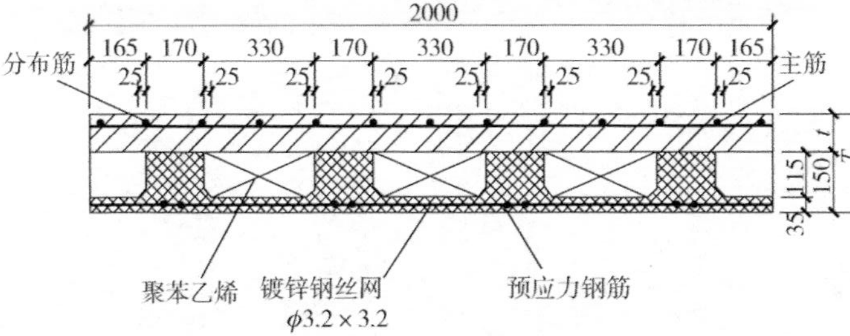 主筋、预应力钢筋、镀锌钢丝网 φ3.2×3.2、聚苯乙烯、分布筋	各种结构体系
5	空心板	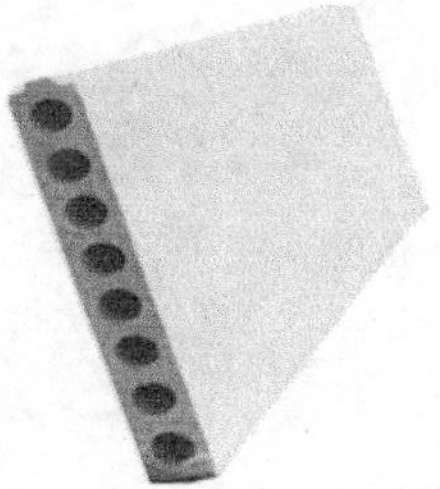	100~380mm	18m以下	1.2m	可	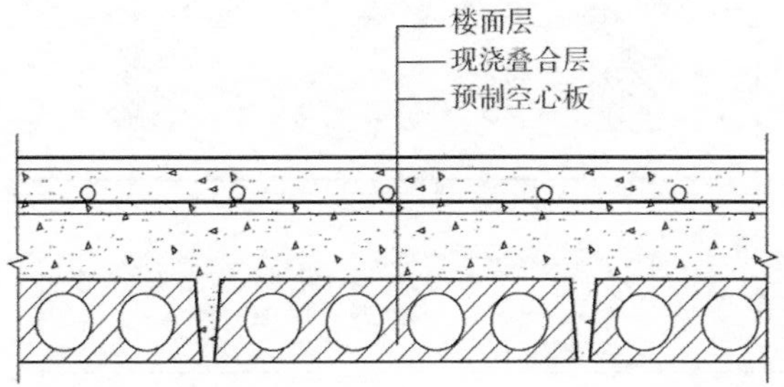 楼面层、现浇叠合层、预制空心板	跨度较大的低层建筑
6	双T板	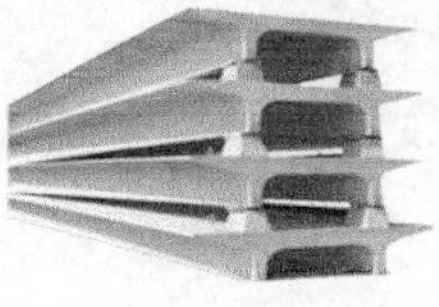	变数	24m以下	2.4m	可	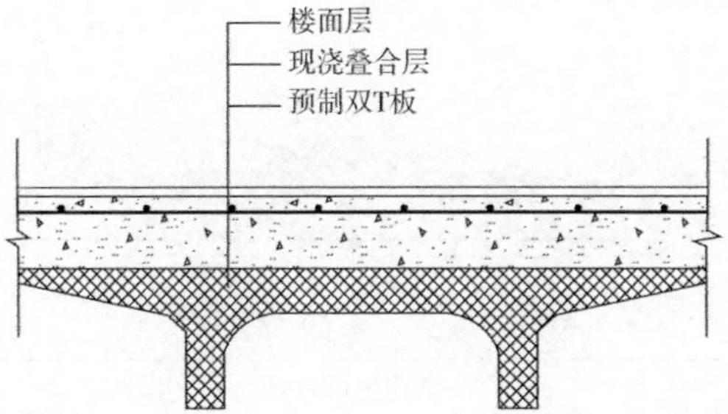 楼面层、现浇叠合层、预制双T板	大跨度的工业厂房、车库、公共建筑

（续）

序号	品名	图示	厚度	跨度	宽度	单独使用	叠合使用图示	适用范围
7	槽形板	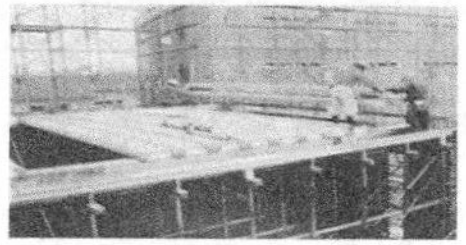	150mm 和 180mm	16m 以下	1m	可	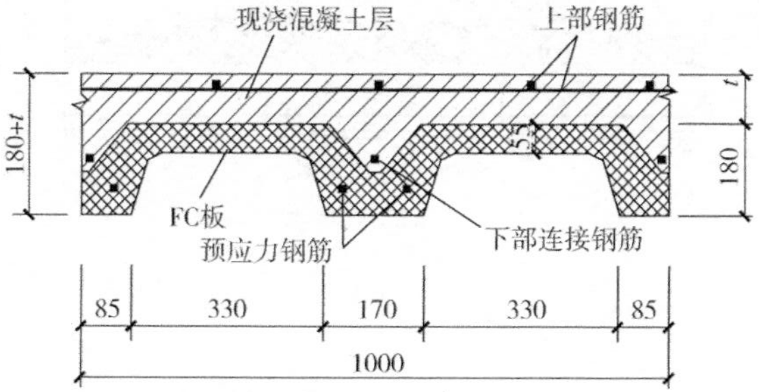 上部钢筋　下部连接钢筋　现浇混凝土层　FC板　预应力钢筋	各种结构体系
8	倒槽形板	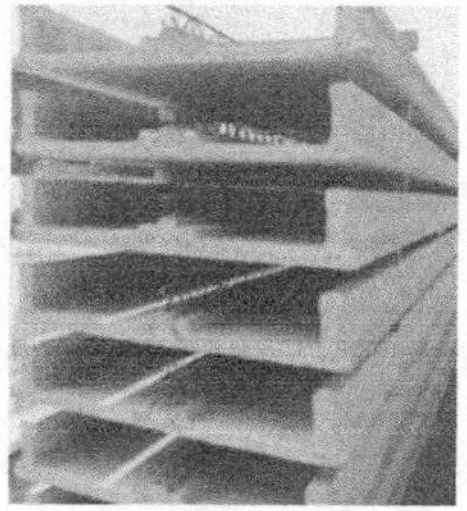				不可	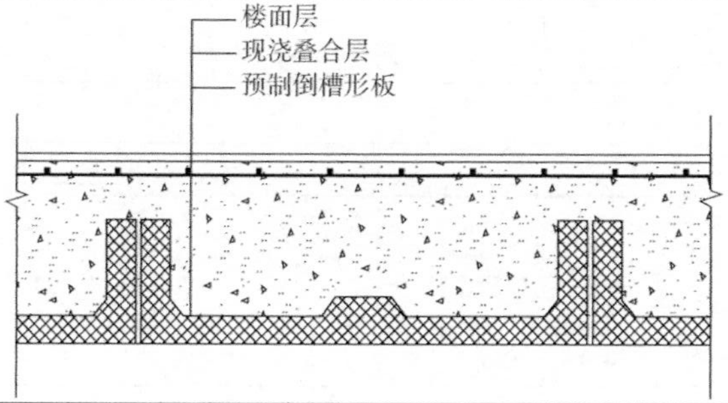 楼面层叠合层　现浇叠合层　预制倒槽形板	大跨度的厂房屋面板
9	圆孔箱形板（华夫板）	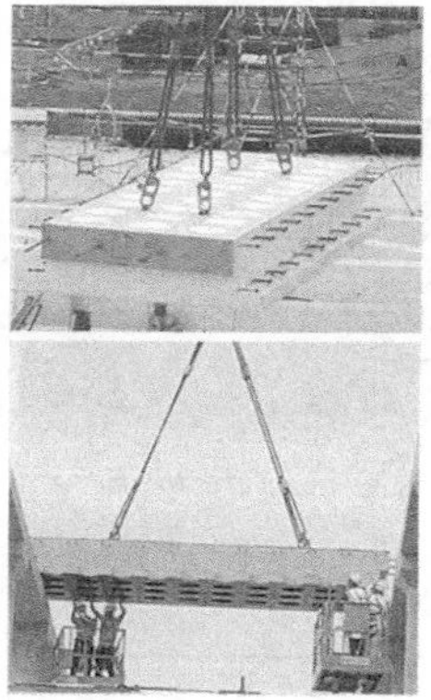	700mm 和 1000mm	6.4m	2.4m	可	—	高洁净厂房楼面

13.4　楼盖拆分

13.4.1　现浇楼盖范围

宜现浇楼盖范围包括：

1）结构转换层和作为上部结构嵌固部位的楼层或地下室。

2）开洞较大的楼层。

3）屋面层和平面受力复杂的楼层（如果采用叠合楼盖，楼板的后浇混凝土叠合层厚度不应小于100mm，且后浇层内应采用双向通长配筋，钢筋直径不宜小于8mm，间距不宜大于200mm）。

4）通过管线较多的楼板，如电梯间、前室。

5）局部下沉的不规则楼板，如卫生间。

13.4.2　楼盖选用与拆分原则

1. 选用原则

选用楼盖须根据建筑功能需要、结构类型、跨度、构件厂家条件、经济性和便利性等要求。

2. 拆分原则

楼盖拆分原则包括：

1）在板的次要受力方向拆分，也就是板缝应当垂直于板的长边，如图13.4-1所示。

2）在板的受力小的部位分缝，如图13.4-2所示。

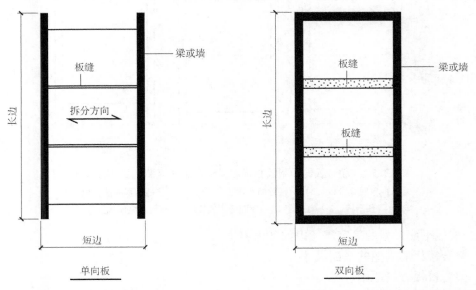

图 13.4-1　板的拆分方向　　　　　　图 13.4-2　板分缝适宜的位置

3）板的宽度不超过运输超宽的限制和工厂生产线模台宽度的限制。一般不超过3.5m。

4）尽可能统一或减少板的规格。

5）有管线穿过的楼板，拆分时须考虑避免管线与钢筋或桁架筋冲突。

6）顶棚无吊顶时，板缝应避开灯具、接线盒或吊扇位置。

13.5　普通叠合楼盖设计

普通叠合楼盖是非预应力叠合楼盖，是应用最广泛的楼板。

13.5.1　规范的一般规定

1）叠合板的预制板厚度不宜小于60mm，后浇混凝土叠合层厚度不应小于60mm。

2）当叠合板的预制板采用空心板时，板端空腔应封堵。

3）跨度大于3m的叠合板，宜采用钢筋混凝土桁架筋叠合板。

4）跨度大于6m的叠合板，宜采用预应力混凝土叠合板。

5）厚度大于180mm的叠合板，宜采用混凝土空心板。

13.5.2　单向板与双向板

叠合板设计分为单向板和双向板两种情况，根据接缝构造、支座构造和长宽比确定。

当预制板之间采用分离式接缝时（图13.4-1），宜按单向板设计；对长宽比不大于3的四边支承叠合板，当其预制板之间采用整体式接缝（图13.4-2）或无接缝时，可按双向板计算。叠合板的预制板布置形式示意如图13.5-1所示。

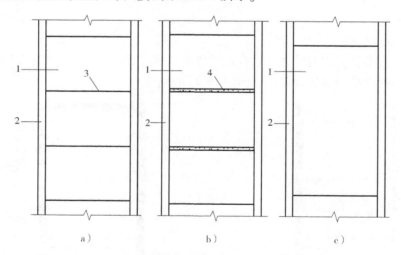

图13.5-1　叠合板的预制板布置形式示意图（《装规》图6.6.3）

a）单向叠合板　b）带接缝的双向叠合板　c）无接缝的双向叠合板

1—预制板　2—梁或墙　3—板侧分离式接缝　4—板侧整体式接缝

叠合楼板平面尺寸的确定需考虑如下内容：

1）叠合楼板的支座的平面尺寸。

2）叠合楼板分缝原则。

3）叠合楼板工厂生产模台尺寸。

4）运输宽度限制。

欧洲和日本叠合楼板均为单向板，规格化产品，板侧不出筋。即使符合双向板条件的叠合楼板也同样做成单向板，如此给自动化生产带来很大的便利。双向板虽然在配筋上较单向板节省，但如果板侧四面都要出筋，现场浇筑混凝土后浇带，代价更大，得不偿失。

13.5.3　板缝对内力分布的影响

板缝分为分离式和整体式两种情况。见第 13.5.6 小节图 13.5-4 和图 13.5-5。

现浇混凝土楼盖没有接缝，只要长宽比不大于 2 都按双向板计算。叠合楼盖在长宽比不大于 2 时，如果采用图 13.5-4 的分离式接缝，就按照单向板设计。尽管按照单向板计算，但实际上叠合层的钢筋伸入了侧向支座，会有内力分配给侧梁，对其刚度会产生影响，对此应进行分析。

13.5.4　叠合楼板计算

1）规范未给出叠合楼板计算的具体要求，其平面内抗剪、抗拉和抗弯设计验算可按常规现浇楼板进行。

叠合楼板底板大都设立桁架钢筋，以增加板的刚度和抗剪能力。当桁架钢筋布置方向为主受力方向时，预制底板受力钢筋计算方式等同现浇楼板，桁架下弦杆钢筋等同板底受力钢筋。

叠合板预制板一般多层存放，安装后需临时支撑，设计应给出存放和支撑的支撑点位置，允许叠放几层（一般不超过 6 层），并对多层存放和临时支撑时的施工荷载进行验算。

2）叠合面和板端连接计算。辽宁省装配式建筑的地方规程给出了叠合板的叠合面和板端连接处的抗剪强度验算规定，可供读者参考：

①对叠合面未配置抗剪钢筋的叠合板，当叠合面粗糙度符合构造要求时，叠合面受剪强度应符合下式要求：

$$\frac{V}{bh_0} \le 0.4\,(\text{N/mm}^2) \qquad (13.5\text{-}1)（《辽装规》式 6.6.15\text{-}1）$$

式中　V——竖向荷载作用下支座剪力设计值（N）；

　　　b——叠合面的宽度（mm）；

　　　h_0——叠合面的有效高度（mm）。

②预制板的板端与梁、剪力墙连接处，叠合板端竖向接缝的受剪承载力应符合下式要求：

$$V \le 1.65A_{sd}\sqrt{f_c f_y (1 - a^2)} \qquad (13.5\text{-}2)（《辽装规》式 6.6.15\text{-}2）$$

式中　V——竖向荷载作用下单位长度内板端边缘剪力设计值；

　　　A_{sd}——垂直穿过结合面的所有钢筋的面积，当钢筋与结合面法向夹角为 θ 时，乘以 $\cos\theta$ 折减；

　　　f_c——预制构件混凝土轴心抗压强度设计值；

　　　f_y——垂直穿过结合面钢筋抗拉强度设计值；

　　　α——板端负弯矩钢筋拉应力标准值与钢筋强度标准值之比，钢筋的拉应力可按下式计算：

$$\sigma_s = \frac{M_s}{0.87h_0 A_s} \qquad (13.5\text{-}3)（《辽装规》式 6.6.15\text{-}3）$$

式中　M_s——按标准组合计算的弯矩值；

　　　h_0——计算截面的有效高度，当预制底板内的纵向受力钢筋伸入支座时，计算截面取叠合板厚度；当预制底板内的纵向受力钢筋不伸入支座时，计算截面取后浇叠合层厚度；

A_s——板端负弯矩钢筋的面积。

13.5.5 支座节点设计

1）叠合楼板支座处纵向钢筋

①叠合板支座处，预制板内的纵向受力钢筋宜从板端伸出并锚入支承梁或墙的后浇混凝土中，锚固长度不应小于 $5d$（d 为纵向受力钢筋直径），且宜过支座中心线（图 13.5-2a）。

②单向叠合板的板侧支座处，当预制板内的板底分布钢筋伸入支承梁或墙的后浇混凝土中时应符合①的要求；当板底分布钢筋不伸入支座时，宜在紧邻预制板顶面的后浇混凝土叠合层中设置附加钢筋，附加钢筋截面面积不宜小于预制板内的同向分布钢筋面积，间距不宜大于 600mm，在板的后浇混凝土叠合层内锚固长度不应小于 $15d$，在支座内锚固长度不应小于 $5d$（d 为附加钢筋直径），且宜过支座中心线（图 13.5-2b）。

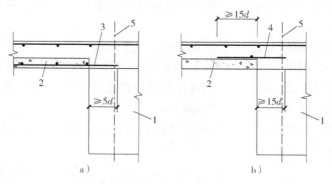

图 13.5-2　叠合板端及板侧支座构造示意（《装规》图 6.6.4）

a）板端支座　b）板侧支座

1—支撑梁或墙　2—预制板　3—纵向受力钢筋　4—附加钢筋　5—支座中心

2）当桁架钢筋混凝土叠合楼板的后浇混凝土叠合层厚度不小于 100mm 且不小于预制板厚度的 1.5 倍时，支承端预制板内纵向受力钢筋可采用间接搭接方式锚入支承梁或墙的后浇混凝土中（图 13.5-3），并应符合下列规定：

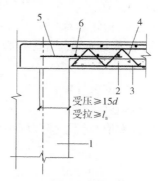

图 13.5-3　桁架钢筋混凝土叠合楼板板端构造示意

（《装标》图 5.5.3）

1—支承梁或墙　2—预制板　3—板底钢筋　4—桁架钢筋　5—附加钢筋　6—横向分布钢筋

①附加钢筋截面面积应通过计算确定，且不应少于受力方向跨中板底钢筋面积的 1/3。

②附加钢筋直径不宜小于 8mm，间距不宜大于 250mm。

③当附加钢筋为构造钢筋时，伸入楼板的长度不应小于与板底钢筋的受压搭接长度，伸入支座的长度不应小于 15d（d 为附加钢筋直径）且宜伸过支座中心线；当附加钢筋承受拉力时，伸入楼板的长度不应小于与板底钢筋的受拉搭接长度，伸入支座的长度不应小于受拉钢筋锚固长度。

④垂直于附加钢筋的方向应布置横向分布钢筋，在搭接范围内不宜少于 3 根，且钢筋直径不宜小于 6mm，间距不宜大于 250mm。

13.5.6　接缝构造设计

叠合板之间连接分为分离式接缝和整体式接缝连接。

1）单向叠合板板侧的分离式接缝宜配置附加钢筋，并应符合下列规定：

①接缝处紧邻预制板顶面宜设置垂直于板缝的附加钢筋，附加钢筋伸入两侧后浇混凝土叠合层的锚固长度不应小于 15d（d 为附加钢筋直径）。

②附加钢筋截面面积不宜小于预制板中该方向钢筋面积，钢筋直径不宜小于 6mm，间距不宜大于 250mm，如图 13.5-4 所示。

2）双向叠合板板侧的整体式接缝宜设置在叠合板的次要受力方向上且宜避开最大弯矩截面，可设置在距支座 0.2L ~ 0.3L 尺寸的位置（L 为双向板次要受力方向净跨度）。接缝可采用后浇带形式，并应符合下列规定：

①后浇带宽度不宜小于 200mm。

②后浇带两侧板底纵向受力钢筋可在后浇带中焊接、搭接连接、弯折锚固。

③当后浇带两侧板底纵向受力钢筋在后浇带中弯折锚固时，应符合下列规定：

A. 叠合板厚度不应小于 10d（d 为弯折钢筋直径的较大值），且不应小于 120mm。

B. 接缝处预制板侧伸出的纵向受力钢筋应在后浇混凝土叠合层内锚固，且锚固长度不应小于 l_a；两侧钢筋在接缝处重叠的长度不应小于 10d，钢筋弯折角度不应大于 30°，弯折处沿接缝方向应配置不少于 2 根通长构造钢筋，且直径不应小于该方向预制板内钢筋直径，如图 13.5-5 所示。

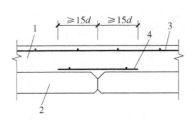

图 13.5-4　单向叠合板板侧分离式拼缝构造示意图
（《装规》图 6.6.5）
1—后浇混凝土叠合层　2—预制板
3—后浇层内钢筋　4—附加钢筋

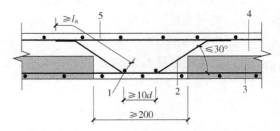

图 13.5-5　双向叠合板整体式接缝构造示意图
（《装规》图 6.6.6）
1—通长构造筋　2—纵向受力钢筋　3—预制板
4—后浇混凝土叠合层　5—后浇层内钢筋

3）双向叠合板板侧的整体式接缝宜设置在叠合板的次要受力方向上且宜避开最大弯矩截面。接缝可采用后浇带形式（图 13.5-6），并应符合下列规定：

①后浇带宽度不宜小于200mm。

②后浇带两侧板底纵向受力钢筋可在后浇带中焊接、搭接连接、弯折锚固、机械连接。

③当后浇带两侧板底纵向受力钢筋在后浇带中搭接连接时，应符合下列规定：

A. 预制板板底外伸钢筋为直线形（图13.5-6a）时，钢筋搭接长度应符合现行国家标准《混凝土结构设计规范》（GB 50010）的规定。

B. 预制板板底外伸钢筋端部为90°或135°弯钩（图13.5-6b、c）时，钢筋搭接长度应符合现行国家标准《混凝土结构设计规范》（GB 50010）有关钢筋锚固长度的规定，90°和135°弯钩钢筋弯后直段长度分别为12d和5d（d为钢筋直径）。

4）当有可靠依据时，后浇带内的钢筋也可采用其他连接方式。

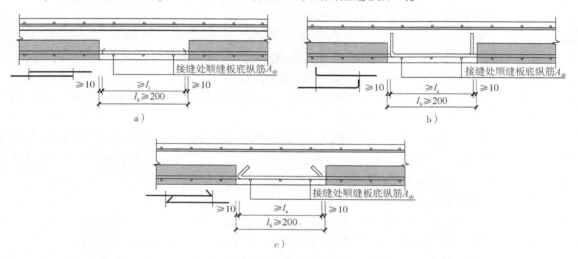

图13.5-6　双向叠合板整体式接缝构造示意图（国标图集15G 310—1）

a）板底纵筋直线搭接　b）板底纵筋末端带90°弯钩搭接　c）板底纵筋末端带135°弯钩搭接

13.5.7　有桁架钢筋的普通叠合板

普通叠合楼板预制底板桁架钢筋（图13.5-7）通过计算配置，构造规定如下：

1）桁架钢筋沿主要受力方向布置。

2）桁架钢筋距离板边不应大于300mm，间距不宜大于600mm。

3）桁架钢筋弦杆钢筋直径不宜小于8mm，腹杆钢筋直径不应小于4mm。

4）桁架钢筋弦杆混凝土保护层厚度不应小于15mm。

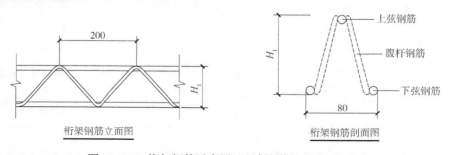

图13.5-7　桁架钢筋示意图（国标图集15G 366—1）

13.5.8　没有桁架钢筋的普通叠合板

1）当未设置桁架钢筋时，在下列情况下，叠合板的预制板与后浇混凝土叠合层之间应设置抗剪构造钢筋：

①单向叠合板跨度大于 4.0m 时，距支座 1/4 跨范围内。

②双向叠合板短向跨度大于 4.0m 时，距四边支座 1/4 短跨范围内。

③悬挑叠合板。

④悬挑叠合板的上部纵向受力钢筋在相邻叠合板的后浇混凝土锚固范围内。

2）叠合板的预制板与后浇混凝土叠合层之间设置的抗剪构造钢筋应符合下列规定：

①抗剪构造钢筋宜采用马镫形状，间距不大于 400mm，钢筋直径 d 不应小于 6mm。

②马镫钢筋宜伸到叠合板上、下部纵向钢筋处，预埋在预制板内的总长度不应小于 $15d$，水平段长度不应小于 50mm。

辽宁地方标准给出了叠合板设置构造钢筋示意图（图 13.5-8）。

13.5.9　板的构造

叠合楼板构造包括预制板的边角构造，叠合板支座构造，降板构造等。

1. 板边角构造

叠合板侧边上部边角做成 45°倒角。单向板上下都做，双向板只上部做成（图 13.5-9）。对于有吊顶的屋盖，单向板下部倒角也可以不做。

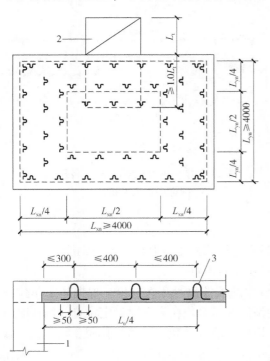

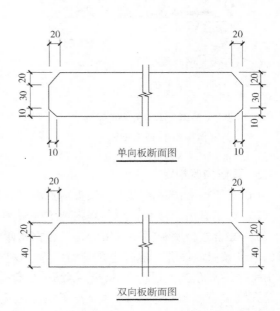

图 13.5-8　叠合板设置构造钢筋示意图　　　图 13.5-9　叠合板边角构造（国标图集 15G366—1）

（《辽装规》图 6.6.9）

1—梁或墙　2—悬挑板　3—抗剪构造钢筋

2. 叠合板支座构造

（1）双向板和单向板的端支座　单向板和双向板的板端支座的节点是一样的，负弯矩钢筋伸入支座转直角锚固，下部钢筋伸入支座中心线处，如图 13.5-2 所示。

（2）双向板侧支座　双向板每一边都是端支座，不存在所谓的侧支座，如果习惯把长边支座称为侧支座，其构造也与端支座完全一样，即按照图 13.5-2 的构造操做。

（3）单向板侧支座　单向板的侧支座有两种情况，一种情况是板边"侵入"墙或梁10mm，如端支座一样；一种情况是板边距离墙或梁有一个缝隙 δ，如图 13.5-10 所示。单向板侧支座与端支座的不同就是在底板上表面伸入支座一根附加钢筋。

（4）中间支座构造　中间支座有多种情况：墙或梁的两侧是单向板还是双向板，支座对于两侧的板是端支座还是侧支座，如果是侧支座，是无缝支座还是有缝支座。

中间支座的构造设计有以下几个原则：

1）上部负弯矩钢筋伸入支座不用转弯，而是与另一侧板的负弯矩钢筋共用一根钢筋。

2）底部伸入支座的钢筋与端部支座或侧支座一样伸入即可。

3）如果支座两边的板都是单向板侧边，连接钢筋合为一根；如果有一个板不是，则与板侧支座图 13.5-10 一样，伸到中心线位置。

中间支座两侧都是单向板侧边的情况如图 13.5-11 所示。

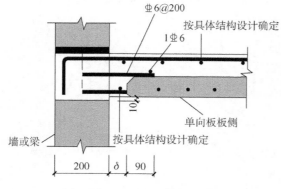

图 13.5-10　单向板侧支座构造
（国标图集 15 G366—1）

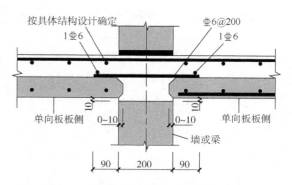

图 13.5-11　单向板侧边中间支座构造
（国标图集 15G366—1）

3. 其他构造规定

1）对于没有吊顶的楼板，楼板需预埋灯具吊点与接线盒等，避开板缝与钢筋。

2）对于有吊顶楼板，须预埋内埋式金属螺母和塑料螺母。

3）叠合楼板底板需要预留洞口，根据水暖专业的条件预留套管洞口，根据施工单位提供的条件预留放线孔、混凝土泵管洞口等，这些预留洞口必须在设计时确定位置，制作时预留出来，不准在施工现场打孔切断钢筋，如叠合楼板钢筋网片和桁架筋与孔洞互相干扰，或移动孔洞位置，或调整板的拆分，实在无法避开再去调整钢筋布置。当洞口边长不大于300mm 时，根据国家标准图集《桁架钢筋混凝土叠合板》（15G 366—1）给出了局部放大钢筋网的大样图（图 13.5-12）；当洞口边长大于300mm 时，需要切断钢筋，应当采取钢筋补强措施（图 13.5-13）。

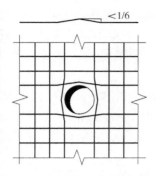

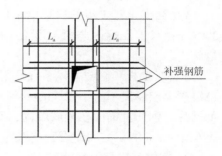

图 13.5-12　叠合板局部放大孔眼钢筋网构造图　　　　　　　图 13.5-13　洞口加强筋

4. 降板构造

叠合楼板降板处理构造如图 13.5-14 所示。

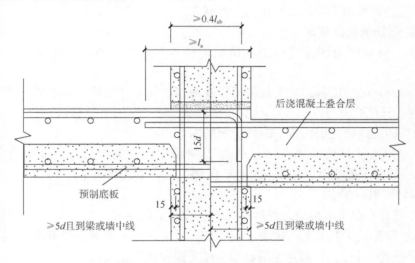

图 13.5-14　叠合楼板降板处理构造（国标图集 15G310—1）

13.6　预应力叠合楼盖设计

国家标准和行业标准没有给出预应力叠合板的设计规定。辽宁地方标准给出了预应力双 T 形叠合板的设计规定。

1. 基本规定

楼、屋面采用预应力混凝土双 T 板时，应符合下列规定：

1）应根据房屋的实际情况，选用适宜的结构体系，并符合现行国家标准《建筑抗震设计规范》（GB 50011）的有关规定。

2）双 T 板应支承在钢筋混凝土框架梁上，板跨小于 24m 时支承长度不宜小于 200mm；板跨不小于 24m 时支承长度不宜小于 250mm。

3）当楼层结构高度较小时，可采用倒 T 形梁及双 T 板端部肋局部切角；切角高度不宜大于双 T 板板端高度的 1/3，并应计算支座处的抗弯承载力，配置普通抗弯构造钢筋。

4）当支承双 T 板的框架梁采用倒 T 形梁时，支承双 T 板的框架梁挑耳厚度不宜小于 300mm；双 T 板端面与框架梁的净距不宜小于 10mm；框架梁挑耳部位应有可靠的补强措施。

5）双 T 板预制楼盖体系宜采用设置后浇混凝土层的湿式体系，也可采用干式体系；后浇混凝土层厚度不宜小于 50mm，并应双向配置直径不小于 6mm，间距不大于 150mm 的钢筋网片，钢筋宜锚固在梁或墙内；双 T 板与后浇混凝土叠合层的结合面，应设置凹凸深度不小于 4mm 的粗糙面或设置抗剪构造钢筋。

2. 抗拉连接与弹性状态

1）在湿式连接中不宜考虑混凝土和楼盖内部钢筋对楼盖整体性的贡献，应在结构的横向、纵向及周边提供可靠的抗拉连接，以有效地连接起结构的各个构件，不得使用仅依赖构件之间的摩擦力的连接形式。

2）双 T 板楼盖在地震作用下应保持弹性状态。

3. 双 T 板连接的具体规定

预应力双 T 板翼缘间的连接可采用湿式连接、干式连接和混合连接，并应符合下列规定：

1）连接件设计时，应将连接中除锚筋以外的其他部分（钢板、嵌条焊缝等）进行超强设计，以避免过早破坏。

2）翼缘间的连接尚应抵抗施工荷载引起的内力。

3）翼缘间的连接采用预埋八字筋件并于现场焊接固定时，八字筋的直径不宜小于 16mm，双 T 板的每一侧边至少应设置 2 处，间距不宜大于 2500mm。

4. 双 T 板开洞口的规定

当预应力混凝土双 T 板板面开设洞口时，应符合下列规定：

1）洞口宜设置在靠近双 T 板端部支座部位，不应在同一截面连续开洞，同一截面的开洞率不应大于板宽的 1/3，开洞部位的截面应按等同原则加厚该截面。

2）双 T 板的加厚部分应与板体同时制作，并采用相同等级的混凝土。

13.7 全预制楼盖设计

全预制楼盖是指没有叠合层的楼盖，主要包括普通实心楼板、普通空心楼板、预应力空板（SP）和预应力双 T 板等。

《装规》规定：当房屋层数不大于 3 层时，楼面可采用预制楼板，并应符合下列规定：

1）预制板在梁或墙上的搁置长度不应小于 60mm，当墙厚不能满足搁置长度要求时可设挑耳；板端后浇混凝土接缝宽度不宜小于 50mm，接缝内应配置连续的通长钢筋，钢筋直径不应小于 8mm。

2）当板端伸出锚固钢筋时，两侧伸出的锚固钢筋应互相可靠连接，并应与支承墙伸出的钢筋、板端接缝内设置的通长钢筋拉结。

3）当板端不伸出锚固钢筋时，应沿板跨方向布置连系钢筋。连系钢筋直径不应小于 10mm，间距不应大于 600mm；连系钢筋应与两侧预制板可靠连接，并应与支承墙伸出的钢筋、板端接缝内设置的通长钢筋拉结。

思考题

1. 楼盖有哪些类型？
2. 楼盖拆分原则是什么？
3. 叠合楼板支座节点怎么设计？
4. 叠合楼板接缝有几种形式？

第14章　框架结构设计

14.1　概述

框架结构是由柱、梁为主要构件组成的承受竖向和水平作用的结构。柱梁结构体系主要构件是柱、梁，包括框架结构、框-剪结构、筒体结构等，关于装配式的结构设计有共性。

本章主要介绍框架结构体系装配式混凝土建筑结构设计。具体内容包括柱梁结构体系装配式简述（14.2），框架结构设计基本规定（14.3），拆分设计（14.4），连接设计（14.5），预制构件设计（14.6），设计实例（14.7），预应力框架结构设计（14.8）。

14.2　柱梁结构体系装配式简述

柱梁结构体系包括框架结构、框-剪结构、密柱筒体结构、稀柱核心筒结构等。框-剪结构是框架结构和剪力墙的结合，稀柱核心筒结构是框架结构与剪力墙核心筒的结合，尽管这两种结构体系有剪力墙，但通常情况下，剪力墙和剪力墙核心筒现浇，预制构件也是柱、梁、板，装配式结构计算与框架结构一样。

装配式混凝土建筑是从框架结构体系发展起来的，框架结构是装配式建筑技术最成熟的结构体系。框架结构和筒体结构是各国装配式混凝土建筑采用最多的。

我们把柱梁结构体系的适宜性做了归纳整理，见表14.2-1。

柱梁结构体系预制构件包括梁、板、柱等主要受力构件和阳台、雨棚、空调板和女儿墙等非结构构件。这些构件的图示和适用范围见彩页图C10。

表14.2-1　柱梁结构体系装配式适宜性分析表

类别	序号	结构体系	平面示意图	适用范围				说　明
				装配整体式			全装配式	
				多层	高层	超高层	多层	
框架结构	1	框架结构		○	△		○	（1）全装配式适用于非抗震设防或地震设防低的地区 （2）高层建筑适用于60m以下。根据地震设防要求确定

（续）

类别	序号	结构体系	平面示意图	适用范围				说　明
				装配整体式			全装配式	
				多层	高层	超高层	多层	
框剪结构	2	框架-剪力墙结构			○	○		（1）剪力墙现浇 （2）适用高度130m以下
筒体结构	3	密柱单筒结构			○	○		
	4	密柱筒中筒结构			○	○		（1）核心筒现浇 （2）适用高度150m以下
	5	连续筒体结构			○	○		
	6	束筒结构			○	○		

（续）

类别	序号	结构体系	平面示意图	适用范围				说　　明
				装配整体式			全装配式	
				多层	高层	超高层	多层	
筒体结构	7	筒体-稀柱框架结构	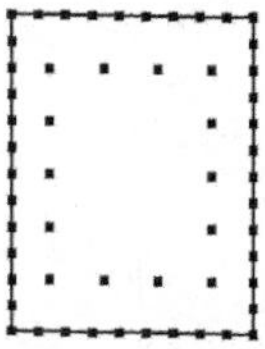		○	○		（1）核心筒现浇 （2）适用高度150m以下
	8	密柱-H形剪力墙核心筒结构	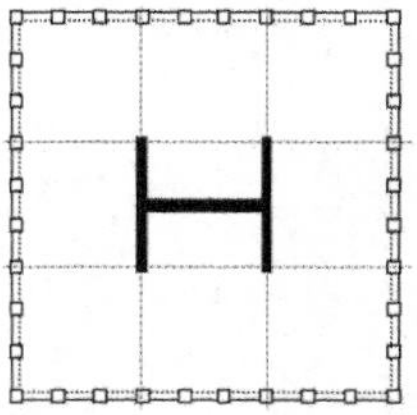		○	○		
	9	密柱-L形剪力墙核心筒结构	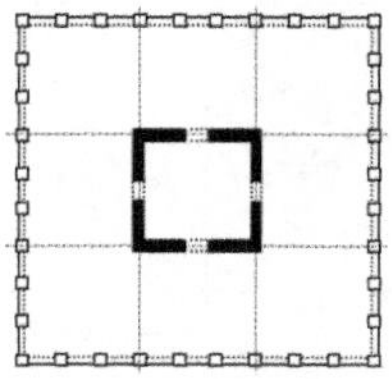		○	○		
	10	稀柱-剪力墙筒体结构	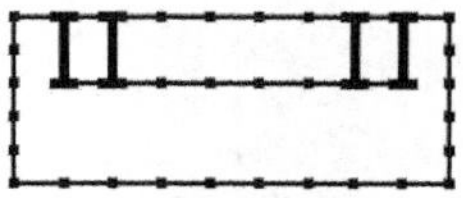		○	○		

14.3　框架结构设计基本规定

《装标》和《装规》给出了装配整体式框架结构的设计规定，对于框-剪结构的剪力墙部分要求现浇，其框架部分的预制结构设计可参照框架结构的有关规定。对于筒体结构装配式混凝土建筑的设计，《装标》给出了适用高度、高宽比和抗震等级等规定，其他未做具体规定。

14.3.1　基本规定

《装规》关于预制装配整体式框架结构的一般规定：

1）装配整体式框架结构可按现浇混凝土框架结构进行设计。

2）装配整体式框架结构中，预制柱的纵向钢筋连接应符合以下规定：

①当房屋高度不大于12m或层数不超过3层时，可采用套筒灌浆、浆锚搭接、焊接等连接方式。

②当房屋高度大于 12m 或层数超过 3 层时，宜采用套筒灌浆连接。

3）装配整体式框架结构中，预制柱水平接缝处不宜出现拉力。

14.3.2　梁柱节点核心区验算

对一、二、三级抗震等级的装配整体式框架，应进行梁柱节点核心区抗震受剪承载力验算；对四级抗震等级可不进行验算。梁柱节点核心区抗震受剪承载力验算和构造应符合现行国家标准《混凝土结构设计规范》（GB 50010）和《建筑抗震设计规范》（GB 50011）中的有关规定。装配整体式结构节点核心区的抗震要求与现浇结构相同。

14.3.3　叠合梁端竖向接缝受剪承载力

叠合梁端竖向接缝主要包括框架梁与节点区的接缝、梁自身连接的接缝以及次梁与主梁的接缝等几种类型。叠合梁端竖向接缝受剪承载力的组成主要包括新旧混凝土结合面的粘结力、键槽的抗剪能力、后浇混凝土叠合层的抗剪能力、梁纵向钢筋的销栓抗剪作用。

《装规》关于竖向接缝抗剪承载力不考虑新旧混凝土结合面的粘结力，取混凝土抗剪键槽的受剪承载力、后浇层混凝土的受剪承载力、穿过结合面的钢筋的销栓抗剪作用之和。地震往复作用下，对后浇层混凝土部分的受剪承载力进行折减，参照混凝土斜截面受剪承载力设计方法，折减系数取 0.6。

叠合梁端竖向接缝的受剪承载力设计值应按下列公式计算：

（1）持久设计状况

$$V_u = 0.07f_c A_{cl} + 0.10f_c A_k + 1.65A_{sd}\sqrt{f_c f_y} \qquad (14.3\text{-}1)（《装规》式 7.2.2\text{-}1）$$

（2）地震设计状况

$$V_{uE} + 0.04f_c A_{cl} + 0.06f_c A_k + 1.65A_{sd}\sqrt{f_c f_y} \qquad (14.3\text{-}2)（《装规》式 7.2.2\text{-}2）$$

式中　A_{cl}——叠合梁端截面后浇混凝土叠合层截面面积；

f_c——预制构件混凝土轴心抗压强度设计值；

f_y——垂直穿过结合面钢筋抗拉强度设计值；

A_k——各键槽的根部截面面积（图 14.3-1）之和，按后浇键槽根部截面和预制键槽根部截面分别计算，并取二者的较小值；

A_{sd}——垂直穿过结合面所有钢筋的面积，包括叠合层内的纵向钢筋。

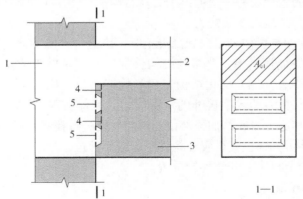

图 14.3-1　叠合梁端受剪承载力计算参数示意

1—后浇节点区　2—后浇混凝土叠合层　3—预制梁　4—预制键槽根部截面　5—后浇键槽根部截面

14.3.4　预制柱底水平缝受剪承载力

预制柱底水平接缝的受剪承载力的组成主要包括新旧混凝土结合面的粘结力、粗糙面或键槽的抗剪能力、轴压产生的摩擦力、梁纵向钢筋的销栓抗剪作用或摩擦抗剪作用，其中后两者为受剪承载力的主要组成部分。在非抗震设计时，柱底剪力通常较小，不需要验算。地震往复作用下，混凝土自然粘结及粗糙面的受剪承载力丧失较快，计算中不考虑其作用。

预制柱底水平接缝受剪承载力计算在地震设计状况下，预制柱底水平接缝的受剪承载力设计值应按下列公式计算。

当预制柱受压时：

$$V_{uE} = 0.8N + 1.65A_{sd}\sqrt{f_c f_y} \qquad (14.3\text{-}3)(《装规》式 7.2.3\text{-}1)$$

当预制柱受拉时：

$$V_{uE} = 1.65A_{sd}\sqrt{f_c f_y\left[1 - \left(\frac{N}{A_{sd}f_y}\right)^2\right]} \qquad (14.3\text{-}4)(《装规》式 7.2.3\text{-}2)$$

式中　f_c——预制构件混凝土轴心抗压强度设计值；

f_y——垂直穿过水平结合面钢筋抗拉强度设计值；

N——与剪力设计值 V 相应的垂直于水平结合面的轴向力设计值，取绝对值进行计算；

A_{sd}——垂直穿过水平结合面所有钢筋的面积；

V_{uE}——地震设计状况下接缝受剪承载力设计值。

14.4　拆分设计

装配式混凝土结构拆分设计在第 12 章中已经介绍，这里具体介绍柱梁结构体系拆分设计。

1. 拆分规定

1）框架结构高层建筑的首层柱宜采用现浇混凝土。因为首层的剪切变形远大于其他各层；震害表明，首层柱出现塑性铰的框架结构，其倒塌可能性大。试验研究表明，预制柱底的塑性铰与现浇柱底的塑性铰有一定的差别。在目前设计和施工经验尚不充足的情况下采用现浇柱，以保证结构的抗地震倒塌能力。

2）如果框架结构的首层柱采用预制混凝土时，应进行专门的研究和论证，采用可靠的技术措施。采取特别的加强措施，严格控制构件加工和现场施工质量。在研究和论证过程中，应重点提高连接接头性能，优化结构布置和构造措施，提高关键构件和部位的承载能力，尤其是柱底接缝与剪力墙水平接缝的承载能力，确保实现"强柱弱梁"的目标，并对大震作用下的首层柱和剪力墙底部加强部位的塑性发展进行控制。必要时进行试验验证。

3）框架结构构件拆分部位宜设置在构件受力最小部位。

4）梁与柱的拆分节点应避开塑性铰位置。

2. 框架结构现浇部位

1）装配式框架结构叠合梁与叠合楼板的连接必须采用现浇连接。

2）当梁柱构件独立，拆分点在梁柱节点域内，梁柱连接节点域必须现浇。

3）叠合楼板面层必须现浇。

3. 拆分图例

拆分设计的灵活性非常重要。在遵循基本原则的前提下，针对具体项目实际条件和特点，因地制宜进行拆分，是做好拆分设计的关键。日本结构设计师在拆分时不因循传统和习惯，尽最大可能实现经济合理性。比如建筑师设计的门窗洞口较大，他们就不采用外挂墙板，而是从柱子伸出袖板，梁伸出腰板和垂板，围成门窗洞口。

下面给出日本柱梁结构体系的拆分图例。从图例中可以看到，他们对连接节点不设置在跨中弯矩最大部位和塑性铰部位的原则并不很在意，还是综合考虑利弊关系，做出适宜的选择。

1）图 14.4-1 所示拆分方法是在柱、梁结合部位和梁的跨中后浇筑混凝土。

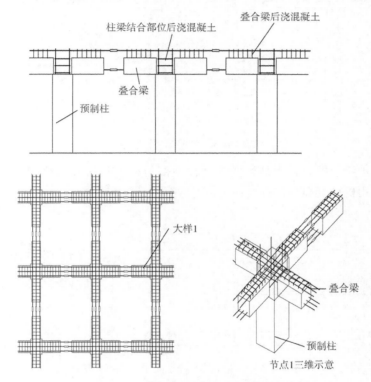

图 14.4-1　柱梁结合部位和跨中后浇混凝土拆分法

2）图 14.4-2 所示拆分方式是柱梁一体化构件——柱子加十字形梁，梁与梁之间用后浇混凝土连接。

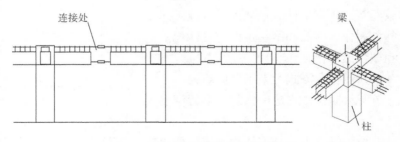

图 14.4-2　柱梁一体化构件拆分法

3）图 14.4-3 所示拆分方式是单莲藕梁方式，莲藕梁是柱梁一体化构件，柱子部分留有钢筋穿过的孔道，像莲藕一样，莲藕梁避免了柱梁三维构件制作与运输的困难。

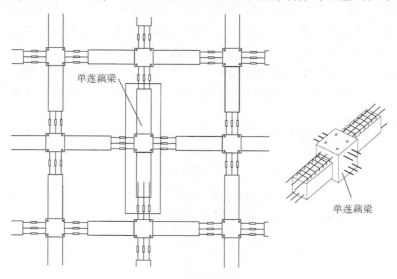

图 14.4-3　单莲藕梁拆分法

4）图 14.4-4 所示拆分方式是梁在预制柱顶部与柱子和另外一侧的梁用后浇混凝土连接，钢筋连接采用机械套筒或注胶套筒。

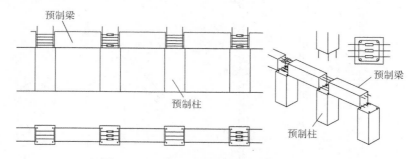

图 14.4-4　支座处后浇混凝土连接拆分法

5）图 14.4-5 所示拆分方式是跨层柱连接，柱子 2 层层高 1 节，越层交替。梁的连接部位为每跨 1 个；柱的连接部位每两层有 1 个。此方式可以减少一半连接套筒使用量，比较经济。预制构件数量减少了，施工速度加快。但要求构件制作、运输和吊装条件与之匹配。此方法连接部位在塑性铰部位。

6）图 14.4-6 所示拆分方式为十字形莲藕梁。

7）图 14.4-7 所示拆分方式是柱预制、梁后浇混凝土方式。

8）图 14.4-8 所示拆分方式是连体梁方式，两跨梁一起预制，通过受力钢筋连成一体，在柱梁结合部与柱

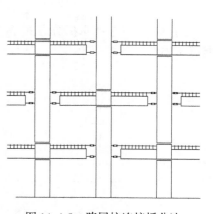

图 14.4-5　跨层柱连接拆分法

子后浇混凝土连接。连体梁与连体梁之间的连接采用机械套筒或注胶套筒。

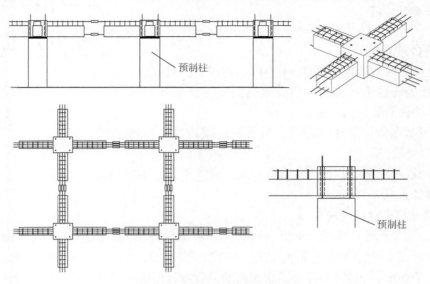

图 14.4-6　十字形连藕梁拆分法

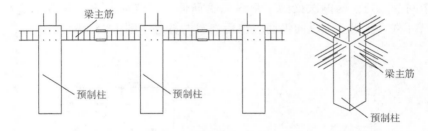

图 14.4-7　柱预制梁后浇拆分法

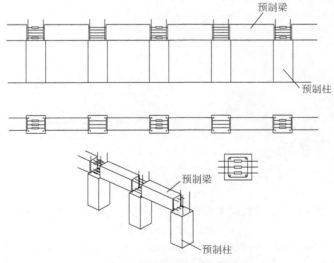

图 14.4-8　连体梁拆分法

14.5　连接设计

14.5.1　叠合梁对接连接

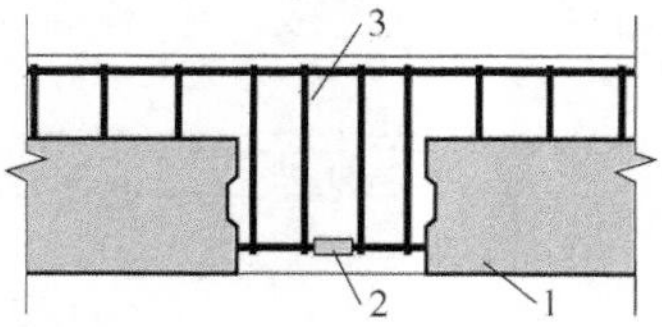

叠合梁可采用对接连接（图 14.5-1），应符合下列规定：

1）连接处应设置后浇段，后浇段的长度应满足梁下部纵向钢筋连接作业的空间需求。

2）梁下部纵向钢筋在后浇段内宜采用机械连接、套筒灌浆连接或焊接连接。

图 14.5-1　叠合梁连接节点示意
（《装规》图 7.3.3）
1—预制梁　2—钢筋连接接头
3—后浇段

3）后浇段内的箍筋应加密，箍筋间距不应大于 $5d$，且不应大于 100mm。

14.5.2　梁的连接

1. 主梁与次梁在后浇段连接

1）在端部节点处，次梁下部纵向钢筋伸入主梁后浇段内的长度不应小于 $12d$。次梁上部纵向钢筋应在主梁后浇段内锚固。当采用弯折锚固（图 14.5-2a）或锚固板时，锚固直段长度不应小于 $0.6l_{ab}$；当钢筋应力不大于钢筋强度设计值的 50% 时，锚固直段长度不应小于 $0.35l_{ab}$；弯折锚固的弯折后直段长度不应小于 $12d$（d 为纵向钢筋直径）。

2）在中间节点处，两侧次梁的下部纵向钢筋伸入主梁后浇段内长度不应小于 $12d$（d 为纵向钢筋直径）；次梁上部纵向钢筋应在后浇层内贯通（图 14.5-2b）。

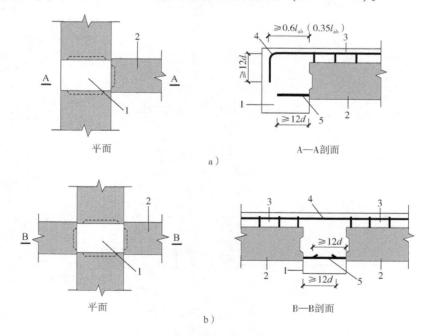

图 14.5-2　主次梁连接节点构造示意（《装规》图 7.3.4）
a）端部节点　b）中间节点
1—主梁后浇段　2—次梁　3—后浇混凝土叠合层　4—次梁上部纵向钢筋
5—次梁下部纵向钢筋

2. 主梁与次梁在连体主梁的连体部位连接

对于叠合楼盖结构，次梁与主梁的连接可在连体主梁的后浇段连接。即主梁上预留后浇段，混凝土断开而钢筋连续，以便穿过和锚固次梁钢筋。当主梁截面较高且次梁截面较小时，主梁预制混凝土也可不完全断开，采用预留凹槽的形式供次梁钢筋穿过。次梁的端部可以设计为刚接和铰接。次梁的钢筋在主梁内采用锚固板的方式锚固时，锚固长度根据行业标准《钢筋锚固板应用技术规程》（JGJ 256—2011）确定。

3. 梁伸入柱的钢筋锚固与连接

（1）框架中间层中间节点 节点两侧的梁下部纵向受力钢筋宜锚固在后浇节点区内（图14.5-3a），也可采用机械连接或焊接的方式直接连接（图14.5-3b）；梁的上部纵向受力钢筋应贯穿后浇节点区。

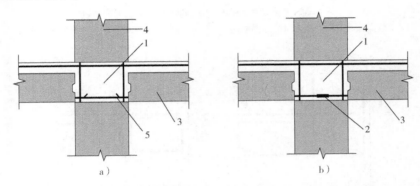

a） b）

图14.5-3 预制柱及叠合梁框架中间层中节点构造示意（《装规》图7.3.8-1）

a）梁下部纵向受力钢筋锚固 b）梁下部纵向受力钢筋连接

1—后浇区 2—梁下部纵向受力钢筋连接 3—预制梁 4—预制柱 5—梁下部纵向受力钢筋锚固

（2）框架中间层端节点 当柱截面尺寸不满足梁纵向受力钢筋的直线锚固要求时，宜采用锚固板锚固（图14.5-4），也可采用90°弯折锚固。

（3）框架顶层中间节点 梁纵向受力钢筋的构造应符合（1）的规定。柱纵向受力钢筋宜采用直线锚固；当梁截面尺寸不满足直线锚固要求时，宜采用锚固板锚固（图14.5-5）。

（4）框架顶层端节点 梁下部纵向受力钢筋应锚固在后浇节点区内，且宜采用锚固板的锚固方式。梁、柱其他纵向受力钢筋的锚固应符合下列规定：

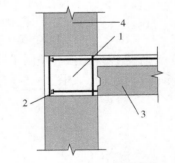

图14.5-4 预制柱及叠合梁框架中间层端节点构造示意（《装规》图7.3.8-2）

1—后浇区 2—梁纵向受力钢筋锚固
3—预制梁 4—预制柱

1）柱宜伸出屋面并将柱纵向受力钢筋锚固在伸出段内（图14.5-6a），伸出段长度不宜小于500mm，伸出段内箍筋间距不应大于$5d$（d为柱纵向受力钢筋直径），且不应大于100mm；柱纵向钢筋宜采用锚固板锚固，锚固长度不应小于$40d$；梁上部纵向受力钢筋宜采用锚固板锚固。

2）柱外侧纵向受力钢筋也可与梁上部纵向受力钢筋在后浇节点区搭接（图14.5-6b），其构造要求应符合现行国家标准《混凝土结构设计规范》（GB 50010）中的规定；柱内侧纵向受力钢筋宜采用锚固板锚固。

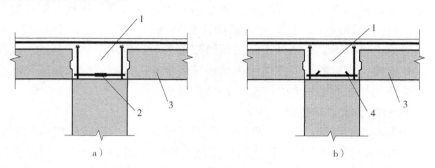

图 14.5-5　预制柱及叠合梁框架顶层中节点构造示意 （《装规》图 7.3.8-3）

a）梁下部纵向受力钢筋连接　b）梁下部纵向受力钢筋锚固

1—后浇区　2—梁下部纵向受力钢筋连接　3—预制梁　4—梁下部纵向受力钢筋锚固

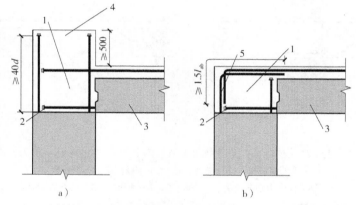

图 14.5-6　预制柱及叠合梁框架顶层端节点构造示意 （《装规》图 7.3.8-4）

a）柱向上伸长　b）梁柱外侧钢筋搭接

1—后浇区　2—梁下部纵向受力钢筋锚固　3—预制梁　4—柱延伸段　5—梁柱外侧钢筋搭接

（5）核心区以外连接　预制梁底部水平钢筋也可在柱梁结合核心区以外后浇混凝土区域采用挤压套筒连接，如图 14.5-7 所示。

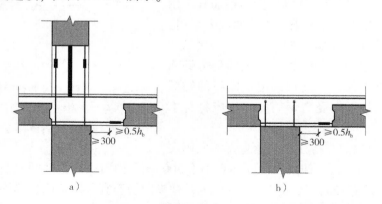

图 14.5-7　框架中节点叠合梁底部水平钢筋在一侧梁端后浇段内挤压套筒连接示意

（《装标》图 5.6.6-1）

a）中间层　b）顶层

14.5.3 预制柱纵向钢筋套筒灌浆连接构造

柱底缝宜设置在楼面标高处（图14.5-8），并应符合下列规定：

1）后浇区节点混凝土上表面应设置粗糙面。

2）柱纵向受力钢筋应贯穿后浇节点区。

3）预制柱底部应设置键槽。

4）柱底接缝厚度宜为20mm，并应采用灌浆料填实。

20mm底部接缝的作用是调节墙体标高同时也能够使套筒连通，实现一次性注浆。调节标高方式有两种，一种方式是墙体底部设置调节标高预埋件与六角螺栓配合使用（图14.5-9）；一种方式是用薄钢板垫块。

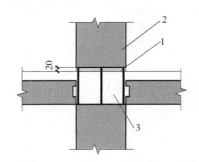

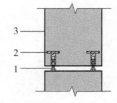

图14.5-8 预制柱底接缝构造示意
（《装规》图7.3.6）
1—后浇节点区混凝土上表面粗糙面
2—接缝灌浆层 3—后浇区

图14.5-9 预埋件调节标高示意图
1—六角螺栓 2—调节标高预埋件
3—预制柱

14.6 预制构件设计

框架结构体系预制构件主要是柱、梁，楼板，楼板设计已经在第13章介绍。本节介绍梁与柱的设计。

预制混凝土构件在生产、存放、运输、安装过程中应按实际工况的荷载、计算简图、混凝土实体强度进行验算，验算时应将构件自重乘以相应的动力系数：对模具翻转、吊装、运输时可乘以1.5，临时固定时可以取1.2。动力系数尚可以根据具体情况适当增减。

14.6.1 叠合梁设计

1. 叠合梁定义

预制混凝土梁顶部在现场后浇混凝土而形成的整体受弯梁，简称叠合梁。叠合梁身下部预制，上部后浇混凝土。叠合梁通常与叠合楼板配合使用，浇筑成整体楼盖。

2. 叠合梁设计要点

1）叠合梁混凝土强度等级不宜低于C30。预制梁箍筋应该全部深入叠合层，且各肢深入叠合层的长度不宜小于10d（d 为箍筋直径）。预制梁顶面应做成凹差不小于6mm的粗糙面。

2）叠合梁承载力按现浇梁计算，配筋按现浇梁配筋。

3）构造设计：

①叠合梁后浇层厚度与叠合楼板厚度相互协调。

②叠合梁预制部分高度一般不小于梁高的40%（图14.6-1）。

③叠合梁预制部分可设计为矩形截面和凹口截面。

④叠合梁后浇混凝土厚度不宜小于150mm；次梁后浇混凝土叠合层厚度不宜小于120mm。

⑤当采用凹口截面预制梁时，凹口深度不宜小于50mm，凹口边厚度不宜小于60mm。

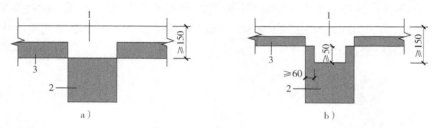

图14.6-1　叠合框架梁截面示意（《装规》图7.3.1）

a）矩形截面预制梁　b）凹口截面预制梁

1—后浇混凝土叠合层　2—预制梁　3—预制板

3. 叠合梁配筋规定

1）抗震等级为一、二级的叠合框架梁，梁端箍筋加密区宜采用整体封闭箍筋（图14.6-2a）。

2）叠合梁受扭时宜采用整体封闭箍筋，且整体封闭箍筋的搭接部分宜设置在预制部分。

3）组合封闭箍筋（图14.6-2b）开口箍筋上方两端应做成135°弯钩。

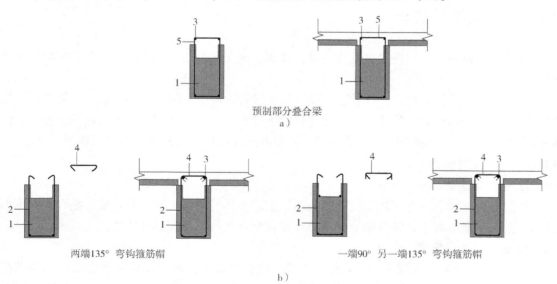

图14.6-2　叠合梁箍筋构造示意（《装标》图5.6.2）

a）采用整体封闭箍的叠合梁　b）采用组合封闭箍的叠合梁

1—预制梁　2—开口箍筋　3—上部纵筋　4—箍筋帽　5—封闭箍筋

4）框架梁箍筋加密区长度内的箍筋肢距：一级抗震等级不宜大于200mm和20倍的箍筋直径较大值，且不应大于300mm；二、三级抗震等级不宜大于250mm和20倍的箍筋直径的较大值，且不应大于350mm；四级抗震等级不宜大于300mm，且不应大于400mm。

"组合式封闭箍"是指U形的下开口箍和Ⅱ形的上开口箍，共同组合形成的组合式封闭箍。

14.6.2　预制柱设计

预制柱设计有以下要求：

1）矩形柱截面宽度或圆柱直径不宜小于400mm，圆形截面柱直径不宜小于450mm，且不宜小于同方向梁宽的1.5倍。

2）宜采用较大直径钢筋及较大的柱截面，可以减少钢筋的根数，增大间距，便于钢筋连接及节点区域钢筋布置。

3）柱截面宽度宜大于同方向梁宽度1.5倍，有利于避免节点区梁钢筋和柱钢筋的位置冲突，便于安装施工。

4）纵向受力钢筋在柱子底部连接时，柱子的箍筋加密区长度不应小于纵向受力钢筋连接区域长度与500mm之和；当采用套筒灌浆连接或浆锚搭接连接方式时，套筒或搭接段上端第一道箍筋距离套筒或搭接段顶部不应大于500mm，如图14.6-3所示。

5）柱纵向受力钢筋直径不宜小于20mm，纵向受力钢筋间距不宜大于200mm且不应大于400mm。柱子纵向受力钢筋可集中于四角配置且宜对称布置。柱中可以设置纵向辅助钢筋且直径不宜小于12mm和箍筋直径；当正截面承载力计算不计入辅助钢筋时，纵向辅助钢筋可以不伸入框架节点，如图14.6-4所示。

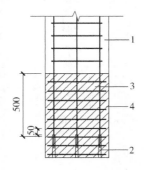

图 14.6-3　柱底箍筋加密区域构造示意
1—预制柱　2—连接接头（或钢筋连接区域）
3—加密区箍筋　4—箍筋加密区（阴影区域）

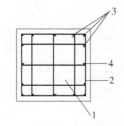

图 14.6-4　柱集中配筋构造平面示意
1—预制柱　2—箍筋　3—纵向受力钢筋
4—纵向辅助钢筋

14.7　设计实例

日本鹿岛建设在沈阳指导建造了国内第一座高装配率的柱梁结构体系装配式混凝土建筑——沈阳南科大厦。该建筑是框-剪结构，高99.55m，地上23层。拆分平面和预制柱、梁、叠合板如图14.7-1～图14.7-6所示。

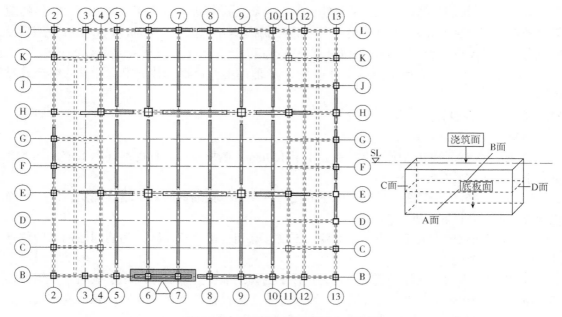

图 14.7-1　南科大厦平面拆分示意图

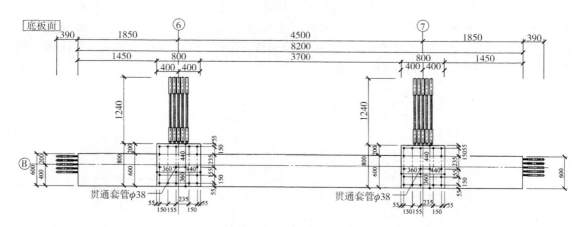

图 14.7-2　预制莲藕梁 KL05-06 底视图

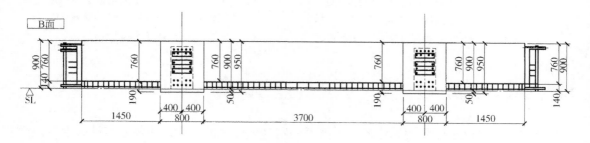

图 14.7-3　预制莲藕梁 KL05-06B 面视图

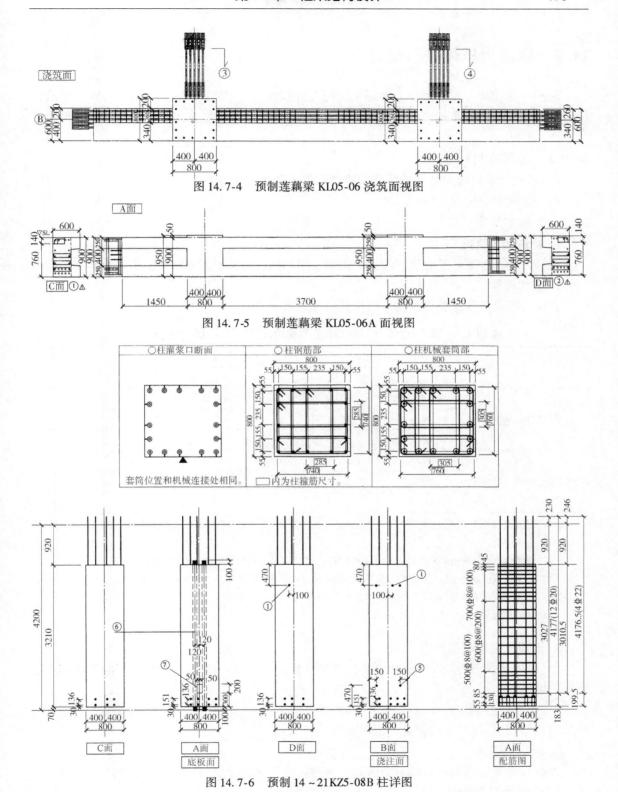

图 14.7-4　预制莲藕梁 KL05-06 浇筑面视图

图 14.7-5　预制莲藕梁 KL05-06A 面视图

图 14.7-6　预制 14~21KZ5-08B 柱详图

14.8　预应力框架结构设计

现行行业标准《预制预应力混凝土装配整体式框架结构技术规程》（JGJ 224）中的预应力预制框架结构体系是来自我国台湾的"世构体系"，其主要技术特点是梁柱的键槽连接节点。

14.8.1　适用范围

1）适用于非抗震设防区及抗震设防烈度为 6 度和 7 度地区。

2）除甲类以外装配式建筑。

14.8.2　基本规定

1. 建筑适用高度

在第 5 章 5.5 节已经介绍了预应力预制框架和框剪结构的适用高度，见表 5.5-2。

2. 抗震等级

预应力混凝土装配整体式房屋的抗震等级见表 14.8-1。

表 14.8-1　预应力混凝土装配整体式房屋的抗震等级（《预规》表 3.12）

结构类型		烈度				
		6		7		
装配式框架结构	高度/m	≤24	>24	≤24	>24	
	框架	四	三	三	二	
	大跨度框架	三		二		
装配式框架-剪力墙结构	高度/m	≤60	>60	<24	24~60	>60
	框架	四	三	四	三	二
	剪力墙	三		三	二	

注：1. 建筑场地为Ⅰ类时，除 6 度外允许按表内降低一度所对应的抗震等级采取抗震构造措施，但相应的计算要求不应降低。

2. 接近或等于高度分界时，允许结合房屋不规则程度及场地、地基条件确定抗震等级。

3. 乙类建筑应按本地区抗震设防烈度提高一度的要求加强其抗震措施，当建筑场地为Ⅰ类时，除 6 度外允许仍按本地区抗震设防烈度的要求采取抗震构造措施。

4. 大跨度框架是指跨度不小于 18m 的框架。

3. 混凝土强度等级要求

1）键槽节点部分应采用比预制构件混凝土强度等级高一级且不低于 C45 的无收缩细石混凝土填实。

2）叠合板的预制板 C40 及以上。

3）其他预制构件和现浇叠合层混凝土 C40 及以上。

4. 预应力筋

预应力筋宜采用预应力螺旋肋钢丝、钢绞线，且强度标准值不宜低于 1570MPa。

5. 键槽内 U 形钢筋

连接节点键槽内的 U 形钢筋应采用 HRB400 级、HRB500 级或 HRB335 级钢筋。

6. 柱子设计要求

应采用矩形截面，边长不宜小于400mm。一次成型的预制柱长度不超过14m和4层层高的较小值。

7. 梁设计要求

预制梁的截面边长不应小于200mm。预制梁端部应设键槽，键槽中应放置U形钢筋，并应通过后浇混凝土实现下部纵向受力筋的搭接。

8. 板设计要求

预制板的厚度不应小于50mm，且不应大于楼板总厚度的1/2。预制板的宽度不宜大于2500mm，且不宜小于600mm。预应力筋宜采用直径4.8mm或5mm的高强螺旋肋钢丝。

9. 板预应力钢丝的保护层厚度

预制板厚度50mm或60mm，保护层厚度17.5mm；预制板厚度大于等于70mm，保护层厚度为20.5mm。

14.8.3　连接节点

1. 柱与柱连接

柱与柱连接有两种方式：

（1）型钢支撑连接　用上面柱子伸出工字钢，大于柱子受力主筋搭接长度，在连接段后浇混凝土连接。

（2）预留孔插筋连接　属于浆锚搭接方式，金属波纹管成型孔，留孔的柱子在下方，上方柱子的伸出钢筋插入孔中，如图14.8-1所示。

2. 梁与柱子连接

预应力叠合梁与柱子连接是世构体系的核心技术，如图14.8-2所示。

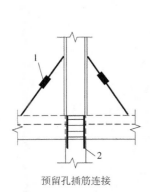

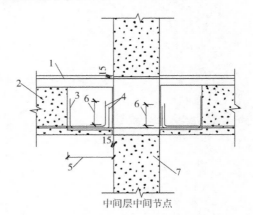

预留孔插筋连接　　　　　　　　　　　　中间层中间节点

图14.8-1　柱与柱连接　　　　　　　　　图14.8-2　梁柱节点连接
（JGJ 224-2010 图5.2.2）　　　　　　　（JGJ 224—2010 图5.2.3d）
1—可调斜撑　2—预留孔　　　　　　　　1—叠合层　2—预制梁　3—U形钢筋
　　　　　　　　　　　　　　　　　　　4—预制梁中伸出、弯折钢绞线　5—键槽长度
　　　　　　　　　　　　　　　　　　　6—钢绞线弯锚长度　7—框架柱

3. 板与板连接

板与板连接如图14.8-3所示，跨越板缝加一片钢筋网片。

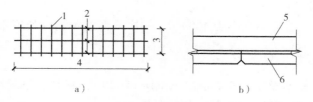

图 14.8-3　板纵缝连接构造（JGJ 224—2010 图 5.2.5）

a）钢筋网片　b）钢筋网片位置

1—钢筋网片的短向钢筋　2—钢筋网片的长向钢筋　3—钢筋网片的短向长度

4—钢筋网片的长向长度　5—叠合层　6—预制板

 思考题

1. 柱梁结构包括哪些结构体系？装配式适宜性如何？包括哪些构件？

2. 柱梁体系拆分有什么规定、原则、技巧？哪些部位必须现浇？

3. 叠合框架梁后浇区构造设计有什么规定？采用对接连接时须符合什么规定？

4. 预制柱与下层现浇结构如何连接？

5. 什么是叠合梁？如何设计叠合梁？

6. 多层框架结构预制柱中间节点有什么构造？

7. 筒体结构装配式建筑的结构设计应遵循什么原则？

第15章　剪力墙结构设计

15.1　概述

剪力墙结构是由剪力墙组成的承受竖向和水平作用的结构，剪力墙与楼盖一起组成空间体系。剪力墙结构是我国住宅采用得最多的结构体系，但国外应用不多，有关研究、试验和经验也比较少。

本章介绍装配整体式剪力墙建筑的结构设计，内容包括设计一般规定（15.2），设计计算（15.3），拆分设计（15.4），连接设计（15.5）和构件设计（15.6）。

15.2　设计一般规定

《装标》和《装规》关于装配式剪力墙建筑计算、拆分、连接和构件设计的规定在本章各节分别介绍，这里介绍一般规定和边缘构件的概念，因为装配整体式剪力墙结构的设计需要对边缘构件格外关注。

15.2.1　规范中一般规定

《装标》和《装规》关于装配式剪力墙建筑设计的一般规定有些与《高规》的规定一样，也就是说与现浇混凝土结构一样，如不应全部、不宜较多采用短肢剪力墙；剪力墙沿两个方向布置；剪力墙平面布置原则和窗口布置原则等，这里就不介绍了。下面只介绍关于装配式的专门规定。

1. 最大适用高度

1）装配整体式剪力墙结构和装配整体式部分框支剪力墙结构最大适用高度见表15.2-1。表中给出的正常（非括号内的）适用高度比《高规》规定的相同结构体系的现浇混凝土建筑低了10m。

表 15.2-1　装配整体式剪力墙和框支剪力墙结构房屋最大适用高度　　（单位：m）

结 构 类 型	抗震设防烈度			
	6 度	7 度	8 度 (0.20g)	8 度 (0.30g)
装配整体式剪力墙结构	130 (120)	110 (100)	90 (80)	70 (60)
装配整体式部分框支剪力墙结构	110 (100)	90 (80)	70 (60)	40 (30)

2）适用高度与承担抗剪力比例的关系。装配整体式剪力墙结构和装配整体式部分框支剪力墙结构，在规定的水平力作用下，当预制剪力墙构件底部承担的总剪力大于该层总剪力的 50% 时，其最大适用高度应当适当降低；当预制剪力墙构件底部承担的总剪力大于该层总剪力的 80% 时，最大适用高度应取表 15.2-1 中括号内的数值。

也就是说，房屋的允许高度与剪力墙预制率成反比，预制率越高，高度就越低，最低比现浇混凝土结构低20m。

3）浆锚搭接方式与适用高度降低。装配整体式剪力墙结构和装配整体式部分框支剪力墙结构，当剪力墙边缘构件竖向钢筋采用浆锚搭接连接时，房屋最大适用高度应比表15.2-1中的数值降低10m。

按照以上规定，如果装配整体式剪力墙结构墙体预制率高，又全部采用浆锚搭接连接，最大高度就比现浇结构低30m。例如7度地震区现浇混凝土结构可建110m高，以上做法的装配式只能建80m高。

2. 现浇墙肢增大系数

抗震设计时，对同一层内既有现浇墙肢也有预制墙肢的装配整体式剪力墙结构，现浇墙肢水平地震作用弯矩、剪力宜乘以不小于1.1的增大系数。

此项规定是考虑预制剪力墙的接缝会造成墙肢抗侧刚度的削弱，所以对弹性计算的内力进行调整，适当放大现浇墙肢在水平地震作用下的剪力和弯矩。此项调整系数在结构计算PKPM、盈建科等软件中必须勾选，如图15.2-1所示。

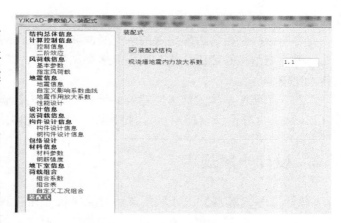

图15.2-1　现浇墙肢内力增大系数

15.2.2 边缘构件

前面关于适用高度的介绍提到了"边缘构件"，剪力墙配筋、拆分、连接设计都与边缘构件有关，这里简单介绍一下什么是边缘构件。

在剪力墙结构中设置在剪力墙竖向边缘，加强剪力墙边缘的抗拉抗弯和抗剪性能的暗柱，称为剪力墙边缘构件。边缘构件分为约束边缘构件和构造边缘构件。

（1）约束边缘构件　设置在抗震等级为一、二、三级的剪力墙底部加强部位及相邻上一层的剪力墙两侧的暗柱，称为剪力墙约束边缘构件。

（2）构造边缘构件　设置在抗震等级为四级的剪力墙或过渡层以上的两侧暗柱，称为剪力墙构造边缘构件。

15.3 设计计算

15.3.1 计算方法

装配整体式剪力墙结构的计算分析方法与现浇剪力墙结构相同。

在计算分析软件中，墙可采用专用的墙元或壳元模拟。预制墙板之间如果为整体式拼缝（拼缝方式为后浇混凝土，拼缝两侧钢筋直接连接或者锚固在拼缝混凝土中），可将拼缝两侧预制墙板和拼缝作为同一墙肢建模计算；预制墙板之间如果没有现浇拼缝，则应作为两个独立的墙肢建模计算。

预制装配整体式剪力墙结构内力和变形计算时，应考虑预制填充墙对结构固有周期的影响。

15.3.2　剪力墙水平缝计算

在地震设计状况下，剪力墙水平接缝的受剪承载力设计值应按下式计算：

$$V_{uE} = 0.6f_y A_{sd} + 0.8N \qquad (15.3\text{-}1)(《装标》式 5.7.8)$$

式中　V_{uE}——剪力墙水平接缝受剪承载力设计值（N）；

$\quad\quad f_y$——垂直穿过结合面的竖向钢筋抗拉强度设计值（N/mm²）；

$\quad\quad A_{sd}$——垂直穿过结合面的竖向钢筋面积（mm²）；

$\quad\quad N$——与剪力设计值 V 相应的垂直于结合面的轴向力设计值（N），压力时取正值，拉力时取负值；当大于 $0.6f_c bh_0$ 时，取为 $0.6f_c bh_0$；此处 f_c 为混凝土轴心抗压强度设计值，b 为剪力墙厚度，h_0 为剪力墙截面有效高度。

15.3.3　叠合连梁端部竖向接缝受剪承载力计算

叠合梁端竖向接缝的受剪承载力设计值应按下列公式计算：

持久设计状况

$$V_u = 0.07f_c A_{c1} + 0.10f_c A_k + 1.65A_{sd}\sqrt{f_c f_y} \qquad (15.3\text{-}2)(《装规》式 7.2.2\text{-}1)$$

地震设计状况

$$V_{uE} = 0.04f_c A_{c1} + 0.06f_c A_k + 1.65A_{sd}\sqrt{f_c f_y} \qquad (15.3\text{-}3)(《装规》式 7.2.2\text{-}2)$$

式中　A_{c1}——叠合梁端截面后浇混凝土叠合层截面面积；

$\quad\quad f_c$——预制构件混凝土轴心抗压强度设计值；

$\quad\quad f_y$——垂直穿过结合面钢筋抗拉强度设计值；

$\quad\quad A_k$——各键槽的根部截面面积（图 14.3-1）之和，按后浇键槽根部截面和预制键槽根部截面分别计算，并取二者的较小值；

$\quad\quad A_{sd}$——垂直穿过结合面所有钢筋的面积，包括叠合层内的纵向钢筋。

竖向接缝抗剪承载力不考虑新旧混凝土结合面的自然粘结作用，是偏于安全的。取混凝土抗剪键槽的受剪承载力、后浇层混凝土叠合层的受剪承载力、穿过结合面的钢筋的销栓抗剪作用之和，作为混凝土结合面的受剪承载力。地震往复作用下，对后浇层混凝土部分的受剪承载力进行折减，参照混凝土斜截面受剪承载力设计方法，折减系数取 0.6。

15.4　拆分设计

装配式混凝土结构拆分设计第 12 章中已经介绍，本节具体介绍剪力墙结构体系拆分设计。

15.4.1　现浇部位

高层装配整体式剪力墙和部分框支剪力墙结构下列部位宜现浇：

1）当设置地下室时，宜采用现浇混凝土。

2）剪力墙结构和部分框支剪力墙结构底部加强部位宜采用现浇混凝土；当采用预制混凝土时，应采取可靠技术措施。

3）抗震设防烈度为 8 度时，电梯井筒宜采用现浇混凝土结构。

15.4.2　外墙拆分

1. 三种方式

剪力墙外墙拆分有三种方式：整间板方式、窗间墙板方式和三维墙板方式。

（1）整间板方式　门窗洞口两侧的剪力墙与连梁、窗下墙一体化制作整间板，纵横墙交接处采用后浇混凝土连接（图 15.4-1）。

（2）窗间墙板方式　剪力墙外墙窗间墙采取预制方式，与门窗洞口上部预制叠合连梁后浇连接，窗下墙为轻质墙板。窗间墙、连梁与窗下墙板围合门窗洞口。窗间墙与横墙连接为后浇混凝土，设置在横墙端部（图 15.4-2）。

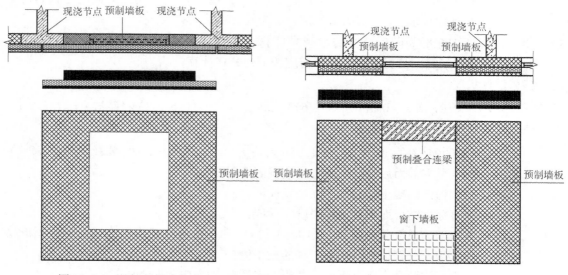

图 15.4-1　整间板拆分方式　　　　　　图 15.4-2　窗间墙板拆分方式

（3）三维墙板方式　剪力墙外墙窗间墙连同部分横墙一起预制成 T 形或 L 形三维构件，与门窗洞口上部预制叠合连梁后浇连接，窗下墙为轻质墙板。三维墙板、连梁与窗下墙板围合门窗洞口。三维墙板与横墙的连接为后浇混凝土，设置在横墙边缘构件以外位置（图 15.4-3 ~ 图 15.4-5）。

2. 三种拆分方式比较

整间板方式是目前最常用的拆分方式，也是标准图给出的方式。这种方式的优点是构件为板式构件，适于流水线作业，可实现门窗一体化。最大的问题是外墙后浇混凝土部位多，施工麻烦且成本高用工多；窗下墙与剪力墙一体化制作增加了刚度，对结构有不利影响；虽然是板式构件在流水线上制作，但由于墙板 1 边是套筒或浆锚孔，3 边出筋，还有环形筋，按目前世界上最先进的制作工艺也无法实现自动化，流水线只是流动的模台而已，比固定模台制作工艺没有优势。

窗间墙方式和三维墙板方式与框架结构柱梁围合窗洞的方式类似，其最大的好处是现场后浇混凝土大大减少，仅连梁与墙板连接部位有少量后浇混凝土，现场作业便捷了很多，会减少人工节省工期。问题是构件不能用流水线工艺制作，但在固定模台上可以生产，制作难度也不大。笔者认为，工厂无论怎样麻烦，也比现场方便得多。关于三种方式的比较见表 15.4-1。

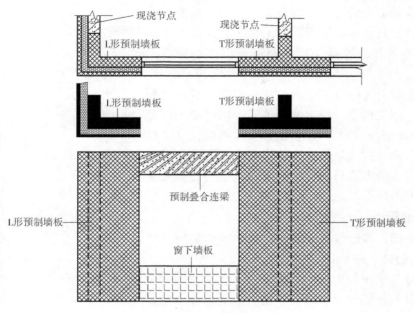

图 15.4-3　三维墙板拆分方式

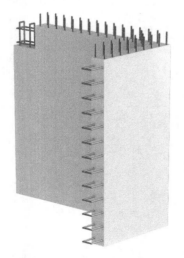

图 15.4-4　L 形剪力墙板

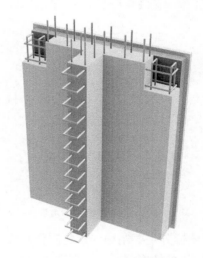

图 15.4-5　T 形剪力墙板

表 15.4-1　剪力墙拆分方式的比较

序号	拆分方式	比 较 内 容				预制墙体占本层墙体混凝土量比例
		制作难度	伸出钢筋难度	连接节点难度	现场浇混凝土量	
1	整间板拆分式	小	大	大	多	30%
2	窗间墙板拆分方式	较小	较小	较小	较少	40%
3	三维墙板拆分方式	大	最小	最小	最少	50%

注：本表比较内容只针对外墙，内墙假定为现浇，混凝土量的比较是相对的。

3. 跨层拆分方式

国外有跨层剪力墙外墙板拆分方式，剪力墙的高度不是 1 层楼高，而是 2 层以上，有的多达 5 层高。跨层剪力墙外墙板与楼板连接采用从墙板伸出钢筋的方式（图 15.4-6）。

跨层剪力墙大大减少了竖向连接和圈梁等后浇混凝土，工序少，用工很少，施工非常便利。但需要工厂和工地有相应的起重设备。用于多层建筑外墙时，安装施工可用大吨位汽车式起重机，施工设备的投资或租用压力不大。这种拆分方式目前我国尚无规范支持，如果采用，须进行专家论证。

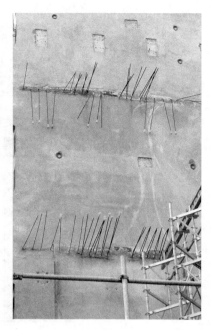

图 15.4-6　跨层剪力墙板从板内侧伸出与叠合楼板连接的钢筋

15.4.3　内墙拆分

现浇剪力墙内墙墙肢平面类型有"一字形""L 形"和"U 形"。最长墙肢 8m。

内墙拆分从平面分类，有"一字形""L 形"和"U 形"三种；从与连梁的关系（或立面）分类，有"角缺口矩形"（无连梁）、"门字形"（与连梁一体化）、"刀把形"（与一截连梁一体化），如图 15.4-7 所示。

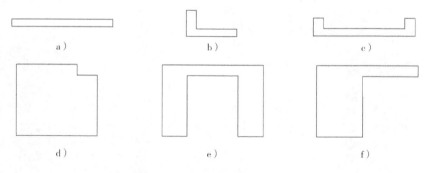

图 15.4-7　剪力墙内墙板分类

a）一字形　b）L 形　c）U 形　d）角缺口矩形　e）门字形　f）刀把形

内墙拆分主要制约因素是制作与施工条件。

1）尽可能拆分成一字形剪力墙板；板的最大长度依据工厂和工地起重能力确定；常用内墙板长度一般在 4m 以下。

2）如果内墙平面 L 形和 U 形剪力墙翼缘尺度不大，拆分成一字形构件太小，应直接做成 L 形和 U 形预制构件或现浇，笔者主张预制为好，因为对于造型复杂的构件，工厂预制再麻烦也比工地简单得多。

3）剪力墙与连梁一体化的门字形内墙板和刀把形内墙板应用很少，优势也不突出，只有在确实有必要的情况下才宜采用。

15.4.4　拆分设计实例

图 15.4-8 给出了剪力墙结构拆分设计实例平面图，采用了较常用的拆分方式。

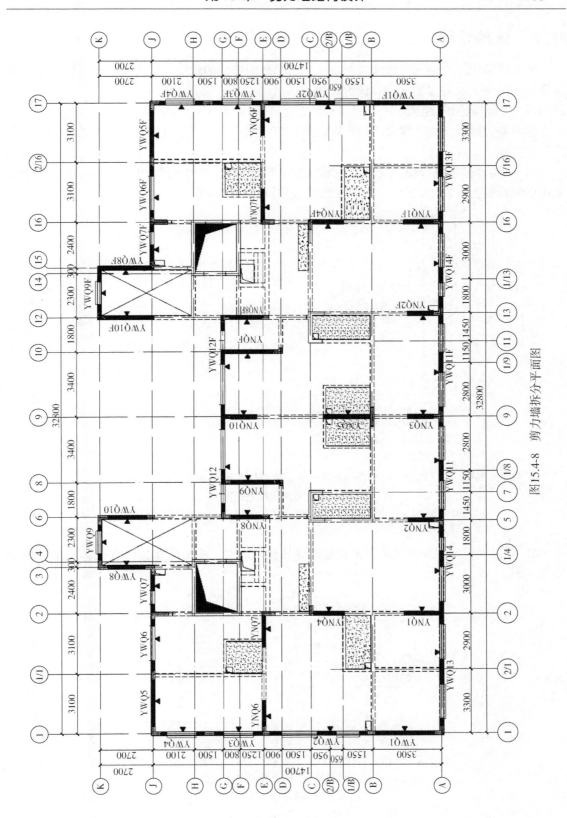

图15.4-8　剪力墙拆分平面图

15.5　连接设计

剪力墙结构体系预制构件连接部位主要包括剪力墙横向连接、剪力墙竖向连接、剪力墙与叠合连梁连接、剪力墙与叠合楼板连接。

15.5.1　剪力墙横向连接

预制剪力墙板之间的横向连接按现行规范规定只有一种连接方式——后浇混凝土连接。具体规定如下：

1）当接缝位于纵横墙交接处的约束边缘构件区域时，约束边缘构件的阴影区域宜全部采用后浇混凝土（图 15.5-1），并应在后浇段内设置封闭箍筋。

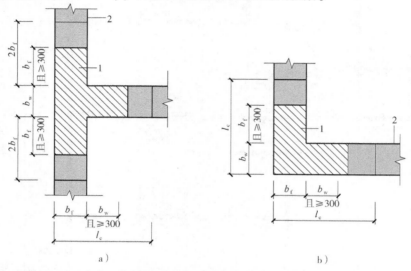

a）　　　　　　　　　　　　　　　b）

图 15.5-1　约束边缘构件阴影区域全部后浇构造示意（《装标》图 5.7.6-1）

（阴影区域为斜线填充范围）

a）有翼墙　b）转角墙

1—后浇段　2—预制剪力墙

2）当接缝位于纵横墙交接处的构造边缘构件位置时，构造边缘构件宜全部采用后浇混凝土（图 15.5-2）。

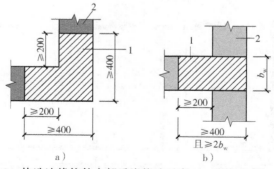

a）　　　　　　　　　　　　b）

15.5-2　构造边缘构件全部后浇构造示意（《装标》图 5.7.6-2）

（阴影区域为构造边缘构件范围）

a）转角墙　b）有翼墙

1—后浇段　2—预制剪力墙

3) 当仅在一面墙上设置后浇段时, 后浇段的长度不宜小于 300mm (图 15.5-3)。

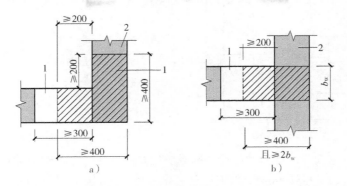

图 15.5-3　构造边缘构件部分后浇构造示意 (《装标》图 5.7.6-3)

(阴影区域为构造边缘构件范围)

a) 转角墙　b) 有翼墙

1—后浇段　2—预制剪力墙

4) 非边缘构件位置, 相邻预制剪力墙之间应设置后浇段, 后浇段的宽度不应小于墙厚且不宜小于 200mm; 后浇段内应设置不少于 4 根竖向钢筋, 钢筋直径不应小于墙体竖向分布筋直径且不应小于 8mm; 两侧墙体的水平分布筋在后浇段内的连接应符合现行国家标准《混凝土结构设计规范》(GB 50010) 的有关规定。

5) 预制段内的水平钢筋和现浇拼缝内的水平钢筋需通过搭接、焊接等措施形成封闭的环箍。

15.5.2 剪力墙竖向连接

剪力墙竖向连接是指上下预制剪力墙之间或预制剪力墙与现浇混凝土之间的连接。

1. 竖向连接的方式

剪力墙竖向连接方式包括灌浆套筒连接、浆锚搭接和后浇混凝土 + 挤压套筒连接。其中, 最主要的连接方式是灌浆套筒连接和浆锚搭接。

1) 套筒灌浆连接适用于剪力墙结构最大高度范围内的各种建筑, 抗震等级为一级的剪力墙以及二、三级底部加强部位的剪力墙, 剪力墙的边缘构件竖向钢筋宜采用套筒灌浆连接。

2) 全部采用浆锚搭接连接时, 房屋最大适用高度较之灌浆套筒连接低 10m。

3) 底部接缝。预制剪力墙底部接缝宜设置在楼面标高处。接缝高度不宜小于 20mm, 宜采用灌浆料填实。

2. 粗糙面

剪力墙上下表面做粗糙面, 侧面与后浇混凝土的结合面做成粗糙面。

3. 钢筋连接

1) 剪力墙竖向连接并不是每根钢筋都进行连接。只有边缘构件竖向钢筋须逐根连接, 分布钢筋不用逐根连接。

2) 分布钢筋有两种连接方式, 双排连接和单排连接。

3) 预制剪力墙竖向分布钢筋宜采用双排连接, 可采用 "梅花形" 连接方式, 如图 15.5-4 所示。

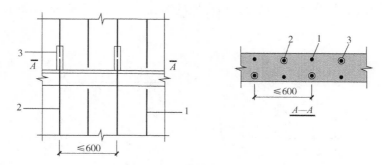

图 15.5-4　竖向分布钢筋"梅花形"套筒灌浆连接构造示意（《装标》图 5.7.10-1）
1—未连接的竖向分布钢筋　2—连接的竖向分布钢筋　3—灌浆套筒

4）单排连接是一种搭接方式，如图 15.5-5 所示。除下列情况外，墙体厚度不大于 200mm 的丙类建筑预制剪力墙的竖向分布钢筋可采用单排连接，采用单排连接时，计算分析时不应考虑剪力墙平面外刚度及承载力。

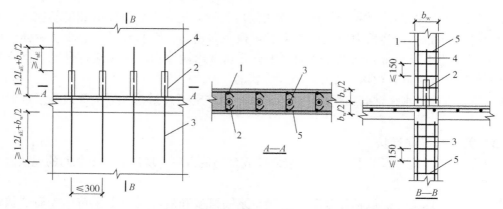

图 15.5-5　竖向分布钢筋单排套筒灌浆连接构造示意（《装标》图 5.7.10-2）
1—上层预制剪力墙竖向分布钢筋　2—灌浆套筒　3—下层剪力墙连接钢筋　4—上层剪力墙连接钢筋　5—拉筋

①抗震等级为一级的剪力墙。

②轴压比大于 0.3 的抗震等级为二、三、四级的剪力墙。

③一侧无楼板的剪力墙。

④一字形剪力墙、一端有翼墙连接但剪力墙非边缘构件区长度大于 3m 的剪力墙以及两端有翼墙连接但剪力墙非边缘构件区长度大于 6m 的剪力墙。

剪力墙两侧竖向分布钢筋与配置于墙体厚度中部的连接钢筋搭接连接，连接钢筋位于内、外侧被连接钢筋的中间；连接钢筋受拉承载力不应小于上下层被连接钢筋受拉承载力较大值的 1.1 倍，间距不宜大于 300mm。下层剪力墙连接钢筋自下层预制墙顶算起的埋置长度不应小于 $1.2l_{aE} + b_w/2$（b_w 为墙体厚度），上层剪力墙连接钢筋自套筒顶面算起的埋置长度不应小于 l_{aE}，上层连接钢筋顶部至套筒底部的长度尚不应小于 $1.2l_{aE} + b_w/2$，l_{aE} 按连接钢筋直径计算。钢筋连接长度范围内应配置拉筋，同一连接接头内的拉筋配筋面积不应小于连接钢筋的面积；拉筋沿竖向的间距不应大于水平分布钢筋间距，且不宜大于 150mm；拉筋沿水平方向的间距不应大于竖向分布钢筋间距，直径不应小于 6mm；拉筋应紧靠连接钢筋，并钩住最外层分布钢筋。

15.5.3　剪力墙与叠合连梁连接

1. 剪力墙与叠合连梁在平面内连接

当预制叠合连梁端部与预制剪力墙在平面内拼接时，接缝构造应符合下列规定：

1）当墙端边缘构件采用后浇混凝土时，连梁纵向钢筋应在后浇段中可靠锚固（图 15.5-6a）或连接（图 15.5-6b）。

2）当预制剪力墙端部上角预留局部后浇节点区时，连梁的纵向钢筋应在局部后浇节点内可靠锚固（图 15.5-6c）或连接（图 15.5-6d）。

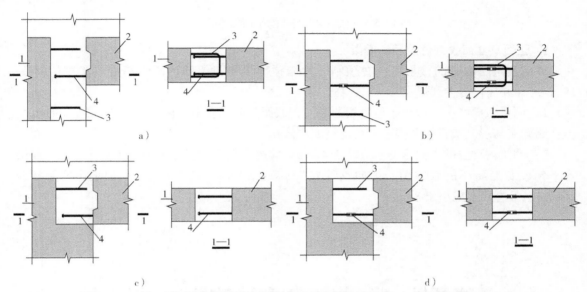

图 15.5-6　同一平面内预制连梁与预制剪力墙连接构造示意（《装规》图 8.3.12）

a）预制连梁钢筋在后浇段内锚固构造示意　b）预制连梁钢筋在后浇段内与预制剪力墙预留钢筋连接构造示意

c）预制连梁钢筋在预制剪力墙局部后浇节点区内锚固构造示意

d）预制连梁钢筋在预制剪力墙局部后浇节点区内与墙板预留钢筋连接构造示意

1—预制剪力墙　2—预制连梁　3—边缘构件箍筋　4—连梁下部纵向受力钢筋锚固或连接

当采用后浇连梁时，宜在预制剪力墙端伸出预留纵向钢筋，并与后浇连梁的纵向钢筋可靠连接（图15.5-7）。纵筋可在连梁范围内与预制剪力墙预留的钢筋连接，可采用搭接、机械连接、焊接等方式。

2. 剪力墙与叠合连梁在平面外单侧连接

楼面梁不宜与预制剪力墙在剪力墙平面外单侧连接；当楼面梁与剪力墙在平面外单侧连接时，宜采用铰接。可采用在剪力墙上设置扶壁柱的方式，如图 15.5-8 所示。

15.5.4　剪力墙与叠合楼板连接

剪力墙与叠合楼板在屋面或立面收进位置通过圈梁连接，在楼层通过水平后浇带连接。叠合连梁与叠合楼板的连接处也是圈梁或水平后浇带。

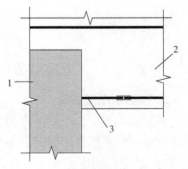

图 15.5-7　后浇连梁与预制剪力墙连接构造示意（《装规》图 8.3.13）

1—预制剪力墙　2—后浇连梁

3—预制剪力墙伸出纵向受力钢筋

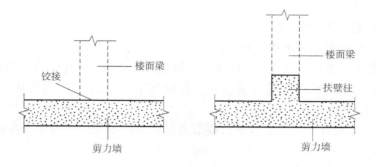

图 15.5-8　楼面梁与剪力墙平面外连接方法

1. 屋面及立面收进位置后浇圈梁

屋面及立面收进的楼层，应在预制剪力墙顶部设置封闭的后浇钢筋混凝土圈梁（图 15.5-9），并应符合下列规定：

1）圈梁截面宽度不应小于剪力墙的厚度，截面高度不宜小于楼板厚度及 250mm 的较大值；圈梁应与现浇或者叠合楼、屋盖浇筑成整体。

2）圈梁内配置的纵向钢筋不应少于 4φ12，且按全截面计算的配筋率不应小于 0.5% 和水平分布筋配筋率的较大值，纵向钢筋竖向间距不应大于 200mm；箍筋间距不应大于 200mm，且直径不应小于 8mm。

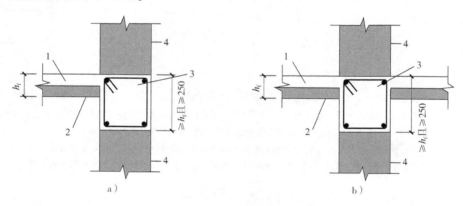

图 15.5-9　后浇钢筋混凝土圈梁构造示意（《装规》图 8.3.2）

a）端部节点　b）中间节点

1—后浇混凝土叠合层　2—预制板　3—后浇圈梁　4—预制剪力墙

2. 楼层水平后浇带

各层楼面位置，预制剪力墙顶部无后浇圈梁时，应设置连续的水平后浇带（图 15.5-10）；水平后浇带应符合下列规定：

1）水平后浇带宽度应取剪力墙的厚度，高度不应小于楼板厚度；水平后浇带应与现浇或者叠合楼、屋盖浇筑成整体。

2）水平后浇带内应配置不少于 2 根连续纵向钢筋，其直径不宜小于 12mm。

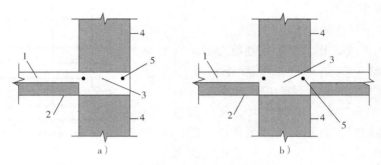

图 15.5-10　水平后浇带构造示意 (《装规》图 8.3.3)

a) 端部节点　b) 中间节点

1—后浇混凝土叠合层　2—预制板　3—水平后浇带　4—预制墙板　5—纵向钢筋

15.6　构件设计

本节介绍剪力墙外墙板与内墙板设计。装配式剪力墙结构其他构件的设计，叠合楼板设计见第 13 章；叠合连梁设计与框架结构叠合梁一样，见第 14 章；剪力墙夹芯保温外墙板拉结件和外叶板的设计见第 19 章；楼梯板、阳台板、整体飘窗、空调板等构件见第20 章。

15.6.1　剪力墙板设计内容

剪力墙板设计内容包括：

1. 外形和尺寸设计

依据拆分设计和连接节点设计，确定构件外形、尺寸、细部尺寸和允许误差等。

2. 竖向连接方式设计

连接设计包括选择连接方式（套筒还是浆锚搭接还是后浇混凝土），确定连接部件（如套筒、金属波纹管）的材质、类型、规格和性能要求等，连接布置（逐根连接部位、分布钢筋双排还是单排连接、连接点确定）等。

3. 钢筋设计

钢筋设计包括连接部位水平分布钢筋加密设计；与上部构件、相邻构件和连梁后浇混凝土连接伸出钢筋设计、单排连接时与套筒连接的钢筋设计、钢筋和套筒保护层设计、钢筋间隔件要求等。

4. 其他设计

构件与后浇混凝土或灌浆面连接面的部位与粗糙面要求、整间板窗下墙体填充轻质材料的构造设计等。

5. 制作、运输、安装工况设计

脱模、翻转、吊运、安装各种工况下的承载力复核，吊点、支撑点设计、敞口构件、L形构件临时拉杆设计、施工用预埋件设计等。

6. 集成化设计

门窗、保温、装饰一体化设计，各专业预埋件、预埋物和预留孔洞汇集到剪力墙板中。

15. 6. 2　构造要求

下面给出几个具体的构造设计要求。

1）L 形、T 形或 U 形，开洞预制剪力墙洞口宜居中布置，洞口两侧的墙肢宽度不应小于 200mm，洞口上方连梁高度不宜小于 250mm。

2）连接区钢筋加密。预制剪力墙竖向钢筋采用套筒灌浆连接时，自套筒底部至套筒顶部并向上延伸 300mm 范围内，水平分布钢筋应加密（图 15.6-1），最大间距及最小直径应符合表 15.6-1 的规定，套筒上端第二道水平分布钢筋距离套筒顶部不应大于 50mm。

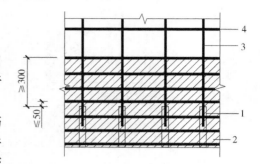

图 15.6-1　钢筋套筒灌浆连接部位水平分布筋加密构造示意（《装标》图 5.7.4）

1—竖向钢筋连接　2—水平钢筋加密区域（阴影区域）
3—竖向钢筋　4—水平分布钢筋

表 15.6-1　加密区水平分布钢筋的要求（《装标》表 5.7.4）

抗震等级	最大间距/mm	最小直径/mm
一、二级	100	8
三、四级	150	8

3）端部无边缘构件的预制剪力墙，宜在端部配置 2 根直径不小于 12mm 的竖向构造钢筋；沿该钢筋竖向应配置拉筋，拉筋直径不宜小于 6mm、间距不宜大于 250mm。

4）预制剪力墙的连梁不宜开洞；当需开洞时，洞口宜预埋套管，洞口上、下截面的有效高度不宜小于梁高的 1/3，且不宜小于 200mm（图 15.6-2）；被洞口削弱的连梁截面应进行承载力验算，洞口处应配置补强纵向钢筋和箍筋，补强纵向钢筋的直径不应小于 12mm。

5）预制剪力墙开有边长小于 800mm 的洞口且在结构整体计算中不考虑其影响时，应沿洞口周边配置补强钢筋；钢筋直径不应小于 12mm，截面面积不应小于同方向被洞口截断的钢筋面积；该钢筋自孔洞边角算起伸入墙内的长度，非抗震设计时不应小于 l_a，抗震设计时不应小于 l_{aE}，如图 15.6-3 所示。

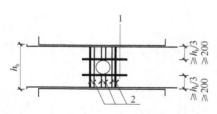

图 15.6-2　洞口补强示意
（《高规》图 7.2.28b）

1—连梁洞口上、下补强纵向钢筋　2—连梁洞口补强箍筋；非抗震设计时图中洞口补强筋 l_{aE} 取 l_a

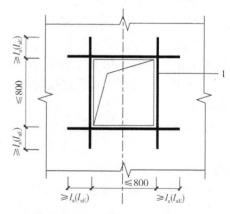

15.6-3　预制剪力墙洞口补强钢筋示意
（《装规》图 8.2.3）

1—洞口补强钢筋

6）当预制剪力墙洞口下方有墙时，宜将洞口下墙作为单独的连梁进行设计（图 15.6-4）。

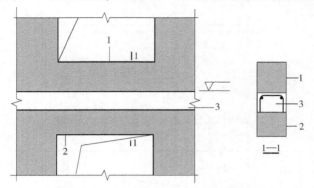

图 15.6-4　剪力墙洞口下墙与连梁关系示意（《装规》图 8.3.15）

1—洞口下墙　2—预制连梁　3—后浇圈梁或水平后浇带

7）当洞口下墙体按围护墙设计时，整间板剪力墙须填充轻质材料。

15.6.3　设计实例

下面分别给出剪力墙内墙板（图 15.6-5）和外墙板（图 15.6-6）的设计实例图样。

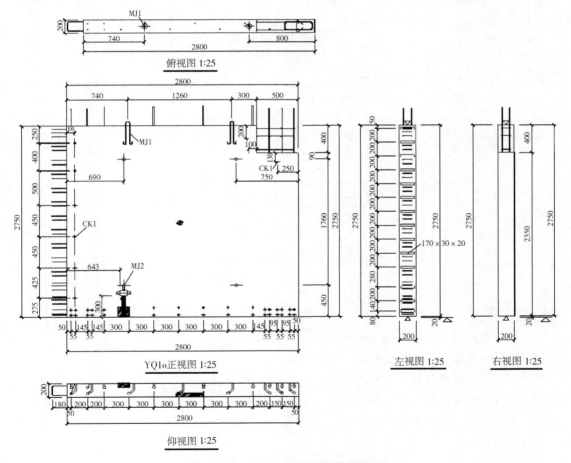

图 15.6-5　剪力墙内墙板拆分模板图

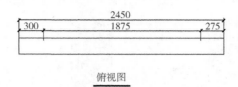

俯视图

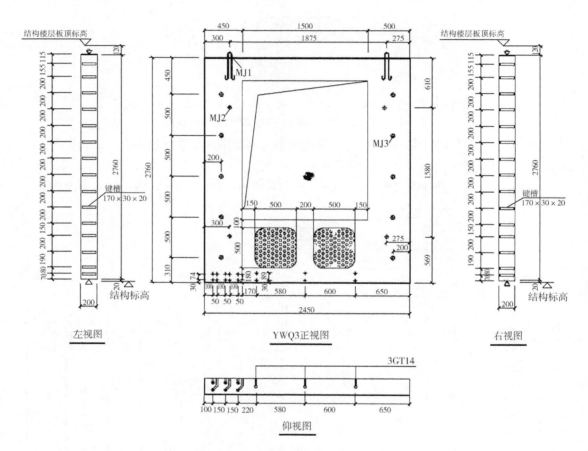

左视图   YWQ3正视图   右视图

仰视图

图 15.6-6 预制外墙板整间板模板图

 思考题

1. 装配整体式剪力墙结构有哪些类型?
2. 预制剪力墙结构拆分设计包含哪些内容?
3. 预制剪力墙连接设计有哪些规定?
4. 如何设计剪力墙夹芯保温板?
5. 装配式剪力墙结构设计面临哪些重要课题?

第 16 章　双面叠合剪力墙结构设计

16.1　概述

双面叠合剪力墙结构在欧洲应用较多。预制墙板由两叶 50mm 厚钢筋混凝土板通过桁架筋连接而成，空腔净距不小于 100mm。现场安装后，在空腔内敷设、搭接钢筋，浇筑混凝土，形成剪力墙实心板。双面叠合剪力墙实际上就是永久性的混凝土模板。

国家标准《装标》附录和辽宁地方标准对双面叠合剪力墙设计均有介绍，本章据此对双面叠合板剪力墙做简要介绍，包括规范基本规定（16.2），拆分设计（16.3），连接设计（16.4）。

16.2　规范基本规定

1）双面叠合剪力墙房屋的最大适用高度应符合表 16.2-1 的规定。

表 16.2-1　双面叠合剪力墙房屋的最大适用高度（《装标》表 A.0.1）（单位：m）

结构类型	抗震设防烈度			
	6 度	7 度	8 度（0.2g）	8 度（0.3g）
双面叠合剪力墙结构	90	80	60	50

注：房屋高度是指室外地面到主要屋面的高度，不包括局部凸出屋顶部分。

2）双面叠合剪力墙空腔内宜浇筑自密实混凝土；当采用普通混凝土时，混凝土粗骨料的最大粒径不宜大于 20mm。

3）双面叠合剪力墙预制部分混凝土强度等级不宜低于 C35，不应低于 C30，现浇墙体的混凝土强度等级不宜低于 C30。

4）抗震设计时，叠合板式剪力墙结构不应采用框支剪力墙结构。

5）叠合板式剪力墙结构中，连梁及其他楼面梁宜采用现浇混凝土。

16.3　拆分设计

1）双面叠合剪力墙的墙肢厚度不宜小于 200mm，单叶预制墙板厚度不宜小于 50mm，空腔净距不宜小于 100mm。预制墙板内外叶板内表面应设置粗糙面，凹凸深度不应小于 4mm。

2）双面叠合剪力墙结构宜采用预制混凝土叠合连梁（图 16.3-1）。

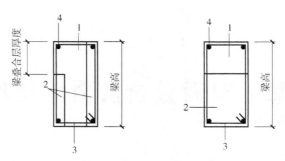

图 16.3-1　预制叠合连梁示意图（《装标》图 A.0.4）
1—后浇部分　2—预制部分　3—连梁箍筋　4—连梁纵筋

3）双面叠合剪力墙结构的截面设计应符合现行行业标准《高规》的有关规定，其中剪力墙厚度 b_w 取双面叠合剪力墙的全截面厚度。

4）双面叠合剪力墙结构底部加强部位的剪力墙宜采用现浇混凝土。楼层内相邻双面叠合剪力墙之间应采用整体式接缝连接；后浇混凝土与预制墙板应通过水平连接钢筋连接，水平连接钢筋的间距宜与预制墙板中水平分布钢筋的间距相同，且不宜大于 200mm；水平连接钢筋的直径不应小于叠合剪力墙预制板中水平分布钢筋的直径。

5）叠合板式剪力墙宜采用一字形；开洞叠合剪力墙洞口宜居中布置，洞口两侧的墙肢宽度，外墙不应小于 500mm，内墙不应小于 300mm，洞口上方连梁高度不宜小于 400mm。

6）叠合板式剪力墙的连梁不宜开洞；当需开洞时，洞口宜埋设套管，洞口上、下截面的有效高度不宜小于梁高的 1/3，且不宜小于 200mm；被洞口削弱的连梁截面应进行承载力验算，洞口处应配置补强纵向钢筋和箍筋，补强纵向钢筋直径不应小于 12mm。

7）预制叠合墙板的宽度不宜大于 6m，高度不宜大于楼层高度。

8）叠合板式剪力墙预制墙板内配置的桁架钢筋应满足下列要求：

①桁架钢筋应沿竖向布置，中心间距不应大于 400mm，边距不应大于 150mm，且每块墙板至少设置 2 榀。

②上弦钢筋直径不应小于 10mm，端部距墙板边缘不宜大于 50mm；下弦、斜向腹杆钢筋直径不应小于 6mm；斜向腹杆钢筋的配筋量尚不应低于现行行业标准《高规》（JGJ 3）中有关墙体拉筋的规定。

③桁架钢筋的上、下弦钢筋可作为墙板的竖向分布筋考虑。

16.4　连接设计

双面叠合剪力墙结构约束边缘构件内的配筋及构造要求应符合国家现行标准《建筑抗震设计规范》（GB 50011）和《高规》的有关规定，并应符合下列规定：

1）约束边缘构件（图 16.4-1）阴影区域宜全部采用后浇混凝土，并在后浇段内设置封闭箍筋，其中暗柱阴影区域可采用叠合暗柱或现浇暗柱。

2）约束边缘构件非阴影区的拉筋可由叠合墙板内的桁架钢筋代替，桁架钢筋的面积、直径、间距应满足拉筋的相关规定。

3）预制双面叠合剪力墙构造边缘构件内的配筋及构造要求应符合国家现行标准《抗规》（GB 50011）和《高规》的有关规定。构造边缘构件（图 16.4-2）宜全部采用后浇混凝土，并在后浇段内设置封闭箍筋；其中暗柱可采用叠合暗柱或现浇暗柱。

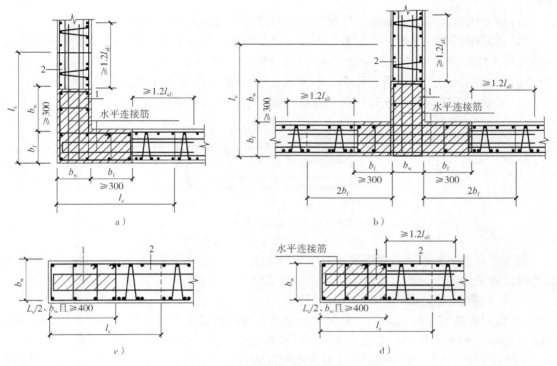

图 16.4-1　约束边缘构件（《装标》图 A.0.7）

a）转角墙　b）有翼墙　c）叠合暗柱　d）现浇暗柱

l_c—约束边缘构件沿墙肢的长度　1—后浇段　2—双面叠合剪力墙

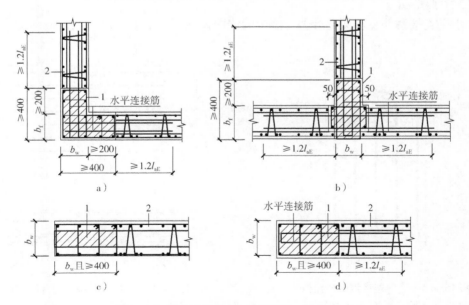

图 16.4-2　构造边缘构件（《装标》图 A.0.8）

a）转角墙　b）有翼墙　c）叠合暗柱　d）现浇暗柱

1—后浇段　2—双面叠合剪力墙

双面叠合剪力墙的钢筋桁架应满足运输、吊装和现浇混凝土施工的要求，并应符合下列规定：

1）钢筋桁架宜竖向设置，单片预制叠合剪力墙墙肢不应少于 2 榀。

2）钢筋桁架中心间距不宜大于 400mm，且不宜大于竖向分布筋间距的 2 倍；钢筋桁架距叠合剪力墙预制墙板边的水平距离不宜大于 150mm（图 16.4-3）。

3）钢筋桁架的上弦钢筋直径不宜小于 10mm，下弦钢筋及腹杆钢筋直径不宜小于 6mm。

4）钢筋桁架应与两层分布筋网片可靠连接，连接方式可采用焊接。

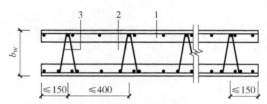

图 16.4-3　双面叠合剪力墙中钢筋桁架的预制布置要求（《装标》图 A.0.9）

1—预制部分　2—现浇部分　3—钢筋桁架

双面叠合剪力墙水平接缝高度不宜小于 50mm，接缝处现浇混凝土应浇筑密实。水平接缝处应设置竖向连接钢筋，连接钢筋应通过计算确定，并应符合下列规定：

1）连接钢筋在上下层墙板中的锚固长度不应小于 $1.2l_{aE}$（图 16.4-4）。

2）竖向连接钢筋的间距不应大于叠合剪力墙预制墙板中竖向分布钢筋的间距，且不宜大于 200mm；竖向连接钢筋的直径不应小于叠合剪力墙预制墙板中竖向分布钢筋的直径。

非边缘构件位置，相邻双面叠合剪力墙之间应设置后浇段，后浇段的宽度不应小于墙厚且不宜小于 200mm，后浇段内应设置不少于 4 根竖向钢筋，钢筋直径不应小于墙体竖向分布筋直径且不应小于 8mm；两侧墙体与后浇段之间应采用水平连接钢筋连接，水平连接钢筋应符合下列规定：

1）水平连接钢筋在双面叠合剪力墙中的锚固长度不应小于 $1.2l_{aE}$（图 16.4-5）。

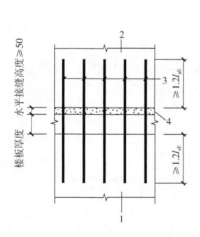

图 16.4-4　竖向连接钢筋搭接构造

（《装标》图 A.0.10）

1—下层叠合剪力墙　2—上层叠合剪力墙

3—竖向连接钢筋　4—楼层水平接缝

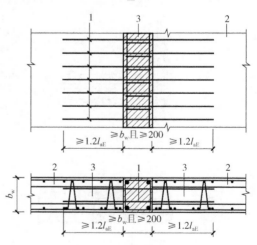

图 16.4-5　水平连接钢筋搭接构造

（《装标》图 A.0.11）

1—连接钢筋　2—预制部分

3—现浇部分

2）水平连接钢筋的间距宜与叠合剪力墙预制墙板中水平分布钢筋的间距相同，且不宜大于200mm；水平连接钢筋的直径不应小于叠合剪力墙预制墙板中水平分布钢筋的直径。

思考题

1. 双面叠合剪力墙有哪些规定？
2. 双面叠合剪力墙如何拆分？
3. 双面叠合剪力墙水平钢筋如何连接？
4. 双面叠合剪力墙竖向钢筋如何连接？
5. 双面叠合剪力墙的钢筋桁架有哪些规定？

第 17 章　多层墙板结构设计

17.1　概述

多层墙板结构是由墙板和楼板组成的结构体系，有三种类型：剪力墙型、框架板型和全装配型。

《装标》和《装规》给出的多层墙板结构属于剪力墙型。

欧洲装配式多层墙板有些属于框架板型，板中有暗梁、暗柱，表面看上去是板，实际上属于框架结构体系。

本书第 1 章图 1.1-8 介绍的贝聿铭设计的普林斯顿大学学生宿舍楼是全装配型，墙板与墙板，墙板与楼板，都用螺栓连接。

框架板型和全装配板型目前在国内尚没有规范支持。本章主要介绍剪力墙型多层墙板结构，内容包括一般规定（17.2），结构分析与计算方法（17.3），连接设计（17.4），预制墙板设计（17.5）。

17.2　一般规定

1）多层装配式墙板结构最大适用层数和最大适用高度见表 17.2-1。

表 17.2-1　多层装配式墙板结构最大适用层数和最大适用高度（《装标》表 5.8.2）

设 防 烈 度	6 度	7 度	8 度（0.2g）
最大适用层数	9	8	7
最大适用高度/m	28	24	21

注：一般多层建筑是指 6 层及 6 层以下的建筑，表中多层装配式墙板结构是以剪力墙结构为主的抗震烈度较低的地区可以做到 9 层。

2）多层装配式墙板结构适用的最大高宽比见表 17.2-2。

表 17.2-2　多层装配式墙板结构适用的最大高宽比（《装标》表 5.8.3）

设 防 烈 度	6 度	7 度	8 度（0.2g）
最大高宽比	3.5	3.0	2.5

3）多层装配式墙板结构设计应符合下列规定：

①结构抗震等级在设防烈度为 8 度时取三级，设防烈度 6、7 度时取四级。

②预制墙板厚度不宜小于 140mm，且不宜小于层高的 1/25。

③预制墙板的轴压比，三级时不应大于 0.15，四级时不应大于 0.2；轴压比计算时，墙体混凝土强度等级超过 C40，按 C40 计算。

17.3　结构分析与计算方法

17.3.1　结构构成

多层墙板结构由剪力墙板和叠合楼盖构成。房屋层数不大于 3 层时，楼盖可用预制楼板，即没有现浇叠合层的预制板。

17.3.2　结构分析

1）可采用弹性方法进行结构分析，并应按结构实际情况建立分析模型；在计算中应考虑接缝连接方式的影响。

2）采用水平锚环灌浆连接墙体可作为整体构件考虑，结构刚度宜乘以 0.85~0.95 的折减系数。

3）墙肢底部的水平接缝可按照整体式接缝进行设计，并取墙肢底部的剪力进行水平接缝的受剪承载力验算。

4）在风荷载或多遇地震作用下，按弹性方法计算的楼层层间最大水平位移与层高之比 $\Delta u_e/h$ 不宜大于 1/1200。

5）地震作用可采用底部剪力法计算。

6）各抗震墙肢按照负荷面积分担地震力。

7）采用分离式拼缝（预埋件焊接连接、预埋螺栓连接等，无后浇混凝土）连接的墙肢应作为独立的墙肢进行计算和截面设计，计算模型中应包括墙肢的连接节点。

17.3.3　水平接缝承载力计算

在地震设计状况下，预制剪力墙水平接缝的受剪承载力设计值应按下式计算：

$$V_{uE} = 0.6 f_y A_{sd} + 0.6N \qquad (17.3\text{-}1)（《装规》式 9.2.2）$$

式中　f_y——垂直穿过结合面的钢筋抗拉强度设计值；

$\quad N$——与剪力设计值 V 相应的垂直于结合面的轴向力设计值，压力时取正，拉力时取负；

$\quad A_{sd}$——垂直穿过结合面的抗剪钢筋面积。

由于多层装配式剪力墙结构中，预制剪力墙水平接缝中采用坐浆材料而非灌浆料填充，接缝受剪时静摩擦系数较低，取为 0.6。

对于干法螺栓连接螺栓间距较大（大于 600mm），直径大于 16mm 时，截面抗剪切以销栓作用为主，建议参考框架柱水平缝抗剪计算公式（见第 14 章公式 14.3-3）计算水平缝抗剪承载力。

预制剪力墙的竖向接缝采用后浇混凝土连接时，受剪承载力与现浇混凝土结构接近，不必计算其受剪承载力。

水平连接节点、竖向连接节点验算见表 17.3-1。

装配式混凝土建筑构造与设计

表 17.3-1　低层墙板结构常用结构连接计算表

序号	名称	计 算 公 式	水平连接计算	水平连接简图	竖向连接计算
1	螺栓连接	墙板结构竖向缝计算公式： $N_V^b = \gamma n_v \dfrac{\pi d^2}{4} f_v^b$ $V_{iF} \le N_V^b$	N_V^b——螺栓抗剪承载力； n_v——螺栓数量； γ——螺栓群效应系数； f_v^b——螺栓抗剪强度； V_{iF}——竖向缝所受到剪力设计值		水平缝计算： 框架结构按《装规》7.2.3 计算；剪力墙结构按《装规》8.3.7条计算
2	焊接连接	墙板结构竖向缝计算公式： $N_f^w = 0.7 h_f l_w f_t^w$ $V_{iF} \le N_f^w$	N_f^w——焊缝抗剪承载力； h_f——焊脚尺寸； l_w——脚焊缝的计算长度； f_t^w——角焊缝强度设计值		水平缝计算： 框架结构按《装规》附录 A03、A04，钢筋焊接计算方法按《装规》8.3.7 条计算
3	套筒灌浆连接	套筒灌浆连接用于墙板水平连接，国内正在研发中，抗剪承载力主要有钢筋销栓作用抗剪和结合面键槽抗剪	—		套筒用于构件竖向连接接缝计算： 框架结构按《装规》7.2.3 条计算；剪力墙结构按《装规》8.3.7 条计算
4	浆锚搭接连接		—		浆锚搭接用于构件竖向连接接缝计算： 框架结构按《装规》7.2.3 条计算；剪力墙结构按《装规》8.3.7 条计算
5	绳套灌浆连接	按构造设计	—	—	—
6	水平钢筋锚环灌浆连接	按构造设计	属于类似于绳套连接的一种连接方式。应用不多	—	—
7	后张预应力连接	预应力钢筋的销栓作用和单元板结合面的剪摩擦为主，参照《装规》7.2.3 条	建工华创的预应力单元组合式楼板连接	—	—

（续）

序号	名称	计算公式	水平连接计算	水平连接简图	竖向连接计算
8	后浇混凝土连接	抗震性能良好，等同现浇，包括梁、板、柱和墙体连接	国内目前主流的装配式建筑的连接方式	—	根据后浇混凝土内采用的连接方式计算

17.4　连接设计

多层墙板结构的构件连接包括竖向连接、水平连接、墙板与楼盖连接、墙板与连梁连接、墙板与基础连接。

17.4.1　竖向连接

1. 边缘构件受力钢筋连接

1）上下层构造边缘构件纵向受力钢筋应直接连接，可采用灌浆套筒连接、浆锚搭接连接、焊接连接或型钢连接件连接；箍筋架立筋可不伸出预制墙板表面。

2）采用配置型钢的构造边缘构件时，应符合下列规定：

①可由计算和构造要求得到钢筋面积并按等强度计算相应的型钢截面。

②型钢应在水平缝位置采用焊接或螺栓连接等方式可靠连接。

③型钢为一字形或开口截面时，应设置箍筋和箍筋架立筋，配筋量应满足（表17.4-1）的要求。

表 17.4-1　多层装配式剪力墙结构后浇混凝土暗柱配筋要求（《装规》表9.3.1）

底　　层			其　　他　　层		
纵向钢筋最小量	箍筋/mm		纵向钢筋最小量	箍筋/mm	
	最小直径	沿竖向最大间距		最小直径	沿竖向最大间距
$4\phi12$	6	200	$4\phi10$	6	250

④当型钢为钢管时，钢管内应设置竖向钢筋并采用灌浆料填实。

2. 竖向连接的水平接缝

预制剪力墙水平接缝宜设置在楼面标高处，并应满足下列要求：

1）接缝厚度宜为20mm。

2）接缝处应设置连接节点，连接节点间距不宜大于1m；穿过接缝的连接钢筋数量应满足接缝受剪承载力的要求，且配筋率不应低于墙板竖向钢筋配筋率，连接钢筋直径不应小于14mm。

3）连接钢筋可采用套筒灌浆连接、浆锚搭接连接、螺栓连接、焊接连接。

17.4.2　水平连接

多层墙板的水平连接也就是竖缝可采用后浇混凝土连接和锚环灌浆连接。

1. 后浇混凝土连接

（1）转角和纵横墙交接处　抗震等级为三级的多层装配式剪力墙结构，在预制剪力墙转角、纵横墙交接部位应设置后浇混凝土暗柱。

1）后浇混凝土暗柱截面高度不宜小于墙厚，且不应小于250mm，截面宽度可取墙厚，如图17.4-1所示。

2）后浇混凝土暗柱内应配置竖向钢筋和箍筋，配筋应满足墙肢截面承载力的要求，并应满足表17.4-1的要求。

3）预制剪力墙的水平分布钢筋在后浇混凝土暗柱内的锚固、连接应符合现行国家标准《混凝土结构设计规范》（GB 50010）有关规定。

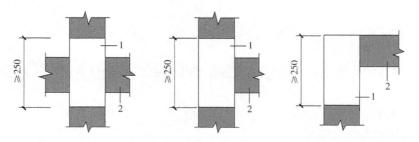

图17.4-1 多层装配式剪力墙结构后浇混凝土暗柱示意（《装规》图9.3.1）
1—后浇段 2—预制剪力墙

（2）相邻墙板竖缝（图17.4-2）

1）后浇段内应设置竖向钢筋，竖向钢筋配筋率不应小于墙体竖向分布筋配筋率，且不宜小于2φ12。

2）预制剪力墙的水平分布钢筋在后浇段内的锚固、连接应符合现行国家标准《混凝土结构设计规范》（GB 50010—2010）的有关规定。

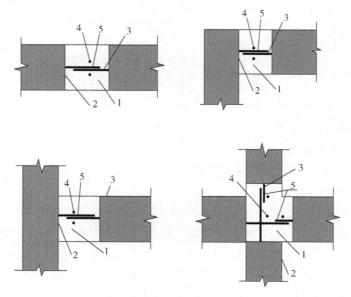

图17.4-2 预制墙板竖向接缝构造示意（《装规》条文说明图5）
1—后浇段 2—键槽或粗糙面 3—连接钢筋 4—竖向钢筋
5—钢筋焊接或搭接

2. 竖缝锚环灌浆连接

多层装配式墙板结构纵横墙板交接处及楼层内相邻承重墙板之间可采用水平钢筋锚环灌浆连接（图 17.4-3），并应符合下列规定：

1）应在交接处的预制墙板边缘设置构造边缘构件。

2）竖向接缝处应设置后浇段，后浇段横截面面积不宜小于 $0.01m^2$，且截面边长不宜小于 80mm；后浇段应采用水泥基灌浆料灌实，水泥基灌浆料强度不应低于预制墙板混凝土强度等级。

3）预制墙板侧边应预留水平钢筋锚环，锚环钢筋直径不应小于预制墙板水平分布筋直径，锚环间距不应大于预制墙板水平分布筋间距；同一竖向接缝左右两侧预制墙板预留水平钢筋锚环的竖向间距不宜大于 $4d$（d 为水平钢筋锚环的直径），且不应大于 50mm；水平钢筋锚环在墙板内的锚固长度应满足现行国家标准《混凝土结构设计规范》（GB 50010）的有关规定；竖向接缝内应配置截面面积不小于 $200mm^2$ 的节点后插纵筋，且应插入墙板侧边的钢筋锚环内；上下层节点后插筋可不连接。

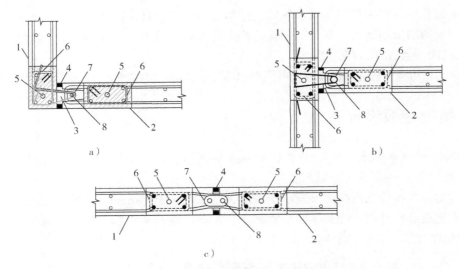

图 17.4-3　水平钢筋锚环灌浆连接构造示意
a) L 形节点构造示意　b) T 形节点构造示意　c) 一字形节点构造示意
1—纵向预制墙体　2—横向预制墙体　3—后浇段　4—密封条　5—边缘构件纵向受力钢筋
6—边缘构件箍筋　7—预留水平钢筋锚环　8—节点后插纵筋

17.4.3　墙板与楼盖连接

1. 房屋层数大于 3 层时水平连接

当房屋层数大于 3 层时，应符合下列规定：

1）屋面、楼面宜采用叠合楼板，叠合板与预制剪力墙的连接见第 13 章 13.5.5。

2）沿各层预制剪力墙顶应设置水平后浇带，见第 15 章 15.5.4。

3）当抗震等级为三级时，应在屋面设置封闭的后浇钢筋混凝土圈梁，见第 15 章 15.5.4。

2. 房屋层数不大于 3 层时水平连接

当房屋层数不大于 3 层时，楼面可采用预制板，并应符合下列规定：

1）预制板在墙上的搁置长度不应小于 60mm，当墙厚不能满足搁置长度要求时可设挑耳；板端后浇混凝土接缝宽度不宜小于50mm，接缝内应配置连续的通长钢筋，钢筋直径不应小于8mm。

2）当板端伸出锚固钢筋时，两侧伸出的锚固钢筋应互相可靠连接，并应与支承墙伸出的钢筋、板端接缝内设置的通长钢筋拉结。

3）当板端不伸出锚固钢筋时，应沿板跨方向布置连系钢筋。连系钢筋直径不应小于10mm，间距不应大于600mm；连系钢筋应与两侧预制板可靠连接，并应与支承墙伸出的钢筋、板端接缝内设置的通长钢筋拉结。

4）在搁置长度范围内空腔应用细石混凝土填实。

17.4.4　墙板与连梁连接

墙板与连梁连接，连梁宜与剪力墙整体预制，也可在跨中拼接。预制剪力墙洞口上方的预制连梁可与后浇混凝土圈梁或水平后浇带形成叠合连梁。

17.4.5　墙板与基础连接

1）基础顶面应设置现浇混凝土圈梁，圈梁上表面应设置粗糙面。

2）预制剪力墙与圈梁顶面之间的接缝构造应符合本章17.4.3的要求，连接钢筋应在基础中可靠锚固，且宜伸入到基础底部。

3）剪力墙后浇暗柱和竖向接缝内的纵向钢筋应在基础中可靠锚固，且宜伸入到基础底部。

17.5　预制墙板设计

预制墙板应在水平或竖向尺寸大于800mm的洞边、一字墙墙体端部、纵横墙交接处设置构造边缘构件，并应满足下列要求：

1）构造边缘构件截面高度不宜小于墙厚，且不宜小于200mm，截面宽度同墙厚。

2）构造边缘构件内应配置纵向受力钢筋、箍筋、箍筋架立筋，构造边缘构件的纵向钢筋除应满足设计要求外，尚应满足表17.5-1的要求。

表17.5-1　构造边缘构件的构造配筋要求（《装标》表5.8.7）

抗震等级	底　层				其　他　层			
	纵筋 最小量	箍筋架立筋 最小量	箍筋/mm		纵筋 最小量	箍筋架立筋 最小量	箍筋/mm	
			最小直径	最大间距			最小直径	最大间距
三级	1φ25	4φ10	6	150	1φ22	4φ8	6	200
四级	1φ22	4φ8	6	200	1φ20	4φ8	6	250

 思考题

1. 多层装配式墙板结构有哪些规定？

2. 多层装配式墙板结构如何计算？

3. 多层装配式墙板结构如何连接？

4. 多层装配式墙板结构如何设计？

第18章 外挂墙板结构设计

18.1 概述

外挂墙板是安装在主体结构上，起围护、装饰作用的非承重构件。有普通外挂墙板和夹芯保温外挂墙板两种类型。关于外挂墙板的建筑设计，包括板缝宽度设计，在第6章6.6节已经介绍；夹芯保温板外叶板和拉结件的设计在第19章介绍。

本章介绍外挂墙板结构与构造设计及其与主体结构连接的连接节点设计，具体内容包括外挂墙板结构设计内容（18.2），设计一般规定（18.3），拆分设计（18.4），作用与作用组合（18.5），连接节点的原理与布置（18.6），墙板结构计算（18.7），连接节点设计（18.8）。外叶墙板和连接件设计在第19章19.3节、19.4节讨论。

18.2 外挂墙板结构设计内容

18.2.1 外挂墙板结构设计要求

外挂墙板结构设计要求是：设计合理的墙板结构和与主体结构的连接节点，使其在承载能力极限状态和正常使用极限状态下，符合安全、正常使用的要求。在自重、风荷载、地震作用等作用下：

1）墙板和连接件的承载能力在容许应力以下。

2）墙板挠度和裂缝在容许范围内。

3）连接件不出现超出设计允许范围的位移。

4）当主体结构发生层间位移时，墙板连接件能够"应对"，避免因结构位移出现对墙板的附加作用而导致裂缝。

5）当墙板与主体结构有温度变形差异时，墙板连接件能够"应对"，避免温度应力引起墙板裂缝。

6）在施工、运输、安装荷载作用下墙板承载力、挠度在容许范围内，不出现裂缝。

18.2.2 外挂墙板结构设计具体内容

1）与建筑设计共同确定墙板尺寸。

2）连接节点布置。外挂墙板结构设计首先要进行连接节点的布置，因为墙板以连接节点为支座，结构设计计算在连接节点确定之后才能进行。

3）墙板结构设计。包括作用及作用组合计算、配置钢筋、结构承载能力和正常使用状态的验算、墙板构造设计等。

4）连接节点结构设计。设计连接节点的类型、连接方式；连接节点的作用及作用组合计算；连接节点结构计算；设计适应主体结构变形的构造；连接节点其他构造设计。

5）制作、堆放、运输、施工环节的结构验算与构造设置。包括脱模、翻转、吊运、安装预埋件的设置；制作、运输、施工环节荷载作用下墙板承载能力和裂缝验算等。

18.3　设计一般规定

本节介绍《装标》、《装规》外挂墙板结构设计的规定。

1）在正常使用状态下，外挂墙板具有良好的工作性能。外挂墙板在多遇地震作用下能够正常使用；在设防烈度地震作用下经修理后应仍可使用；在预估的罕遇地震作用下不应整体脱落。

2）外挂墙板与主体结构的连接节点应具有足够的承载力和适应主体结构变形的能力。外挂墙板和连接节点的结构分析、承载力计算和构造要求应符合国家现行标准《混凝土结构设计规范》（GB 50010）和《装规》的有关规定。

3）外挂墙板结构分析可采用线弹性方法，计算简图应符合实际受力状态。

4）对外挂墙板和连接节点进行承载力验算时，其结构构件重要性系数 γ_0 应取不小于 1.0，连接节点承载力抗震调整系数 γ_{RE} 应取 1.0。

5）抗震设计时，外挂墙板与主体结构的连接节点在墙板平面内应具有不小于主体结构在设防烈度地震作用下弹性层间位移角 3 倍的变形能力。

6）外挂墙板与主体结构宜采用柔性连接，连接节点应具有足够的承载力和适应主体结构变形的能力，并应采取可靠的防腐、防锈和防火措施。

7）主体结构计算时，应按下列规定计入结构对外挂墙板的影响：

①应计入支撑于结构主体的外挂墙板自重。

②当外挂墙板对支撑构件有偏心时，应计入外挂墙板重力荷载偏心的不利影响。

③采用点支撑与主体结构相连的外挂墙板，连接节点具有适应主体结构变形的能力时，可不计入其刚度的影响，但不得考虑外挂墙板的有利影响。

④采用线支承与主体结构相连的外挂墙板，应根据刚度等代原则计入其刚度影响，但不得考虑外挂墙板的有利影响。

8）外挂墙板不应跨越主体结构的变形缝，主体变形缝两侧外挂墙板的构造缝应能适应主体结构的变形要求，宜柔性连接设计或滑动连接设计，并宜采取宜修复的构造措施。

18.4　拆分设计

外挂墙板是非承重构件，拆分设计主要由建筑师根据建筑立面效果确定，第 6 章 6.6.3 节介绍了外挂墙板的拆分原则，第 12 章 12.2 节介绍了结构构件拆分原则。这里从结构角度给出外挂墙板拆分的具体要求。

1. 连接点位置影响

外挂墙板应安装在主体结构构件上，即结构柱、梁、楼板或结构墙体上，墙板拆分必须考虑与主体结构连接的可行性。如主体结构无法满足墙板连接节点的要求，应引出次梁次柱等二次结构体系，以服从建筑功能和艺术效果的要求。

2. 墙板尺寸

外挂墙板尺寸一般以一个层高和一个开间为限。《装规》规定，外挂墙板高度不宜大于一个层高。

欧美、日本常用超长外挂墙板，或跨两个层高、或跨两个开间，安装效率高。超长外挂墙板要求制作、安装有大吨位起重能力和超长运输能力。

3. 开洞墙板边缘宽度

设置窗户洞口的墙板，洞口边板有效宽度不宜低于300mm（图 18.4-1）。

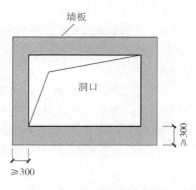

图 18.4-1　开洞板边缘宽度

18.5　作用与作用组合

外挂墙板不分担主体结构承受的作用，只考虑直接施加于外墙上的作用。

竖直外挂墙板承受的作用包括自重、风荷载、地震作用和温度作用；当建筑表皮是非线性曲面时，可能会有仰斜墙板，其作用应当参照屋面板考虑，有雪荷载、施工维修的集中荷载等。

1. 规范规定

1）计算外挂墙板及连接节点的承载力时，荷载组合的效应设计值应符合下列规定：

①持久设计状况：

当风荷载效应起控制作用时：

$$S = \gamma_G S_{Gk} + \gamma_w S_{wk} \qquad (18.5\text{-}1)(《装规》式 10.2.1\text{-}1)$$

当永久荷载效应起控制作用时：

$$S = \gamma_G S_{Gk} + \Psi_w \gamma_w S_{wk} \qquad (18.5\text{-}2)(《装规》式 10.2.1\text{-}2)$$

②地震设计状况：

在水平地震作用下：

$$S_{Eh} = \gamma_G S_{Gk} + \gamma_{Eh} S_{Ehk} + \Psi_w \gamma_w S_{wk} \qquad (18.5\text{-}3)(《装规》式 10.2.1\text{-}3)$$

在竖向地震作用下：

$$S_{Ev} = \gamma_G S_{Gk} + \gamma_{Ev} S_{Evk} \qquad (18.5\text{-}4)(《装规》式 10.2.1\text{-}4)$$

式中　S——基本组合的效应设计值；

S_{Eh}——水平地震作用组合的效应设计值；

S_{Ev}——竖向地震作用组合的效应设计值；

S_{Gk}——永久荷载的效应标准值；

S_{wk}——风荷载的效应标准值；

S_{Ehk}——水平地震作用的效应标准值；

S_{Evk}——竖向地震作用的效应标准值；

γ_G——永久荷载分项系数，按本小节第2）条规定取值；

γ_w——风荷载分项系数，取1.4；

γ_{Eh}——水平地震作用分项系数，取1.3；

γ_{Ev}——竖向地震作用分项系数，取1.3；

Ψ_w——风荷载组合系数，在持久设计状况下取 0.6，地震设计状况下取 0.2。

2）在持久设计状况、地震设计状况下，进行外挂墙板和连接节点的承载力设计时，永久荷载分项系数 γ_G 应按下列规定取值：

①进行外挂墙板平面外承载力设计时，γ_G 应取为 0；进行外挂墙板平面内承载力设计时，γ_G 应取为 1.2。

②进行连接节点承载力设计时，在持久设计状况下：当风荷载效应起控制作用时，γ_G 应取为 1.2；当永久荷载效应起控制作用时，γ_G 应取为 1.35；在地震设计状况下，γ_G 应取为 1.2；当永久荷载效应对连接节点承载力有利时，γ_G 应取为 1.0。

3）计算水平地震作用标准值时，可采用等效侧力法，并应按下式计算：

$$F_{Ehk} = \beta_E \alpha_{max} G_k \qquad (18.5\text{-}5)（《装规》式 10.2.4)$$

式中　F_{Ehk}——施加于外挂墙板重心处的水平地震作用标准值（kN）；

　　　β_E——动力放大系数，可取 5.0；

　　　α_{max}——水平地震影响系数最大值，应按（表 18.5-1）采用；

　　　G_k——外挂墙板的重力荷载标准值（kN）。

表 18.5-1　水平地震影响系数最大值 α_{max}

抗震设防烈度	6 度	7 度	8 度
α_{max}	0.04	0.08（0.12）	0.16（0.24）

注：抗震设防烈度 7、8 度时括号内数值分别用于设计基本地震加速度为 0.15g 和 0.3g 的地区。

4）外挂墙板地震均布作用计算。

$$q_{Ek} = \beta_E a_{max} G_k / A$$

式中　q_{Ek}——分布水平作用标准值（kN/m²）；

　　　A——外挂墙板平面面积（m²）。

5）竖向地震作用标准值可取水平地震作用标准值的 0.65 倍。

2. 作用汇总

外挂墙板需计算的作用汇总见表 18.5-2。

表 18.5-2　外挂墙板荷载计算表

阶　段	作　用	作　用　对　象					说　明
		墙　板			支　座		
		竖向板	水平板	倾斜板	竖向	水平	
适用阶段	重力	√	√	√	√	√	
	风荷载	√	√	√	√	√	
	地震作用	√	√	√	√	√	
	雪荷载		√	√	√	√	与板倾斜角度有关
	温度作用	√	√	√	√	√	
施工荷载	施工荷载		√	√	√	√	与板倾斜角度有关
	维修荷载		√	√	√	√	与板倾斜角度有关
	脱模	√	√	√	√	√	
	吊装	√	√	√	√	√	

18.6　连接节点的原理与布置

18.6.1　连接节点的设计要求

外挂墙板连接节点不仅要有足够的强度和刚度保证墙板与主体结构可靠连接，还要避免主体结构位移作用于墙板形成内力，即所谓的柔性连接。

主体结构在侧向力作用下会发生层间位移，或由于温度作用产生变形，如果墙板的每个连接节点都牢牢地固定在主体结构上，主体结构出现层间位移时，墙板就会随之沿板平面方向扭曲，产生较大内力。为了避免这种情况，连接节点应当具有相对于主体结构的可"移动"性。当主体结构位移时，连接节点允许墙板不随之扭曲，有相对的"自由度"，由此避免了主体结构施加给墙板的作用，也避免了墙板对主体结构的反作用。

连接节点设计要求如下：

1）将墙板与主体结构可靠连接。
2）保证墙板在自重、风荷载、地震作用下的承载能力和正常使用。
3）在主体结构发生位移时，墙板相对于主体结构可以"移动"。
4）连接节点部件的强度与变形满足使用要求和规范规定。
5）连接节点位置有足够的空间可以放置和锚固连接预埋件。
6）连接节点位置有足够的安装作业空间，安装便利。

18.6.2　连接节点类型

1. 水平支座与重力支座

外挂墙板承受水平方向和竖直方向两个方向的作用，连接节点分为水平支座和重力支座。

水平支座只承受水平作用，包括风荷载、水平地震作用和构件相对于安装节点的偏心形成的水平力，不承受竖向荷载。

重力支座顾名思义是承受竖向荷载的支座，承受重力和竖向地震作用。其实重力支座同时也承受水平荷载，但都习惯称为重力支座，是为了强调其主要功能是承受重力作用。

图 18.6-1　外墙挂板水平支座与重力支座

图 18.6-1 所示外挂墙板的背面，两个预埋螺栓是水平支座，两个带孔的预埋件是重力支座。

2. 固定连接节点与活动连接节点

连接节点按照是否允许移动又分为固定节点和活动节点。固定节点是将墙板与主体结构"固定"连接的节点；活动节点则是允许墙板与主体结构之间有相对位移的节点。

图 18.6-2 是水平支座固定节点与活动节点的示意图。在墙板上伸出预埋螺栓，楼板底面预埋螺母，用连接件将墙板与楼板连接。连接件 a 孔眼没有活动空间，形成了固定节点；

连接件 b 孔眼有横向的活动空间，就形成可以水平滑动的活动节点；连接件 c 孔眼有竖向的活动空间，就形成可以垂直滑动的活动节点；连接件 d 孔眼较大，各个方向都有的活动空间，就形成了可以各向滑动的活动节点。

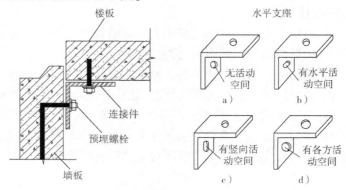

图 18.6-2　外墙挂板水平支座的固定节点与活动节点示意图

图 18.6-3 是重力支座的固定节点与活动节点的示意图。在墙板上伸出预埋 L 形钢板，楼板伸出预埋螺栓。L 形钢板 a 孔眼没有活动空间，就形成了固定节点；L 形钢板 b 孔眼有横向的活动空间，就形成可以水平滑动的活动节点。

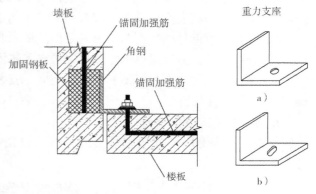

图 18.6-3　外墙挂板重力支座的固定节点与活动节点示意图

3. 滑动节点和转动节点

活动节点中，又分为滑动支座和转动支座。

滑动支座的一般做法是将连接螺栓的连接件的孔眼在滑动方向加长。允许水平滑动就沿水平方向加长，允许竖直方向滑动就沿竖直方向加长，两个方向都允许滑动，就扩大孔的直径。

转动支座可以微转动，一般靠支座加橡胶垫实现。

需要强调的是，这里所说的移动是相对于主体结构而言的，实际情况是主体结构在动，活动节点处的墙板没有随之动。

18.6.3　连接节点布置

1. 与主体结构的连接

墙板连接节点须布置在主体结构构件柱、梁、楼板、结构墙体上。

当布置在悬挑楼板上时，楼板悬挑长度不宜大于 600mm。

连接节点在主体结构的预埋件距离构件边缘不应小于 50mm。

当墙板无法与主体结构构件直接连接时，必须从主体结构引出二次结构作为连接的依附体。

2. 连接节点数量

一般情况下，外挂墙板布置 4 个连接节点，两个水平支座，两个重力支座；重力支座布置在板下部时称为"下托式"；重力支座布置板的上部时称为"上挂式"。

当墙板宽度小于 1.2m 时，也可以布置 3 个连接节点，其中 1 个水平支座，2 个重力支座（图 18.6-4）。

当墙板长度大于 6000mm 时，或墙板为折角板，折边长度大于 600mm 时，可设置 6 个连接节点（图 18.6-5）。

图 18.6-4　窄板设置 3 个连接件

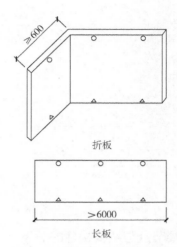

图 18.6-5　长板和折板设置 6 个连接节点

3. 连接节点距离板边缘的距离

图 18.6-6 是日本外墙挂板连接节点距离边缘的位置，板上下部各设置两个连接件，下部连接件中心距离板边缘为 150mm 以上，上部连接件中心与下部连接件中心之间水平距离为 150mm 以上。

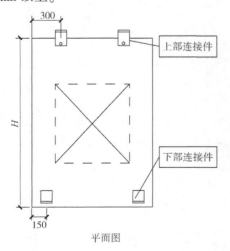

平面图

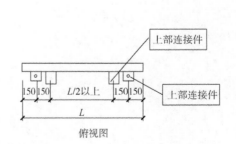

俯视图

图 18.6-6　连接件位置

上下节点不在一条线上，一个显而易见的好处是"不打架"。因为楼板下面需预埋下层墙板的上部连接节点用的预埋螺母；楼板上面需预埋连接上层墙板重力支座的预埋螺栓；布置在一条线上，锚固空间会拥挤。

4. 偏心节点布置

连接节点最好对称布置。但许多时候，因柱子对操作空间的影响，不得不偏心布置。当偏心布置时，连接节点距离不宜过大，节点的距离不宜小于1/2板宽，如图18.6-7所示。

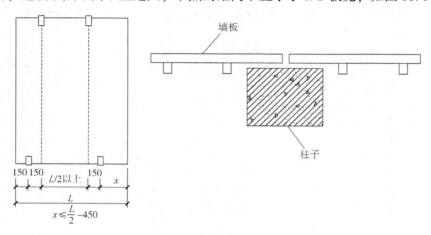

图 18.6-7　偏心连接节点位置

18.6.4　连接节点与结构构件的关系

墙板与结构构件连接的几种类型如图18.6-8所示。

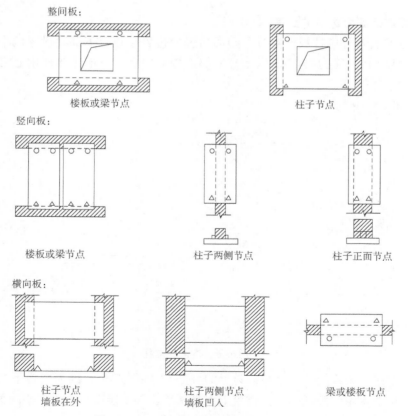

图 18.6-8　墙板与主体结构连接节点类型

18.7 墙板结构计算

18.7.1 《装规》规定

1）厚度不小于100mm。

2）外挂墙板宜采用双层、双向配筋，竖向和水平钢筋的配筋率均不应小于0.15%，且钢筋直径不宜小于5mm，间距不宜大于200mm。

3）门窗洞口周边、角部应配置加强钢筋。

4）外挂墙板最外层钢筋的混凝土保护层厚度除有专门要求外，应符合下列规定：

①对石材或面砖饰面，不应小于15mm。

②对清水混凝土，不应小于20mm。

③对露骨料装饰面，应从最凹处混凝土表面计起，且不应小于20mm。

18.7.2 墙板结构设计要求

1）外挂墙板必须满足构件在制作、堆放、运输、施工各个阶段和整个使用寿命期的承载能力的要求，保证强度和稳定性；还要控制裂缝和挠度。

2）外挂墙板是装饰性构件，对裂缝和挠度比较敏感。按照现行国家标准《混凝土结构设计规范》（GB 50010）的规定，2类和3类环境类别非预应力混凝土构件的裂缝允许宽度为0.2mm；受弯构件计算跨度小于7m时允许挠度为$l/200$。0.2mm结构裂缝是清晰可视的，清水混凝土和表面涂漆的墙板不大容易被用户接受，心理上会形成不安全感。因此，外挂墙板在制作、堆放、运输和安装环节荷载作用下，不宜出现裂缝。

在使用环节，当外挂墙板表面为反打瓷砖、反打石材或装饰混凝土时，结构裂缝可以按照《混凝土结构设计规范》（GB 50010）的规定控制；对于清水混凝土构件，宜控制得严一些。对于夹芯保温板，内叶板裂缝控制可按普通结构构件控制，外叶板裂缝控制宜严格一些。

3）《混凝土结构设计规范》（GB 50010）关于受弯构件挠度的限值，是为屋盖、楼盖及楼梯等构件规定的；外挂墙板计算跨度一般小于7m，照搬$l/200$挠度限值是个省事的做法，这个挠度在视觉上不会有明显的感觉，况且使墙板产生挠度的主要荷载风荷载并不是恒定的荷载。

18.7.3 作用于外挂墙板的作用

不考虑连接节点，外挂墙板本身结构计算需考虑的荷载作用与墙板方向有关。

竖直外挂墙板结构计算不需要考虑与墙板平行的重力荷载，只需考虑垂直于墙板的作用，包括风荷载和地震作用。

不规则建筑表皮倾斜和仰斜的外挂墙板需要考虑的作用包括自重荷载，仰斜墙板还包括雪荷载、维修集中荷载，见表18.7-1。

18.7.4 计算简图

1. 无洞口墙板

外挂墙板的结构计算主要是验算水平荷载作用下板的承载能力和变形；竖直荷载主要是对连接节点和内外叶板的拉结件作用。

外挂墙板是以连接节点为支撑的板式构件，即4点支撑板。计算简图如图18.7-1所示。

表 18.7-1　外挂墙板使用期间的作用

方向	示意图	作用					
		自重	风荷载	地震作用		雪荷载	施工检修荷载
				水平（垂直板面）	竖向作用		
竖直			√	√			
倾斜		√	√	√	√		
仰斜		√	√	√	√	√	√

2. 长宽比大的墙板

长宽比较大的墙板，长边内力分布比较均匀，可直接按照简支板计算；短边内力因支座距离较远而分布不均匀，支座板带比跨中板带分担更多的荷载，应当对内力进行调整（图 18.7-2）。支座板带承担 75% 的荷载，跨中板带承担 25% 的荷载。

3. 有洞口墙板的荷载调整

有窗户洞口的墙板，窗户所承受的风荷载应当被窗边墙板所分担（图 18.7-3）。

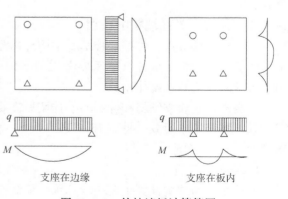

图 18.7-1　外挂墙板计算简图

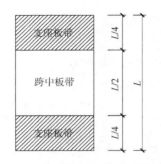

图 18.7-2 长宽比较大的墙板内力调整

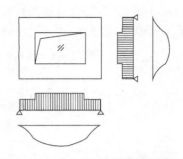

图 18.7-3 有洞口墙板计算简图

18.7.5 墙板结构计算内容

墙板结构计算内容包括：

1）配筋和墙板承载力验算。

2）挠度验算。

3）裂缝宽度计算。

按照日本的经验，外挂墙板随着安装节点位置的变化、开洞情况不同等，计算机计算的结果与人工计算结果差距较大。为了确保安全，在计算机计算的同时也采用人工计算进行比较，取更为安全的结果。

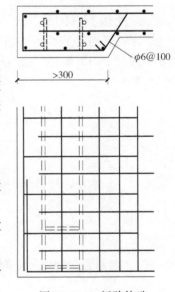

18.7.6 墙板结构构造设计

1）边缘加强筋：预制外挂墙板周圈宜设置一圈加强筋。

2）开口转角处加强筋：预制外挂墙板洞口转角处应设置加强筋。

3）预埋件加强筋：预制外挂墙板连接节点预埋件处应设置加强筋。

4）L 形墙板转角部位构造：平面为 L 形的转角外挂墙板转角处的构造和加强筋。

5）板肋构造：有些外挂墙板，如宽度较大的板，设置了板肋，板肋构造如图 18.7-4 所示。

图 18.7-4 板肋构造

18.8 连接节点设计

外挂墙板连接节点类型和布置在 18.6 节已经讨论了，本节讨论连接节点结构设计。

18.8.1 《装规》规定

1）外挂墙板与主体结构采用点支承连接时，连接件的滑动孔尺寸，应根据穿孔螺栓的直径、层间位移值和施工误差等因素确定。

2）外挂墙板间接缝的构造应符合下列规定：

①接缝构造应满足防水、防火、隔声等建筑功能的要求。

②接缝宽度应满足主体结构的层间位移、密封材料的变形能力、施工误差、温差引起的变形要求，且不应小于 15mm。

3）条文说明中提出，外挂墙板与主体结构的连接节点应采用预埋件，不得采用后锚固方法。

18.8.2　作用于连接节点的荷载与作用

作用于外挂墙板连接节点的荷载与作用见表 18.8-1。

表 18.8-1　作用于外挂墙板连接节点的荷载与作用

连接节点类型	方　　向	荷载与作用					
		重力	重力偏心力矩水平力	风荷载	地震作用		
					水平（垂直板面）	水平（平行板面）	竖向作用
重力支座	竖直	√					√
	水平（垂直板面）		√	√	√		
	水平（平行板面）					√	
水平支座	水平（垂直板面）		√	√	√		
	水平（平行板面）					√	

18.8.3　连接节点构造

外挂墙板连接节点示意图如下：上部水平支座-滑动方式（图 18.8-1）、下部重力支座-滑动方式（图 18.8-2）、上部水平支座-锁紧方式（图 18.8-3）、下部重力支座-锁紧方式（图 18.8-4）。

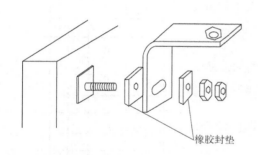

图 18.8-1　外挂墙板一侧的上部连接件（滑动方式）

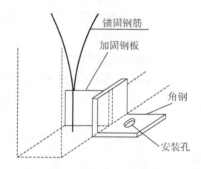

图 18.8-2　外挂墙板一侧的下部连接件（滑动方式）

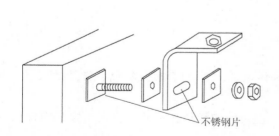

图 18.8-3　外挂墙板一侧的上部连接件（锁紧方式）

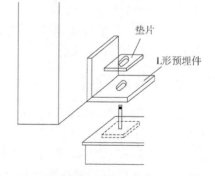

图 18.8-4　外挂墙板一侧的下部连接件（锁紧方式）

18.8.4　连接节点计算

连接节点需要进行承载力验算，这是一项需要仔细分类的工作，水平支座与重力支座、同一支座节点的不同部件、同一部件的不同部位，在荷载作用下内力都不一样。以前面介绍的水平支座和重力支座为例，列表分析连接部件结构计算项目，见表 18.8-2。

表 18.8-2　外挂墙板连接节点结构计算分析

连接节点类型	示例	部件序号	部件	部件示意图	部位序号	断面	荷载与作用	承载力计算				锚固
								抗弯	抗剪	抗拉		
水平支座		1	墙板预埋螺栓	墙板　预埋螺栓　墙板	①	墙板螺栓断面	水平			√		√
		2	梁或楼板预埋螺栓	梁板　预埋螺栓　墙板	②	梁或楼板螺栓断面	水平	√	√			√
		3	角形连接件	墙板　梁板　角钢连接件	③	竖肢根部	水平		√			
					④	横肢侧边	水平			√		
					⑤	横肢端边	水平		√			

（续）

连接节点类型	示例	部件序号	部件	部件示意图	部位序号	断面	荷载与作用	抗弯	抗剪	抗拉	锚固
重力支座		1	预埋在墙板上角形连接件		①	横肢根部	竖向	√	√		√
					②	横肢侧边	水平			√	
					③	横肢端边	水平		√		
		2	预埋在楼板上的螺栓		④	螺栓根部	水平		√		

对于连接节点布置偏心的构件，要考虑支座内力由于偏心而增加或方向改变。

螺栓抗拉、抗剪承载力验算，角形连接件抗弯、抗拉、抗剪承载力验算按照钢结构设计规范计算。

18.8.5　活动节点位移量计算

我们已经知道，滑动节点可以靠加大螺栓孔实现。那么，究竟螺栓孔加大多少合适呢？

1. 重力支座固定节点连接件的孔眼

考虑到制作和安装的误差，即使不需要留出移动空间的固定节点，连接件的孔眼也要设计得比螺栓大一些，重力支座固定节点连接件的孔眼直径可按下式计算（图 18.8-5）：

$$D = d + 2d_c \tag{18.8-1}$$

式中　D——孔眼直径；

　　　d——螺栓直径；

　　　d_c——制作和施工允许误差，可取 3 ~ 5mm。

2. 重力支座活动节点连接件孔眼尺寸

重力支座活动节点是长孔，孔的宽度方向垂直于板面不需要移动，与固定节点一样，取 D 即可。长度：

$$L_k = d + 2d_c + 2\Delta S_L \tag{18.8-2}$$

式中　L_k——孔的长度；

　　　ΔS_L——温度变形，与墙板和主体结构之间的温差有关。一般情况下，边长在 4m 以下的板，温度变形在 2mm 以内。

重力活动支座不必考虑层间位移，因为它与重力固定支座同在层间位移发生时相对位移为零的部位。如此，重力支座活动节点的孔长仅比 D 大 4mm 左右，如图 18.8-6 所示。

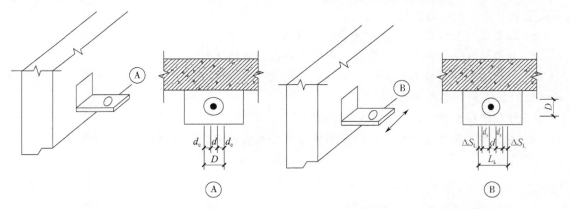

图 18.8-5　重力支座固定节点连接件　　　　图 18.8-6　重力支座活动节点连接件
　　　　　孔眼尺寸示意图　　　　　　　　　　　　　　孔眼尺寸示意图

3. 水平支座活动节点的孔径（图 18.8-7）

1）水平支座活动节点的长度比重力支座活动节点多了层间位移：

$$L_k = d + 2d_c + 2\Delta L_{VH} + 2\Delta S_L \tag{18.8-3}$$

式中　ΔL_{VH}——层间位移。

2）水平支座活动节点的宽度比重力支座活动节点多了温度变形，即

$$B_\mathrm{K} = D + 2\Delta S_\mathrm{h} \tag{18.8-4}$$

式中　ΔS_h——沿板的高度方向的温度变形。

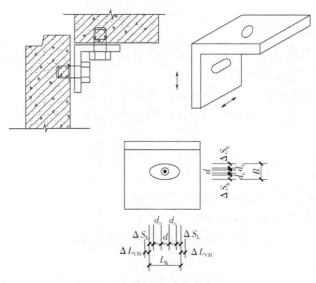

图 18.8-7　水平支座活动节点连接件孔眼尺寸示意图

 思考题.

1. 外挂墙板水平支座承担什么荷载作用? 重力支座承担什么荷载作用?

2. 请以图示的方式简要说明外挂墙板水平支座固定节点与活动节点的区别, 重力支座固定节点与活动节点的区别。

3. 简要说明如何设计滑动 (活动) 节点和转动节点。

4. 外墙墙板上下连接节点为何不布置在一条铅垂线上?

5. 外挂墙板对裂缝和挠度的敏感性如何? 对于清水混凝土构件的裂缝控制和夹芯保温外叶板的裂缝控制要求如何?

6. 外挂墙板结构计算主要有哪些内容?

7. 当主体结构有变形缝时, 对变形缝处的外挂墙板有什么设计规定和要求?

第19章 夹芯保温构件结构设计

19.1 概述

夹芯保温构件是指由混凝土构件、保温层和外叶板构成的预制混凝土构件。

夹芯保温构件包括夹芯保温板、夹芯保温柱、夹芯保温梁。应用最多的是夹芯保温板。

在柱梁结构体系装配式建筑中，外围结构柱梁直接作为建筑围护结构的一部分是常见做法，此时，"夹芯保温"是柱、梁构件保温装饰一体化的主要手段。本书彩页图C05沈阳春河里住宅外围护结构没有墙板，就是在预制外围结构柱、梁时，做了夹芯保温层。

夹芯保温构件的保温设计已经在第6章6.4节介绍，内叶构件——剪力墙板、外挂墙板、柱、梁——也在相应章节做了介绍，本章介绍拉结件设计和外叶板设计，包括夹芯保温构件设计内容（19.2），拉结件设计（19.3），外叶板设计（19.4）。

19.2 夹芯保温构件设计内容

外叶板和拉结件尽管不是主要结构部件，但对于建筑物的正常与安全使用非常重要。拉结件如果强度不够或耐久性不好，拉不住或时间长了拉不住外叶板，就可能导致重大安全事故。拉结件保证不了足够的刚度，外叶板错位变形较大，也会影响正常使用，或对窗户形成变形压力，或导致墙板裂缝。拉结件布置过疏，也可能造成外叶板承载力不足，导致裂缝。

夹芯保温构件设计内容：

1）外叶板通过拉结件传递给内叶构件的荷载，在内叶构件设计时应与考虑。

2）拉结件选型、布置、结构计算和锚固构造设计。

3）外叶板结构计算、配筋设计。

4）外叶板装饰一体化时的结构构造设计。

19.3 拉结件设计

1. 拉结件选用

本书第4章对拉结件已经做了介绍，设计选用应注意以下各点：

1）哈芬体系不锈钢拉结件安全可靠耐久，传力清晰，但存在热桥较大、价格较高、安装不便等弱项，尤其是价格较高，不易被用户接受。

2）树脂类拉结件热桥较小，价格适中，插入式锚固作业也比较简单。但锚固作业的可靠性需要特别关注，树脂材料在混凝土中的耐久性必须经过试验验证。

3）未做防锈蚀处理的钢筋拉结件不能使用。进行镀锌处理的钢筋拉结件必须要求镀锌层厚度，对锚固做出可靠设计。

4）对于拉结件新材料新产品的选用必须经过试验验证。

2. "安全勾"概念

拉结件一旦出问题就可能酿成安全事故。所以，必须安全可靠耐久。为了确保安全，在选用非不锈钢材质的拉结件时，可考虑在内外叶板之间设置一个不锈钢筋拉结件，勾在内外叶板钢筋网片上，其抗拉能力仅考虑一旦外叶板脱落不至于掉下来。

3. 拉结件布置

拉结件对外叶板而言是支座，距离远近影响外叶板的内力分布与大小，也影响到拉结件自身承受作用的大小，拉结件布置疏密也会影响保温效果和成本。

拉结件布置是个试算过程，先布置一个方案，据此计算外叶板与拉结件的承载能力和变形，根据计算结果再进行调整，直到最优方案。在外叶板和拉结件承载能力得到保证、变形控制在允许范围的情况下，拉结件越少越好，因为：

1）拉结件自身会形成热桥，热导率再低的拉结件也比保温材料的热导率高许多，拉结件布置密了，会增加热桥。

2）拉结件穿过保温层容易对周围保温层造成一定程度的破坏，或有小的缝隙，也会增大热桥。

3）增加拉结件会增加材料成本和人工成本。

4. 影响拉结件布置的因素

（1）荷载与作用　主要是风荷载、自重荷载、地震作用和温度作用。

（2）外叶板厚度或重量　《装规》规定，外叶板厚度不小于50mm。国家标准图中剪力墙外叶板厚度是60mm。外叶板有装饰混凝土面层，反打装饰面砖或反打石材，厚度和重量就会增加，由此会影响拉结件的布置。

（3）保温层厚度　保温层厚度越厚，拉结件加长，拉结件的弯曲应力和变形都会加大。

（4）拉结件的材质和形状　拉结件的抗剪、抗拉、抗弯强度和弹性模量的大小，拉结件的形状等，是影响拉结件间距的重要因素。有技术实力和经验的拉结件厂家会有现成的计算程序，输入风荷载、地震作用的数据，外叶板的厚度、重量，保温层的厚度等数据，计算程序运算后就会给出相应的布置方案、承载力和变形计算结果。

5. 拉结件结构设计

（1）作用分析　拉结件的荷载与作用包括外叶板重量、风荷载、地震作用、温度作用、脱模荷载和吊装荷载等。

1）外叶板重量。外叶板（含外装饰层）重量是拉结件的主要荷载。包括传递给拉结件的剪力、弯矩和由于偏心形成的拉力（或压力）。

2）风荷载。风荷载对拉结件的作用为拉力（风吸力时）和压力（风压力时）。

3）地震作用。平行于板面和垂直于板面的地震作用对拉结件产生不同方向的剪力和弯矩。

4）温度作用。外叶板与内叶板的变形差对拉结件的作用而形成弯矩。

5）脱模荷载。脱模荷载即外叶板的重量加上模具的吸附力对拉结件形成拉力。

6）翻转、吊装荷载。翻转或吊装时，外叶板的重量乘以动力系数对拉结件形成拉力。

（2）拉结件锚固　拉结件在混凝土中的锚固设计没有规范可循，锚固方式与构造依据拉结件厂家的试验结果确定。结构设计师在选用拉结件时，应提供给厂家拉结件设计作用组合值，由厂家提供相应的拉结件设计。结构设计师应审核拉结件厂家提供的试验数据和结构计算书，并在图样中要求预制工厂进行试验验证。预制工厂在进行锚固试验时，混凝土强度应当是构件脱模时的强度，这时拉结件锚固最弱。

（3）拉结件承载力和变形验算

1）拉结件的承载能力和变形主要以拉结件厂家的试验数据和经验公式为依据进行验算，设计要求预制工厂进行试验验证。拉结件所用材质不是通用建筑材料，其物理力学性能，如抗拉强度、抗压强度、抗弯强度、抗剪强度、弹性模量等，都应当由工厂提供。

2）计算简图。拉结件计算简图可视为两端嵌固。直杆式拉结件为两端嵌固杆。

树脂类拉结件断面沿长度是变化的，材质也是变化的。按各项均质等截面杆件计算有些勉强，计算只是一种参考，还是应强调预制工厂进行试验验证。

3）拉结件验算内容。拉结件需要验算的内容为剪切、拉力、剪切加受拉（或受压）、受弯、挠度。

4）承载能力验算。拉结件所承受的剪力、拉力、弯矩，分别小于拉结件的容许剪力、拉力和弯矩，受力分析图如图 19.3-1 所示。

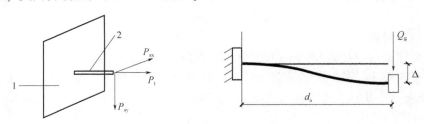

图 19.3-1　保温拉结件受力分析图
1—内叶墙板　2—保温连接杆

当同时承受拉力和剪力时：

$$(V_s/V_t + P_s/P_t) \leqslant 1 \tag{19.3-1}$$

式中　V_s——拉结件承受的剪力；

V_t——拉结件容许剪力（根据试验得到）；

P_s——拉结件承受的拉力；

P_t——拉结件容许拉力（根据试验得到）。

变形计算：

$$\Delta = Q_g d_a^3 / 12 E_A l_A \tag{19.3-2}$$

式中　Δ——垂直荷载作用下拉结件悬臂端的挠度值；

Q_g——作用在单个拉结件悬臂端外叶墙自重荷载；

d_a——拉结件的悬臂端长度；

E_A——拉结件的弹性模量；

I_A——单个拉结件的截面惯性矩。

拉结件承载能力的安全系数应当不小于 4.0。

19.4　外叶板设计

1. 一般规定

1）外叶墙板厚度不宜小于 50mm。

2）为了保证拉结件在混凝土中的锚固可靠，布置时拉结件距墙板边缘尺寸不宜小于 150mm，不应小于 100mm；距离门窗洞口的尺寸不应小于 150mm。当个别保温拉结件位置与受力钢筋、灌浆套筒、承重预埋件相碰时，允许把拉结件偏移 50~100mm。

3）保温板很薄时，拉结件的垂直挠度很小，拉结件布置间距往往由使用工况的抗剪力和生产脱模工况的锚固抗拔力起决定作用。

4）保温板很厚时，布置间距往往由使用工况下拉结件的挠度变形起控制作用，此时拉结件布置很密，受力不起控制作用。

5）防火性能应按非承重外墙的要求执行，当夹芯保温材料的燃烧性能等级为 B_1、B_2 级时，内外叶墙板应采用不燃材料，且厚度不应小于 50mm。

6）外叶板在使用过程中平面外风荷载起控制作用，按《建筑结构荷载规范》（GB 50009—2012）规定计算。

7）外叶板在脱模过程中平面外受重力荷载和平台吸附作用，可取重力荷载作用的 1.2~1.5 倍。

2. 外叶墙板计算

（1）计算简图　外叶板相当于以拉结件为支撑的无梁板。

（2）荷载与作用　外叶板的荷载与作用包括自重、风荷载、地震作用、温度作用。

1）外叶板自重荷载：外叶板自重荷载平行于板面，在设计拉结件时需要考虑，在设计计算外叶板时不用考虑。

2）外叶板温度应力：外叶板与内叶板或柱梁同样的混凝土，热膨胀系数一样，但由于有保温层隔离，存在温差，温度变形不一样，由此会形成温度应力。

3）风荷载：风荷载垂直于板面，是外叶板结构设计的主要荷载。

4）地震作用：垂直于板面的地震作用，外叶板设计时需要考虑；平行于板面的地震作用，外叶板设计时不用考虑，拉结件结构设计时需要考虑。

5）作用组合：计算外叶板和拉结件时，进行不同的作用组合。

3. 内力计算

外叶板计算可采用 PKPM、理正和探索者等软件。

根据日本设计师的经验，外挂墙板类构件计算机软件计算与手算结构有时候会有较大差异，他们一般在用结构软件计算的同时用手算结果进行验证。

外叶板按无梁板计算，计算方法采用"等代梁经验系数法"，该方法以板系理论和试验结果为依据，把无梁板简化为连续梁进行计算，即按照多跨连续梁公式计算内力。

"等代梁经验系数法"将支点支座视为在一个方向上连续的支座，这与实际不符，所以需进行调增，调整的方法是将板分为支座板带和跨中板带，支座板带负担内力多一些，如

图 19.4-1所示。

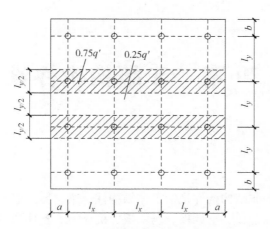

图 19.4-1　等代梁支座板带与跨中板带

支座板带和跨中板带都按照 1/2 跨度考虑，内力分配系数见表 19.4-1。

表 19.4-1　内力分配系数

截面位置	支座板带	跨中板带
制作截面弯矩	75%	25%
跨中截面弯矩	55%	45%
端支座	90%	10%

4. 配筋设计

计算外叶板内力后，可以对外叶板进行配筋设计。

 思考题

1. 装配式夹芯保温板如何设计？如何设计保温一体化？
2. 如何布置、埋置拉结件，进行结构验算？
3. 如何进行外叶板结构计算与设计？

第 20 章　非结构构件设计

20.1　概述

装配式混凝土建筑的非结构构件是指主体结构柱、梁、剪力墙板、楼板以外的预制混凝土构件，包括楼梯板、阳台板、空调板、遮阳板、挑檐板、整体飘窗、女儿墙、外挂墙板等构件。

非结构构件不仅用于装配式混凝土建筑，也常常用于现浇混凝土结构建筑，有些构件还可以用于钢结构建筑，如楼梯、外挂墙板等。

我们已经在第 18 章讨论了外挂墙板的设计。本章讨论除外挂墙板以外的其他非结构预制混凝土构件的结构设计，包括计算简图（20.2），楼梯设计（20.3），悬挑构件设计（20.4），女儿墙设计（20.5），整体飘窗设计（20.6）。

20.2　计算简图

表 20.2-1 给出了各种非结构构件的构件类型、连接方式与计算简图。这些构件计算机软件都能进行设计计算，结构工程师也可手算复核。

表 20.2-1　非结构构件设计计算一览表

构件名称	构件类型	连接方式	计算简图	计算方式
楼梯	全预制	两端铰接		计算软件 或手算
		一端固定一端滑动		

（续）

构件名称	构件类型	连接方式	计算简图	计算方式
阳台板	叠合式	一端固定一端悬臂		计算软件或手算
	全预制			
空调板	全预制	一端固定一端悬臂		
挑檐板	全预制	一端固定一端悬臂		
女儿墙	全预制	一端固定一端悬臂		

20.3　楼梯设计

楼梯可按表 20.2-1 给出的计算简图计算，本节介绍关于楼梯设计的规定、楼梯拆分设计和连接节点设计。

20.3.1　《装规》规定

1）预制板式楼梯的梯段板底应配置通长的纵向钢筋。板面宜配置通长的纵向钢筋；当楼梯两端均不能滑动时，板面应配置通长的纵向钢筋。

2）预制楼梯与支承构件之间宜采用简支连接。采用简支连接时，应符合下列规定：

①预制楼梯宜一端设置固定铰，另一端设置滑动铰，其转动及滑动变形能力应满足结构层间位移的要求，且预制楼梯端部在支承构件上的最小搁置长度应符合表 20.3-1 的规定。

②预制楼梯设置滑动铰的端部应采取防止滑落的构造措施。

表 20.3-1　预制楼梯在支承构件上的最小搁置长度表（《装规》表 6.5.8）

抗震设防烈度	6 度	7 度	8 度
最小搁置长度/mm	75	75	100

20.3.2　楼梯拆分

1. 楼梯类型

预制楼梯有两种类型：不带平台板的板式楼梯和带平台板的折板式楼梯（图 20.3-1）。

板式楼梯　　　　　　　　　　　　　　　折板式楼梯

图 20.3-1　板式楼梯与折板式楼梯

板式楼梯有一跑楼梯（剪刀式布置楼梯）和双跑楼梯（图 20.3-2）。

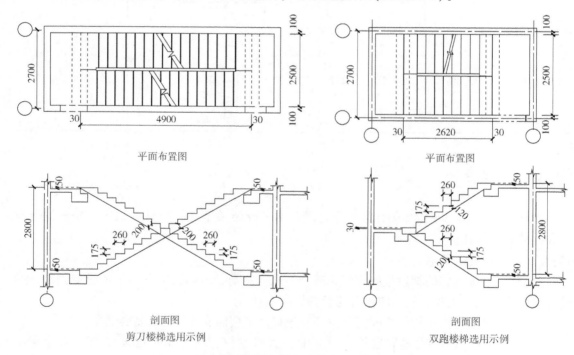

平面布置图　　　　　　　　　　　　　　平面布置图

剖面图　　　　　　　　　　　　　　　　剖面图
剪刀楼梯选用示例　　　　　　　　　　　双跑楼梯选用示例

图 20.3-2　剪刀楼梯双跑楼梯（国标图集 15G367—1）

2. 楼梯拆分

楼梯拆分主要与工厂和工地起重能力有关。

一跑楼梯长度长重量大，如果工厂和工地的起重能力有限，可选用两跑楼梯，在楼梯中部加设一道梯梁。梯段与梯梁连接时需要设缝，缝的宽度满足层间位移的要求。

20.3.3　连接节点设计

预制楼梯与支撑构件连接有三种方式：一端固定铰节点一端滑动铰节点的简支方式、一端固定支座一端滑动支座的方式和两端都是固定支座的方式。

固定铰节点构造如图 20.3-3 所示，滑动铰节点构造如图 20.3-4 所示、固定端节点构造如图 20.3-5 所示。中间部位滑动支座节点构造如图 20.3-6 所示。

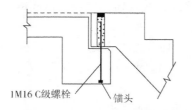
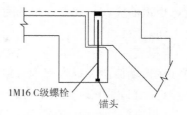

图 20.3-3　固定铰节点构造（国标图集 15G367—1）　　图 20.3-4　滑动铰节点构造（国标图集 15G367—1）

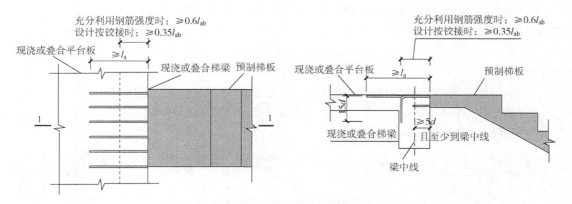

图 20.3-5　固定端节点构造（国标图集 15G310—1）

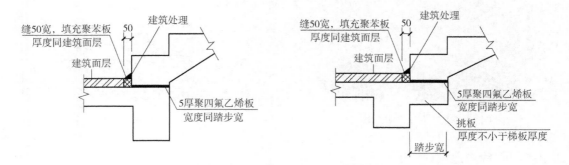

图 20.3-6　中间部位滑动支座节点构造（国标图集 16G101—2）

20.3.4　其他

1）预制楼梯伸出钢筋部位的混凝土表面与现浇混凝土结合处应做成粗糙面。

2）预制楼梯一般做成清水混凝土表面，上下面都必须光洁，宜采用立模生产。由于没有表面抹灰层，楼梯防滑槽等建筑构造在楼梯预制时应一并做出。

20.4　悬挑构件设计

悬挑构件包括阳台板、空调板、遮阳板、挑檐板等，可按表 20.2-1 给出的计算简图计算，本节介绍关于悬挑构件设计的规定、拆分设计和构造设计。

20.4.1 《装规》规定

阳台板、空调板宜采用叠合构件或预制构件。预制构件应与主体结构可靠连接；叠合构件的负弯矩钢筋应在相邻叠合板的后浇混凝土中可靠锚固，叠合构件中预制板底钢筋的锚固应符合下列规定：

1）当板底为构造配筋时，其钢筋应符合以下规定：叠合板支座处，预制板内的纵向受力钢筋宜从板端伸出并锚入支承梁或墙的后浇混凝土中，锚固长度不应小于 $5d$（d 为纵向受力钢筋直径），且宜过支座中心线。

2）当板底为计算要求配筋时，钢筋应满足受拉钢筋的锚固要求。

20.4.2 拆分设计

阳台板、空调板、遮阳板、挑檐板等，一般以墙板外侧为拆分边界。

20.4.3 构件类型

1）阳台板有叠合式（图 20.4-1）和全预制式（图 20.4-2）两种类型。全预制式又分为板式和梁式阳台板。

2）空调板有叠合式和全预制两种类型，全预制式为在支座上搭接的板。

3）遮阳板、挑檐板都是叠合式。叠合式构件须考虑预制层和叠合层的高度；全预制构件伸出钢筋的长度应满足锚固要求。

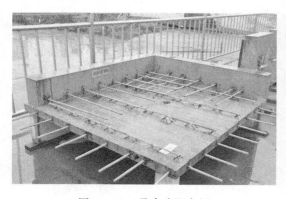

图 20.4-1 叠合式阳台板

图 20.4-2 全预制式阳台板

20.4.4 阳台构造设计

叠合式阳台板连接节点如图 20.4-3 所示，全预制板式阳台板连接节点如图 20.4-4 所示，全预制梁式阳台板连接节点如图 20.4-5 所示。

阳台板构造设计其他要求：

1）预制阳台板与后浇混凝土结合处应做粗糙面。

2）阳台设计应预留安装阳台栏杆的孔洞和预埋件等。

3）阳台设计应考虑防雷引下线的敷设与连接。

20.4.5 空调板、遮阳板、挑檐板构造设计

叠合式空调板、遮阳板、挑檐板的构造示意图见第 6 章图 6.8-3，连接节点构造见第 6 章图 6.8-4。

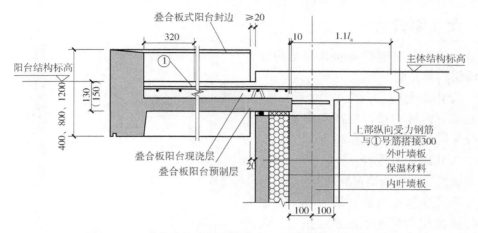

图 20.4-3　叠合式阳台板连接节点（国标图集 15G368—1）

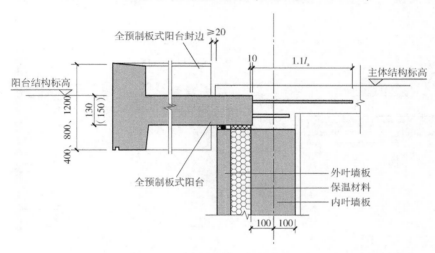

图 20.4-4　全预制板式阳台板连接节点（国标图集 15G368—1）

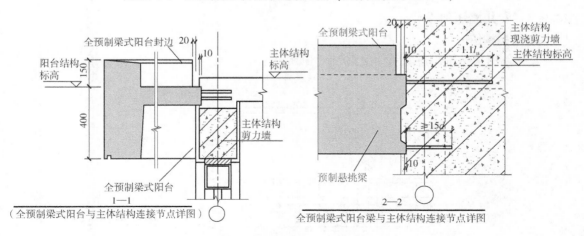

图 20.4-5　全预制梁式阳台板连接节点（国标图集 15G368—1）

20.5　女儿墙设计

本节介绍的预制混凝土女儿墙结构设计是剪力墙结构女儿墙。

20.5.1　女儿墙类型

女儿墙有两种类型：压顶与墙身一体化式和墙身与压顶分离式（图 20.5-1）。

20.5.2　女儿墙墙身设计

女儿墙拆分以屋面梁顶为边界。

女儿墙墙身连接与剪力墙一样：与屋盖现浇带的连接用套筒连接或浆锚搭接，竖缝连接为后浇混凝土连接，连接节点图如图 20.5-2 所示。

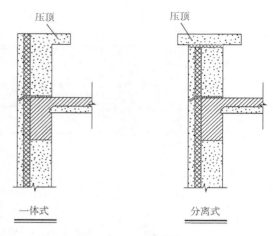

图 20.5-1　女儿墙类型

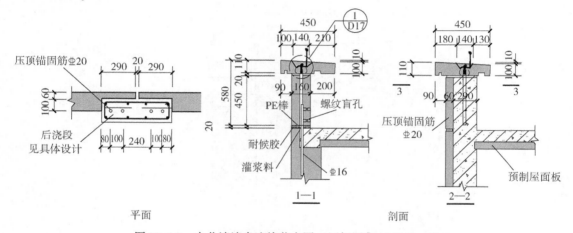

图 20.5-2　女儿墙墙身连接节点图（国标图集 15G368—1）

20.5.3　女儿墙压顶设计

1. 结构构造

女儿墙压顶结构构造配筋如图 20.5-3 所示。

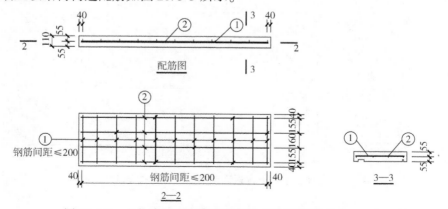

图 20.5-3　女儿墙压顶结构构造配筋（国标图集 15G368—1）

2. 连接构造

女儿墙压顶与墙身的连接用螺栓连接，如图 20.5-4 所示。

20.6 整体飘窗设计

20.6.1 整体式飘窗类型

飘窗为凸出墙面的窗户的俗称，在一些地区受消费者喜欢。尽管装配式建筑不宜做凸出墙面的构件，但整体式飘窗是无法回避的（见第 7 章图 7.4-7）。

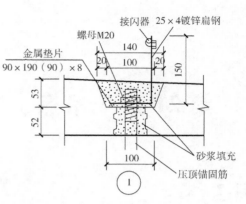

图 20.5-4 女儿墙压顶连接节点
（国标图集 15G368—1）

整体式飘窗有两种类型，一种是组装式，墙体与闭合性窗户板分别预制，然后组装在一起；一种是整体式，整个飘窗一体预制完成。前者制作简单，但整体性不好；后者制作麻烦，但整体性好（图 20.6-1）。

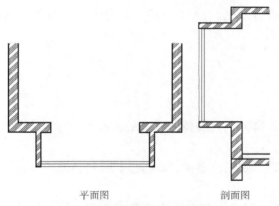

平面图　　　　　　剖面图

图 20.6-1 整体式飘窗示意图

20.6.2 整体式飘窗结构设计要点

1）整体式飘窗墙体部分与剪力墙基本一样，只是荷载中增加了悬挑出墙体的偏心荷载，包括重力荷载和活荷载。

2）整体式飘窗悬挑窗台板部分与阳台板、空调板等悬挑板的计算简图一样。

3）整体式飘窗安装吊点的设置须考虑偏心因素。

4）组装式飘窗须设计可靠的连接节点。

 **思考题**

1. 预制楼梯设计有哪些规定？

2. 预制楼梯如何拆分？

3. 预制悬挑构件有哪些规定？

4. 预制悬挑构件如何拆分？

5. 预制女儿墙如何拆分？

第21章 吊点、支撑点和临时支撑设计

21.1 概述

预制构件在脱模、翻转、吊运和安装过程中都需要吊点，这些吊点可能重合，也可能需要分别设置。预制构件在存放、运输时需要支撑，需要确定支撑方式与位置；安装后需要临时支撑，需要进行支撑设计，斜支撑还需要埋设预埋件。吊点、支撑点和临时支撑设计是构件制作图设计的重要内容。

本章介绍吊点设计（21.2），存放与运输支撑点设计（21.3），临时支撑设计（21.4）。

21.2 吊点设计

21.2.1 吊点类型

预制构件吊点包括脱模吊点，翻转吊点，吊运吊点，安装吊点。

1. 脱模吊点

脱模吊点是构件养护达到脱模强度，将构件脱离模台或模具作业时用的吊点。

2. 翻转吊点

"躺着"制作的墙板、楼梯板和空调板等板式构件，脱模后或需要翻转90°立起来，或需要翻转180°将表面朝上。流水线上有自动翻转台时，不需要设置翻转吊点；在固定模台或流水线没有翻转平台时，需设置翻转吊点。

"躺着"制作、存放和运输的柱子，在工地安装时将进行翻转作业，竖立起来。一般而言，柱子并不需要单独设置翻转吊点，可以与安装吊点共用，但柱子翻转与安装作业状态不一样，计算简图不一样，需要进行分析计算。

3. 吊运吊点

吊运工作状态是指构件在车间、堆场和运输过程中由起重机吊起移动的状态。一般而言，并不需要单独设置吊运吊点，可以与脱模吊点或翻转吊点或安装吊点共用，但构件吊运状态的荷载（动力系数）与脱模、翻转和安装工作状态不一样，所以需要进行分析计算。

4. 安装吊点

安装吊点是构件安装时用的吊点，将构件从运输车上或工地存放场地起吊安装。

以上吊点可能分设，也可能共用。表21.2-1给出了各种预制构件各作业环节需要的吊点、是否可与其他吊点共用和吊点方式。

表 21.2-1 预制构件吊点一览表

构件类型	构件细分	工作状态				吊点方式
		脱模	翻转	吊运	安装	
柱	模台制作的柱子	△	○	△	○	内埋螺母
	立模制作的柱子	○	无翻转	○	○	内埋螺母
	柱梁一体化构件	△		○	○	内埋螺母
梁	梁	○	无翻转	○	○	内埋螺母、钢索吊环、钢筋吊环
	叠合梁	○	无翻转	○	○	内埋螺母、钢索吊环、钢筋吊环
楼板	有桁架筋叠合楼板	○	无翻转	○	○	桁架筋
	无桁架筋叠合楼板	○	无翻转	○	○	预埋钢筋吊环、内埋螺母
	有架立筋预应力叠合楼板	○	无翻转	○	○	架立筋
	无架立筋预应力叠合楼板	○	无翻转	○	○	钢筋吊环、内埋螺母
	预应力空心板	○	无翻转	○	○	内埋螺母
墙板	有翻转台翻转的墙板	○	○	○	○	内埋螺母、吊钉
	无翻转台翻转的墙板	△	◇	○	○	内埋螺母、吊钉
楼梯板	模台生产	△	◇	△	○	内埋螺母、钢筋吊环
	立模生产	△		△	○	内埋螺母、钢筋吊环
阳台板、空调板等	叠合阳台板、空调板	○	无翻转	○	○	内埋螺母、软带捆绑（小型构件）
	全预制阳台板、空调板	△	◇	○	○	内埋螺母、软带捆绑（小型构件）
飘窗	整体式飘窗	○	◇	○	○	内埋螺母

注：○为安装吊点；△为脱模吊点；◇为翻转吊点；其他栏中标注表明共用。

21.2.2 吊点设计内容

1）荷载计算。
2）吊点布置。
3）确定计算简图。
4）承载力复核。
5）吊点构造设计。

21.2.3 荷载

1. 脱模荷载

预制构件进行脱模验算时，等效静力荷载标准值应取构件自重标准值乘以动力系数后与脱模吸附力之和，且不宜小于构件自重标准值的 1.5 倍。动力系数与脱模吸附力应符合下列规定：

1）动力系数不宜小于 1.2。
2）脱模吸附力应根据构件和模具的实际状况取用，且不宜小于 $1.5kN/m^2$。

2. 翻转、运输、吊运、安装荷载

预制构件在翻转、运输、吊运、安装等短暂设计状况下的施工验算，应将构件自重标准值乘以动力系数后作为等效静力荷载标准值。构件运输、吊运时，动力系数宜取 1.5；构件翻转及安装过程中就位、临时固定时，动力系数可取 1.2。

3. 自重

对于夹芯保温构件或装饰一体化构件,脱模时构件自重应包括保温层、外叶板、装饰面材等全部重量。

4. 脱模吸附力

脱模吸附力与构件形状、模具材质、光洁程度和脱模剂种类及涂刷质量有关,实际吸附力的大小可以通过脱模起重设备的计量装置测得。预制构件工厂应当有吸附力经验数据,脱模设计时设计人员应予以了解。

21.2.4　吊点布置

1. 吊点布置原则

1) 用于脱模、翻转、吊运和安装的吊点不宜"借用"预制构件安装预埋件,如外挂墙板的安装预埋件,而应专门设置。脱模、翻转、吊运和安装作业需要的吊点可以互相共用。

2) 受力合理,除局部构造加强外,不额外增加构件配筋。

3) 重心平衡。

4) 与钢筋、套筒和其他预埋件互不干涉。

5) 制作与安装便利。

2. 脱模吊点布置

脱模吊点布置有三种情况:

(1) 与吊运安装时的吊点为同一吊点　梁、无桁架筋或架立筋的楼板、平模制作的楼梯板、空调板、阳台板、女儿墙、有自动翻转台的流水线上制作的墙板、立模制作的墙板和立模制作的柱子等。

(2) 借用桁架筋、架立筋　构件脱模时的吊点与构件吊运与安装时的吊点为同一吊点,但不是专门设置的吊点,而是借用桁架筋、架立筋。包括有桁架筋的叠合楼板和有架立筋的预应力叠合楼板。

(3) 专设脱模吊点　构件脱模时的吊点与构件吊运、安装时的吊点不共用同一吊点,而是专门设置的脱模吊点,包括柱子、在固定模台和没有自动翻转台的流水线上生产的墙板、立模生产的楼梯板等。

对于第 1 种、第 2 种情况,由于脱模吊点不是单独设立的,在安装吊点设计计算时,应对脱模时的荷载作用情况进行验算。计算时需要注意:混凝土强度等级取脱模时的强度等级。

对于第 3 种情况,需专门设计脱模吊点。

3. 翻转吊点布置

流水线上有自动翻转台或立模生产的构件不需要设置翻转吊点。在固定模台制作或流水线没有翻转平台时,需设置翻转吊点。

柱子大都是"躺着"制作的,堆放、运输状态也是平躺着的,吊装时则需要翻转 90°立起来,须验算翻转工作状态的承载力。

无自动翻转台时,构件翻转作业方式有两种:捆绑软带式(图 21.2-1)和预埋吊点式。捆绑软带式在设计中必须确定软带捆绑位置,据此进行承载力验算,并在构件图中明确说明。预埋吊点式需要设计吊点位置与构造,进行承载力验算。

图 21.2-1　捆绑软带式翻转

　　板式构件的翻转吊点一般为预埋螺母，设置在构件边侧（图 21.2-2）。只翻转 90°立起来的构件，可以与安装吊点兼用；需要翻转 180°的构件，需要在两个边侧设置吊点（图 21.2-3）。

4. 吊运吊点布置

　　一般而言，不需要单独设置吊运吊点，可以与脱模吊点或翻转吊点或安装吊点共用。楼板、梁、阳台板的吊运节点与安装节点共用；柱子的吊运节点与脱模节点共用；墙板、楼梯板的吊运节点或与脱模节点共用，或与翻转节点共用，或与安

图 21.2-2　设置在板边的预埋螺母

装节点共用。在进行脱模、翻转和安装节点的荷载分析时，应判断这些节点是否兼作吊运节点，吊运状态的荷载（动力系数）与脱模、翻转和安装工作状态不一样，需要进行分析。

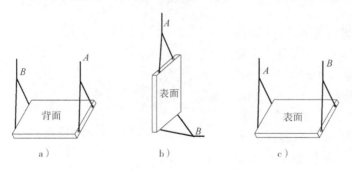

图 21.2-3　180°翻转示意图

a）构件背面朝上，两个侧边有翻转吊点，A 钩吊起，B 钩随从　b）构件立起，A 吊钩承载

c）B 吊钩承载，A 吊钩随从，构件表面朝上

5. 安装吊点布置

安装吊点布置有三种情况：

（1）与脱模吊点为同一吊点　梁、无桁架筋或架立筋的楼板、平模制作的楼梯板、空

调板、阳台板、女儿墙、有自动翻转台的流水线上制作的墙板、立模制作的墙板和立模制作的柱子等。

（2）借用桁架筋、架立筋　不专门设置的吊点，而是借用桁架筋、架立筋。包括有桁架筋的叠合楼板和有架立筋的预应力叠合楼板。

（3）专设安装吊点　柱子、外挂墙板等构件须专设安装吊点。

6. 重心计算

当构件平面形状或断面形状为非规则形状，吊点位置应通过重心平衡计算确定。图21.2-4 为不规则梁经过重心计算后的吊点布置。图21.2-5 为不规则墙板吊点布置。

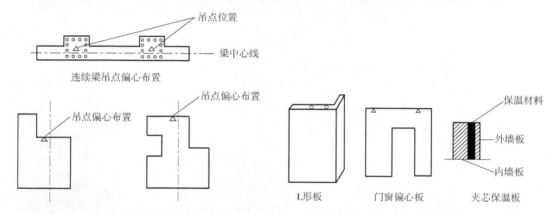

图21.2-4　不规则梁吊点偏心布置　　　图21.2-5　不规则墙板吊点布置

21.2.5　叠合板吊点设计

1. 吊点设置

带桁架筋的叠合板不专设吊点，利用桁架筋作为吊点，但需要在设计图中明确给出吊点的位置或构造加强措施。

国家标准图集《桁架钢筋混凝土叠合板》（15G366—1）中，跨度在 3.9m 以下、宽 2.4m 以下的板，设置 4 个吊点；跨度为 4.2~6.0m、宽 2.4m 以下的板，设置 6 个吊点。边缘吊点距板端距离不宜过大。长度小于 3.9m 的板，悬臂段不宜大于

图21.2-6　带桁架筋叠合板以桁架筋的
架立筋为吊点

600mm；长度为 4.2~6m 的板，悬臂段不宜大于 900mm。图21.2-6 是日本大型叠合板吊点实例（设置了 10 个吊点）。

2. 计算简图

布置 4 个吊点的楼板可按简支板计算；布置 6 个以上吊点的楼板计算可按无梁板，用等代梁经验系数法转换为连续梁计算。

21.2.6　墙板吊点设计

1. 吊点设置

1）有翻转台翻转的墙板，脱模、翻转、吊运、安装吊点共用，可在墙板上边设立吊点，也可以在墙板侧边设立吊点。一般设置 2 个，也可以设置两组，以减小吊点部位的应力集中（图 21.2-7）。

2）无翻转台翻转的墙板，脱模、翻转和安装节点都需要设置。脱模节点在板的背面，设置 4 个（图 21.2-8）；安装节点与吊运节点共用，与有翻转台的墙板的安装节点一样；翻转节点则需要在墙板底边设置，对应安装节点的位置。

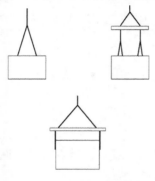

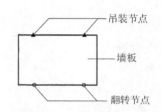

图 21.2-7　墙板吊点布置　　　　　　图 21.2-8　墙板脱模节点位置

2. 计算简图

墙板在竖直吊运和安装环节因截面很大，不需要验算；需要翻转和水平吊运的墙板按 4 点简支板计算。

21.2.7　柱子吊点设计

1. 吊点设置

（1）脱模和吊运吊点　柱子脱模和吊运共用吊点，设置在柱子侧面，采用内埋式螺母，便于封堵，痕迹小。

柱子脱模吊点的数量和间距根据柱子断面尺寸和长度通过计算确定。由于脱模时混凝土强度较低，吊点可以适当多设置，不仅对防止混凝土裂缝有利，也会减弱吊点处的应力集中。

两个或两组吊点时（图 21.2-9a、b），柱子脱模和吊运按带悬臂的简支梁计算；多个吊点时（图 21.2-9c），可按带悬臂的多跨连系梁计算。

（2）安装吊点　柱子安装吊点和翻转吊点共用，设在柱子顶部。断面大的柱子一般设置 4 个（图 21.2-10）吊点，也可设置 3 个吊点。断面小的柱子可设置 2 个或者 1 个吊点。沈阳南科大厦边长 1300mm 的柱子设置了 3 个吊点；边长 700mm 的柱子设置了 2 个吊点。

2. 计算简图

柱子安装过程计算简图为受拉构件。

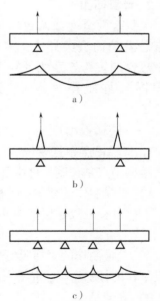

图 21.2-9　柱脱模和吊运吊点
位置及计算简图

a）2 个吊点　b）2 组吊点　c）4 个吊点

柱子从平放到立起来的翻转过程中，计算简图相当于两端支撑的简支梁（图21.2-11）。

图21.2-10　柱子安装吊点实例

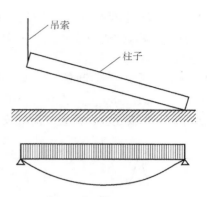

图21.2-11　柱子安装、翻转计算简图

21.2.8　梁吊点设计

1. 吊点设置

梁不用翻转，安装吊点、脱模吊点与吊运吊点为共用吊点。梁吊点数量和间距根据梁断面尺寸和长度，通过计算确定。对于长梁，吊点宜适当多设置。

边缘吊点距梁端距离应根据梁的高度和负弯矩筋配置情况经过验算确定，且不宜大于梁长的1/4。吊点布置如图21.2-12所示。

2. 计算简图

梁只有两个（或两组）吊点时，按照带悬臂的简支梁计算；多个吊点时，按带悬臂的多跨连系梁计算。位置与计算简图与柱脱模吊点相同，参见图21.2-9。

图21.2-12　梁的吊点布置

21.2.9　楼梯板吊点

1. 楼梯吊点布置

楼梯吊点是预制构件中最复杂多变的。脱模、翻转、吊运和安装节点共用较少。

1）平模制作的楼梯板一般是反打，阶梯面朝下，脱模吊点在楼梯板的背面。楼梯在修补、堆放过程一般是楼梯面朝上，需要180°翻转，翻转吊点设在楼梯板侧边，可兼作吊运吊点。

2）立模制作的楼梯脱模吊点在楼梯板侧边，可兼作翻转吊点和吊运吊点。安装吊点同平模制作的楼梯一样，依据楼梯两侧是否有吊钩作业空间确定。

3）安装吊点：

①如果楼梯两侧有吊钩作业空间，安装吊点可以设置在楼梯两个侧边。

②如果楼梯两侧没有吊钩作业空间，安装吊点须设置在表面。

③全预制阳台板、空调板安装吊点设置在表面。

4）带梁楼梯和带平台板的折板楼梯在吊点布置时需要进行重心计算，根据重心布置吊点。

2. 楼梯板计算简图

楼梯水平吊装计算简图为 4 点支撑板。

21.2.10　承载力复核

1）对制作、运输和堆放、安装等短暂设计状况下的预制构件验算，应符合现行国家标准《混凝土结构工程施工规范》（GB 50666）的有关规定。

2）脱模起吊时，预制构件的混凝土立方体抗压强度应满足设计要求，且不应小于15N／mm²。这个规定是基本要求。预制构件的脱模强度与构件重量和吊点布置有关，需根据计算确定。如两点起吊的大跨度高梁，脱模时混凝土抗压强度需要更高一些。脱模强度一方面是要求工厂脱模时混凝土必须达到的强度；一方面是验算脱模时构件承载力的混凝土强度值。

3）特别需要提醒的是，夹芯保温构件外叶板在脱模或翻转时所承受的荷载作用可能比使用期间更不利，拉结件锚固设计应当按脱模强度计算。

4）在进行吊点结构验算时，不同工作状态混凝土强度等级的取值不一样：

①脱模和翻转吊点验算：取脱模时混凝土达到的强度，或按 C15 混凝土计算。

②吊运和安装吊点验算：取设计混凝土强度等级的 70% 计算。

21.2.11　吊点构造设计

1. 吊点方式

吊点有预埋螺栓、吊钉、钢筋吊环、预埋钢丝绳索、尼龙绳索和软带捆绑等。

内埋式螺母是最常用的脱模吊点，埋置方便，使用方便，没有外探，作为临时吊点，不需要切割。

吊钉最大的特点是施工非常便捷，埋置方便，不需要切割，混凝土局部需要内凹。

预埋钢筋吊环受力明确，吊钩作业方便，但需要切割。

预埋钢丝绳索在混凝土内锚固可以灵活，在配筋较密的梁中使用比较方便。

小型构件脱模可以预埋尼龙绳，切割方便。

2. 构造设计要点

1）预埋螺母、螺栓和吊钉的专业厂家有根据试验数据得到的计算原则和构造要求，结构设计师选用时除了应符合这些要求外，还应要求工厂使用前进行试验验证。

2）吊点距离混凝土边缘的距离不应小于50mm，且应符合厂家的要求。

3）采用钢筋吊环时，应符合《混凝土结构设计规范》（GB 50010）关于预埋件锚固的有关规定。

4）较重构件的吊点宜增加构造钢筋。

5）脱模吊点、吊运吊点和安装吊点的受力主要是受拉，但翻转吊点既受拉又受剪，对混凝土还有劈裂作用。翻转吊点宜增加构造钢筋（图 21.2-13）。

6）楼梯吊点可采用预埋螺母，也可采用吊环。国家标准图中楼梯侧边的吊点设计为预埋钢筋吊环。

7）带桁架筋的叠合板利用桁架筋作为吊点，需要在设计图中明确给出吊点的位置或构造加强措施。国家标准图集在吊

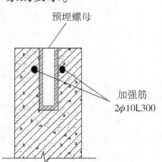

图 21.2-13　大型构件翻转节点构造加固

点两侧横担 2 根长 280mm 的 2 级钢筋；垂直于桁架筋。

3. 软带吊具

小型板式构件可以用软带捆绑翻转、吊运和安装，设计图样须给出软带捆绑的位置和说明。曾经有过预制墙板工程因工地捆绑吊运位置不当而导致墙板断裂的例子（图21.2-14）。

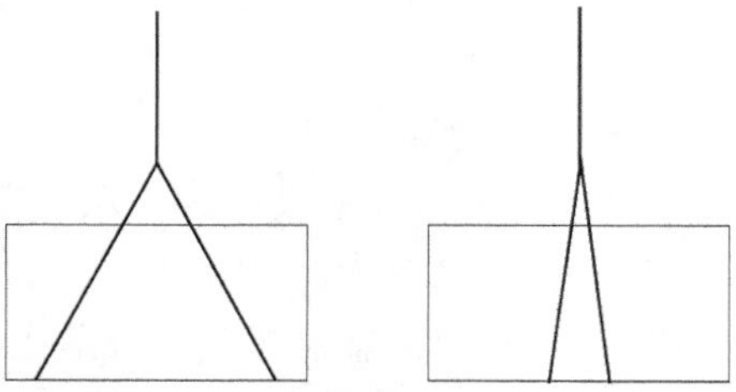

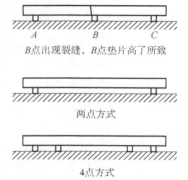

正确　　　　　错误

图 21.2-14　软带捆绑位置靠里导致墙板断裂示意图

21.3　存放与运输支撑点设计

21.3.1　支撑点设计内容

预制构件支撑点是指预制构件脱模后在质检、存放和修补时的支撑方式与位置，运输的支撑方式与位置。结构设计师应对堆放支撑予以重视。曾经有工厂因堆放不当而导致大型构件断裂（图21.3-1）。

支撑点设计内容包括：

1）确定构件存放与运输方式。

2）确定支撑点数量、位置。

3）构件是否可以多层堆放、堆放几层等。

4）对构件存放和运输过程进行承载力复核。

设计师给出构件支撑点位置简单的办法是以脱模或安装吊点对应的位置做支撑点。

表21.3-1 给出了各种构件存放、运输的支撑方式与位置。

A　　*B*　　*C*

*B*点出现裂缝，*B*点垫片高了所致

两点方式

4点方式

图 21.3-1　因增加支撑点而导致大型梁断裂示意图

表 21.3-1　预制构件存放、运输的支撑方式与位置

构件类别	构件名称	存放				运输		
		方式	图例	支撑点位置	荷载	方式	支撑点位置	荷载
竖向构件	柱子	平放		靠近两端	自重	与存放同	与存放同	与存放同
	剪力墙板	立放		靠近两侧	自重	与存放同	与存放同	与存放同

（续）

构件类别	构件名称	存　放				运　输		
		方式	图　例	支撑点位置	荷载	方式	支撑点位置	荷载
竖向构件	外挂墙板	平放（可多层）		靠近四角	自重与叠放构件重量	与存放同	与存放同	与存放同
水平构件	楼板	平放（可多层）		靠近两端	自重与叠放构件重量	与存放同	与存放同	与存放同
	梁	平放（可多层）		靠近两端	自重与叠放构件重量	与存放同	与存放同	与存放同
	楼梯板	立放、平放（可多层）		靠近两端	自重或自重叠放构件重量	平放（可多层）	与存放同	自重与叠放构件重量
	悬挑板	平放（可多层）		靠近两端	自重与叠放构件重量	与存放同	与存放同	与存放同
三维构件	L、U形构件	平放（可多层）		靠近四角	自重与叠放构件重量	与存放同	与存放同	与存放同
	T形构件	平放		靠近两端	自重与叠放构件重量	与存放同	与存放同	与存放同

（续）

构件类别	构件名称	存放				运输		
		方式	图例	支撑点位置	荷载	方式	支撑点位置	荷载
三维构件	V形构件	平放（可多层）		靠近四角	自重与叠放构件重量	与存放同	与存放同	与存放同
	柱梁一体化三维构件	架立立放		靠近两端	自重	与存放同	与存放同	与存放同

21.3.2 水平放置构件的支撑

1. 构件检查支架

叠合楼板、墙板、梁、柱等构件脱模后一般要放置在支架上进行模具面的质量检查和修补（图21.3-2）。支架一般是两点支撑，对于大跨度构件两点支撑是否可以设计师应做出判断，如果不可以，应当在设计说明中明确给出几点支撑和支撑间距的要求。

2. 构件存放

装饰一体化墙板较多采用翻转后装饰面朝上的修补方式（图21.3-3）。设计师应给出支撑点位置。支撑垫可用混凝土块加软垫（图21.3-4）。

图 21.3-2　预制构件检查支架

图 21.3-3　折板用专用支架支撑

图21.3-5～图21.3-9分别给出了板式构件、梁、异形构件的堆放方式，其中有混凝土块支垫，有木方和型钢支垫，有单层堆放，也有多层堆放。

大多数构件可以多层堆放，设计原则是：

1）支撑点位置经过验算。

2）上下支撑点对应一致。

3）不宜超过 6 层。

图 21.3-4　点式支撑垫块

图 21.3-5　板式构件多层点式支撑堆放

图 21.3-6　预应力板垫方支撑堆放

图 21.3-7　梁垫方支撑堆放

图 21.3-8　槽形构件两层点支撑堆放

图 21.3-9　L 形板堆放

21.3.3　竖直放置构件的支撑

墙板可采用竖向堆放方式，少占场地（图 21.3-10）。也可在靠放架上斜立放置（图 21.3-11）。竖直堆放和斜靠堆放，垂直于板平面的荷载为零或很小，但也以水平堆放的支撑点作为隔垫点为宜。

图 21.3-10　构件竖直堆放

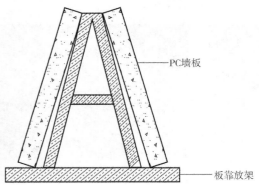

图 21.3-11　构件靠放架堆放

21.3.4　运输方式及其支撑

预制构件运输方式包括水平放置运输和竖直放置运输。

1. 水平放置运输

各种构件都可以水平放置运输，墙板和楼板可以多层放置（图 21.3-12）。支撑方式与支撑点位置与堆放一样。

2. 竖直放置运输

竖直放置运输用于墙板，或直接使用堆放时的靠放架，或用专用车辆（图 21.3-13）。

图 21.3-12　预应力叠合板运输

图 21.3-13　预制墙板专用运输车

3. 运输时的临时拉结杆

一些开口构件、转角构件为避免运输过程中被拉裂，须采取临时拉结杆。对此设计应给出要求。

图 21.3-14 是一个 V 形墙板临时拉结杆的例子，用两根角钢将构件两翼拉结，以避免构件内转角部位在运输过程中拉裂。安装就位前再将拉结角钢卸除。

图 21.3-14　V 形 PC 墙板临时拉结图

需要设置临时拉结杆的构件包括断面面积较小且翼缘长度较长的 L 形折板、开洞较大的墙板、V 形构件、半圆形构件、槽形构件等（图 21.3-15）。临时拉结杆可以用角钢、槽钢，也可以用钢筋。

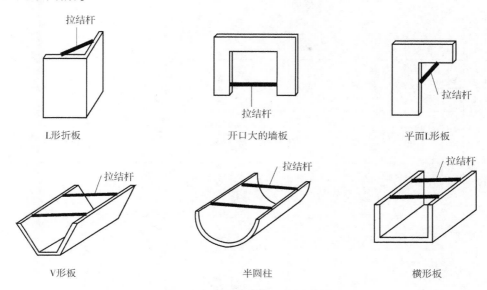

L形折板 　　　 开口大的墙板 　　　 平面L形板

V形板 　　　 半圆柱 　　　 横形板

图 21.3-15　需要临时拉结的 PC 构件

21.4　临时支撑设计

21.4.1　临时支撑

预制构件安装后需要临时支撑，设计应给出临时支撑的要求。表 21.4-1 给出了各种构件安装后临时支撑的方式、计算荷载、支撑点位置和预埋件的类型。

21.4.2　水平构件临时支撑

叠合梁、叠合楼板、叠合阳台板等水平构件安装后需要设置支撑，设计须给出支撑的要求，包括支撑方式、位置、间距、支撑承载能力要求等，还应当给出明确要求，叠合层后浇混凝土强度达到多少时，楼板支撑才可以撤除。

预制楼板支撑一般使用金属支撑系统，有线支撑和点支撑两种方式（图 21.4-1）。专业厂家会根据支撑楼板的荷载情况和设计要求给出支撑部件的配置。

叠合梁板一般在两端支撑，距离边缘 500mm，且支撑间距不宜大于 2000mm。安装时混凝土强度应达到设计强度 100%。施工均布荷载不大于 $1.5\mathrm{kN/m^2}$；不均匀情况，在单板范围内，折算不大于 $1.0\mathrm{kN/m^2}$。

21.4.3　竖向构件临时斜支撑

柱子和墙板等竖向构件安装就位后，为防止倾倒需设置斜支撑。斜支撑的一端固定在被支撑的预制构件上，另一端固定在地面预埋件上（图 21.4-2）。

结构设计须对竖向构件临时斜支撑进行计算、布置和构造设计。

竖向构件施工期间水平荷载主要是风荷载，按 10 年一遇取值计算倾覆力矩，据此进行斜支撑的设置。

表 21.4-1 预制构件安装临时支撑一览

构件类别	构件名称	支撑方式	示意图	计算荷载	支撑点位置	支撑预埋件			
						构件		现浇	
						位置	构造	位置	构造
竖向构件	柱子	斜支撑、双向		风荷载	上部支撑点位置：大于 1/2，小于 2/3 构件高度	柱两个支撑面（侧面）	预埋式螺母	现浇混凝土楼面	
	剪力墙板	斜支撑、单向		风荷载	上部支撑点位置：大于 1/2，小于 2/3 构件高度；下部支撑点位置：1/4 构件高度附近	墙板内侧面	预埋式螺母	现浇混凝土楼面	不用
水平构件	楼板	竖向支撑		自重荷载 + 施工荷载	两端距离支座 500mm 处各设一道支撑 + 跨内支撑（轴跨 L < 4.8m 时一道，轴跨 4.8m ≤ L < 6m 时两道）	不用	不用	不用	不用

（续）

构件类别	构件名称	支撑方式	示意图	计算荷载	支撑点位置	支撑预埋件 构件 位置	构件 构造	现浇 位置	现浇 构造
水平构件	梁	竖向支撑或斜支撑		自重荷载+风荷载+施工荷载	两端各1/4构件长度处；构件长度大于8m时，跨内根据情况增设一道或两道支撑	梁侧支撑面	不用	不用	不用
水平构件	悬挑式构件	竖向支撑		自重荷载+施工荷载	距离悬挑端及支座处300~500mm距离各设置一道；垂直悬挑方向支撑间距为1~1.5m，板式悬挑构件下支撑数最小不得少于4个。特殊情况应另行计算复核后进行设置支撑	不用	不用	不用	不用
异形构件	—	根据构件形状、重心进行设计	—	风荷载、自重荷载	根据实际情况计算	不用	不用	不用	不用

图 21.4-1　楼板支撑实例图

a）线支撑（柱梁支撑）　　b）点支撑（柱支撑）

图 21.4-2　竖向构件斜支撑

　　断面较大的柱子稳定力矩大于倾覆力矩，可不设立斜支撑。安装柱子后马上进行梁的安装也不需要斜支撑。需要设立斜支撑的柱子有一个方向和两个方向两种情况。剪力墙板需要设置斜支撑，一般布置在靠近板边的部位，如图 21.4-3 所示。

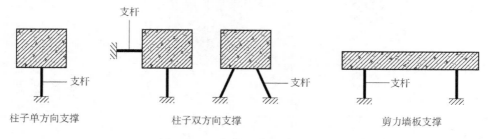

柱子单方向支撑　　　　　　柱子双方向支撑　　　　　　　　剪力墙板支撑

图 21.4-3　竖向构件斜支撑方向

　　设立斜支撑的构件，支撑杆的角度与支撑面空间有关。斜支撑一般是单杆支撑，也有用双杆支撑的，如图 21.4-4 所示。

　　斜支撑杆件在预制构件上的固定方式一般是用螺栓
将杆件连接件与内埋式螺母连接。

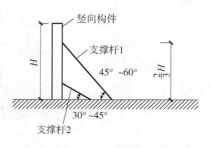

图 21.4-4　竖向构件斜支撑角度

21.4.4　竖向构件调整标高支点

　　预制构件施工环节需要的设置还包括竖向构件连接
支点及标高调整。柱子、墙板等竖向构件的水平连接缝
一般为 20mm 高，在上部构件安装就位时，应当将构件
垫起来。如果下部构件或现浇混凝土表面不平，支垫点
还有调整标高的功能。

　　标高支点有两种办法，预埋螺母法和钢垫片法。

　　预埋螺母法是最常用的标高支点做法：在下部构件顶部或现浇混凝土表面预埋螺母
（对应螺栓直径 20mm），旋入螺栓作为上部构件调整标高的支点，标高微调靠旋转螺栓实
现。上部构件对应螺栓的位置预埋 50mm × 50mm × 6mm 厚的镀锌钢片，以削弱局部应力集
中的影响（图 21.4-5）。

　　标高支点也可用钢垫片省去了在预制构件或现浇混凝土中埋设螺母的麻烦。但钢垫片存
在两个问题，一是对接缝处断面抗剪力稍稍有点削弱；二是微调标高要准备不同厚度的钢垫
片，不如螺栓微调标高方便。

　　标高支点一般布置 4 个，位置如图 21.4-6 所示。

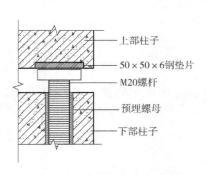

图 21.4-5　螺栓调整标高支点构造图

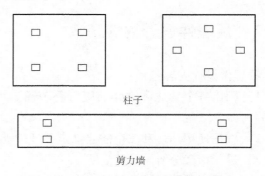

图 21.4-6　调整标高支点数量与位置示意

 思考题

1. 吊点有哪些类型？
2. 存放与运输支撑点如何布置？
3. 预制构件安装临时支撑如何布置？

第 22 章 预埋件设计

22.1 概述

预埋件在装配式混凝土建筑中应用较多，与建筑物结构安全、正常使用和制作、运输、施工环节的安全都有关系。由于装配式混凝土建筑原则上不允许砸墙凿洞，不宜用后锚固方式埋设预埋件，预埋件设计非常重要。

本章介绍预埋件设计内容（22.2），预埋件清单（22.3），预埋件类型（22.4），预埋件荷载分析（22.5），选用定型产品（22.6），加工制作预埋件设计（22.7）。

22.2 预埋件设计内容

预埋件设计内容包括：

1）列出各个专业和制作、施工环节需要埋设在预制构件上的所有预埋件清单，避免遗漏。

2）根据使用功能和安全需要确定预埋件类型。

3）进行荷载分析、计算。

4）选择定型预埋件的材质、规格、型号等。

5）对须加工制作的预埋件进行结构计算与构造设计。

6）对长期使用的外露预埋件进行防锈蚀设计。

22.3 预埋件清单

表22.3-1列出了装配式混凝土建筑可能用到的预埋件清单，给读者以参考。该表并不能涵盖所有装配式混凝土建筑可能用到的预埋件，但可以给读者一个思路，用拉清单的方式避免遗漏。

避免预埋件遗漏需要各个专业协同工作。宜通过BIM建模的方式将设计、制作、运输、安装以及以后使用的状况进行场景模拟，做到全流程的BIM设计及管理，能够有效地避免预埋件的遗漏。

表 22.3-1　装配式混凝土建筑预埋件一览表

阶段	预埋件用途	可能需埋置的构件	可选用预埋件类型								备注
			预埋钢板	内埋式金属螺母、螺栓	内埋式塑料螺母	钢筋吊环	埋入式钢丝绳吊环	吊钉	木砖	专用	
使用阶段（与建筑物同寿命）	构件连接固定	外挂墙板、楼梯板	◎	◎							
	门窗安装	外墙板、内墙板		◎					◎	◎	
	金属阳台护栏	外墙板、柱、梁		◎	◎						
	窗帘杆或窗帘盒	外墙板、梁		◎	◎						
	外墙水落管固定	外墙板、柱		◎	◎						
	装修用预埋件	楼板、梁、柱、墙板		◎	◎						
	较重的设备固定	楼板、梁、柱、墙板	◎	◎							
	较轻的设备、灯具固定			◎	◎						
	通风管线固定	楼板、梁、柱、墙板		◎	◎						
	管线固定	楼板、梁、柱、墙板		◎	◎						
	电源、电信线固定	楼板、梁、柱、墙板			◎						
制作、运输、施工（过程用，没有耐久性要求）	脱模	预应力楼板、梁、柱、墙板		◎		◎	◎				
	翻转	墙板		◎							
	吊运	预应力楼板、梁、柱、墙板		◎		◎	◎				
	安装微调	柱		◎	◎					◎	
	临时侧支撑	柱、墙板		◎							
	后浇混凝土模板固定	墙板、柱、梁		◎							无装饰的构件
	异形薄弱构架加固埋件	墙板、柱、梁		◎							
	脚手架或塔式起重机固定	墙板、柱、梁	◎	◎							无装饰的构件
	施工安全护栏固定	墙板、柱、梁		◎							无装饰的构件

22.4　预埋件类型

用于预制混凝土构件中的预埋件有两类：定型产品和加工制作品。

（1）定型产品　定型产品是专业厂家制作的标准或定型产品，包括金属内埋式螺母、塑料内埋式螺母、吊钉、内埋式螺栓、钢筋锚环等。定型产品的设计是由厂家参加完成的，结构设计师根据需要选用即可。本书第4章介绍了内埋式金属螺母、吊钉等定型产品。

（2）加工制作品　加工制作品是根据设计要求制作加工的预埋件，包括钢板（或型钢）预埋件、附带螺栓的钢板预埋件、钢筋吊环、钢丝绳吊环等。加工制作品需要结构设计师进行设计。

预埋件各种定型产品和加工制作品的用途以及可能埋设在哪些构件上见表22.3-1。

22.5　预埋件荷载分析

1）用于脱模、翻转、吊运和吊装的预埋件的荷载分析与计算见第21章。需要提醒的是：用作翻转的预埋件和布置在楼梯板侧的吊装预埋件，须考虑剪切力的作用。

2）用于管线敷设和设备固定的预埋件的荷载是悬挂物的重量。埋设于预制楼板的预埋件考虑拉力作用，埋设于墙柱构件的预埋件考虑拉、压和剪切力的作用。

3）用于施工临时斜支撑的预埋件的荷载是风荷载，须考虑拉、压作用。

4）用于后浇混凝土支模用的预埋件的荷载分别是模板重量和浇筑混凝土的鼓仓力，须考虑剪切力和拉力。

5）用于工地塔式起重机支扶埋设在预制构件上的预埋件的荷载为施工期的风荷载，须考虑拉、压和剪切力。

6）用于外挂墙板与水平支座连接的预埋件的荷载为风荷载和地震作用，须考虑拉力、压力作用。用于外挂墙板与重力支座连接的预埋件的荷载为风荷载、地震作用和自重，须考虑拉力、压力和剪切力的作用。

22.6　选用定型产品

选用定型产品预埋件时应注意：

1）须根据使用要求和承载力计算结果选择预埋件的材质、型号、规格（直径）。

2）须考虑定型产品要求的锚固条件（如锚固深度）是否具备。

3）预埋件与构件边缘的距离应符合定型产品的要求。

4）对持久使用的预埋件须考虑防锈蚀等耐久性要求。

5）对没有国家标准或行业标准的预埋件产品，设计图须提出试验验证要求。

定型产品中，内埋式螺母应用最多，因为在构件中埋设时不用穿过模具；运输、堆放、安装过程不会挂碰等。内埋式螺母在混凝土中的锚固可靠性由试验确定：内埋式螺母所对应的螺栓在荷载的作用下破坏，但螺母不会被拔出或周围混凝土不会被破坏。

预制构件内埋式螺母附近没有钢筋时，构件脱模后有可能在螺母处出现裂缝，这是由混凝土收缩或温度变化较快在螺母附近形成的应力集中造成的，为预防这种情况，内埋式螺母附近可增加构造钢筋或钢筋网，如图 22.6-1 所示。

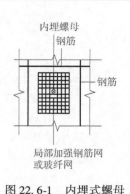

图 22.6-1　内埋式螺母增加钢筋网

22.7　加工制作预埋件设计

22.7.1　具体设计内容

加工制作预埋件具体设计包括：

1）设计预埋件的材质、形状、尺寸。

2）预埋件外露部分承载力复核，如外露钢板、螺栓、吊环抗拉、抗压、抗剪强度复核和变形复核。

3）长期使用的预埋件的防锈蚀设计。

4）预埋件锚固设计。

22.7.2　锚固设计

加工制作预埋件的钢筋吊环和钢丝绳吊环设计相对比较简单，主要是按照规范要求保证锚固长度。

钢板预埋件（图 22.7-1）和附带螺栓的钢板预埋件（图 22.7-2）需要按照《混凝土结构设计规范》（GB 50010）进行锚固设计。

图 22.7-1　钢板预埋件

图 22.7-2　附带螺栓的钢板预埋件

1. 直锚筋预埋件锚筋总面积

有锚板和对称配置的直锚筋所组成的受力预埋件如图 22.7-3 所示，其锚筋截面面积 A_s 应符合下列规定：

1）当有剪力、法向拉力和弯矩共同作用时，应按下列两个公式计算，并取其中的较大值：

$$A_s \geq \frac{V}{a_r a_r f_y} + \frac{N}{0.8 a_b f_y} + \frac{M}{1.3 a_r a_b f_y z} \qquad (22.7\text{-}1)（《混凝土结构设计规范》式 9.7.2\text{-}1）$$

$$A_s \geq \frac{N}{0.8 a_b f_y} + \frac{M}{0.4 a_r a_b f_y z} \qquad (22.7\text{-}2)（《混凝土结构设计规范》式 9.7.2\text{-}2）$$

2）当有剪力、法向压力和弯矩共同作用时，应按下列两个公式计算，并取其中的较大值：

$$A_S \geqslant \frac{V - 0.3N}{a_r a_v f_y} + \frac{M - 0.4N_z}{1.3 a_r a_b f_y z}$$　　　（22.7-3）（《混凝土结构设计规范》式9.7.2-3）

$$A_S \geqslant \frac{M - 0.4N_z}{0.4 a_r a_b f_y z}$$　　　（22.7-4）（《混凝土结构设计规范》式9.7.2-4）

当 M 小于 $0.4N_z$ 时，取 $0.4N_z$。

上述公式中的系数 a_v、a_b 应按下列公式计算：

$$a_v = (4.0 - 0.08d) \sqrt{\frac{f_c}{f_y}}$$　　　（22.7-5）（《混凝土结构设计规范》式9.7.2-5）

$$a_b = 0.6 + 0.25 \frac{t}{d}$$　　　（22.7-6）（《混凝土结构设计规范》式9.7.2-6）

当 a_v 大于 0.7 时，取 0.7；当采取防止锚板弯曲变形的措施时，可取 a_b 等于 1.0。

式中　f_y——锚筋的抗拉强度设计值，按《混凝土结构设计规范》第 4.2 节采用，但不应大于 300N/mm^2；

　　　　V——剪力设计值；

　　　　N——法向拉力或法向压力设计值，法向压力设计值不应大于 $0.5f_c A$，此处，A 为锚板面积；

　　　　M——弯矩设计值；

　　　　a_r——锚筋层数的影响系数，当锚筋按等间距布置时，两层取 1.0，三层取 0.9，四层取 0.85；

　　　　a_v——锚筋的受剪承载力系数；

　　　　d——锚筋直径；

　　　　a_b——锚板的弯曲变形折减系数；

　　　　t——锚板厚度；

　　　　z——沿剪力作用方向最外层锚筋中心线之间的距离。

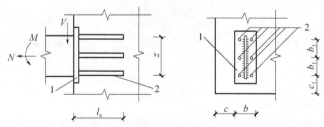

图 22.7-3　由锚板和直筋组成的预埋件（《混凝土结构设计规范》图 9.7.2）

1—锚板　2—直锚筋

2. 弯折锚筋与直锚筋预埋件总面积

由锚板和对称配置的弯折锚筋及直锚筋共同承受剪力的预埋件如图 22.7-4 所示，其弯折锚筋的截面面积 A_{sb} 应符合下列规定：

$$A_{sb} \geqslant 1.4 \frac{V}{f_y} - 1.25 a_v A_s$$　　　（22.7-7）（《混凝土结构设计规范》式9.7.3）

式中，系数 a_v 按上面规定取用。当直锚筋按构造要求设置时，A_s 应取为 0。

注：弯折锚筋与钢板之间的夹角不宜小于 15°，也不宜大于 45°。

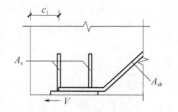

图 22.7-4　由锚板和弯折锚筋及直锚筋组成的预埋件

（《混凝土结构设计规范》图 9.7.3）

3. 锚筋布置

1）预埋件锚筋中心至锚板边缘的距离不应小于 $2d$ 和 20mm。

2）预埋件的位置应使锚筋位于构件的外层主筋的内侧。

3）预埋件的受力直锚筋直径不宜小于 8mm，且不宜大于 25mm。

4）直锚筋数量不宜少于 4 根，且不宜多于 4 排。

5）受剪预埋件的直锚筋可采用 2 根。

6）对受拉受弯预埋件（图 22.7-3），其锚筋的间距 b、b_1 和锚筋至构件边缘的距离 c、c_1，均不应小于 $3d$ 和 45mm。

7）对受剪预埋件（图 22.7-3），其锚筋的间距 b、b_1 不应大于 300mm，且 b_1 不应小于 $6d$ 和 70mm；锚筋至构件边缘的距离 c_1 不应小于 $6d$ 和 70mm；b、c 均不应 $3d$ 和 45mm。

4. 锚筋锚固长度

1）受拉直锚筋和弯折锚筋的锚固长度按有关规定计算。

2）当锚筋采用 HPB300 级钢筋时末端还应有弯钩。

3）当无法满足锚固长度要求时，应采用其他有效的锚固措施。

4）受剪和受压直锚筋的锚固长度不应小于 $15d$，d 为锚筋的直径。

5. 带螺栓的预埋件

附带螺栓的预埋件有两种组合方式。第一种是在锚板表面焊接螺栓；第二种是螺栓从钢板内侧穿出，在内侧与钢板焊接。第二种方法在日本应用较多。

6. 受拉直锚筋和弯折锚筋的锚固长度

预埋件、预埋螺栓的受拉直锚筋和弯折锚筋按照受拉钢筋的锚固长度计算。

（1）基本锚固长度

$$l_{ab} = \alpha \frac{f_y}{f_t} d \qquad (22.7\text{-}8)（《混凝土结构设计规范》式 8.3.1\text{-}1）$$

式中　l_{ab}——受拉钢筋的基本锚固长度；

$\quad\quad f_y$——钢筋抗拉强度设计值；

$\quad\quad f_t$——混凝土轴心抗拉强度设计值，当混凝土强度等级高于 C60 时，按 C60 取值；

$\quad\quad d$——钢筋直径；

$\quad\quad \alpha$——锚固钢筋外形系数，光圆钢筋取 0.16，带肋钢筋取 0.14。

注：光圆钢筋末端应做 180°弯钩，弯后平直段长度不应小于 $3d$，但作受压钢筋时，可不做弯钩。

（2）受拉钢筋锚固长度　锚固长度按下式计算且不应小于 200mm。

$$l_a = \xi_a l_{ab} \qquad (22.7\text{-}9)（《混凝土结构设计规范》式 8.3.1\text{-}3）$$

式中　l_a——受拉钢筋的锚固长度；

ξ_a——锚固长度修整系数。锚筋保护层厚度为 $3d$ 时，取 0.8；为 $5d$ 时取 0.7，中间可按内插取值。但不能小于 0.6。d 为钢筋直径。

思考题

1. 预埋件设计内容有哪些？
2. 预埋件清单包括哪些内容？
3. 预埋件有哪些类型？
4. 如何选用定型产品？
5. 锚筋布置要求有哪些？

第 23 章 预制构件制作图设计

23.1 概述

现浇混凝土建筑工程图设计完了就可以施工了，装配式建筑还需进行预制构件制作图设计。

预制构件制作图是工厂制作构件的依据。所有预制构件都需要进行制作图设计。本章介绍预制构件图设计，具体内容包括预制构件设计内容（23.2），构件制作图（23.3），产品信息标识（23.4）。

23.2 预制构件设计内容

23.2.1 预制构件设计主要内容

预制构件设计主要内容包括：

1）构件外形与尺寸。根据拆分设计和连接设计确定构件边界与详细尺寸。

2）构件钢筋、伸出钢筋与钢筋连接设置。根据结构设计、拆分布置和连接节点设计，设计构件的钢筋布置、伸出钢筋、钢筋连接设置（套筒或金属波纹管或浆锚孔）、连接部位加强箍筋构造设计等。

3）拉结件设计（见第 19 章）。

4）制作、堆放、运输、安装环节的结构与构造设计。对构件制作环节的脱模、翻转、堆放；运输环节的装卸、支撑；安装环节的吊装、定位、临时支撑等，进行荷载分析和承载力与变形的验算。设计吊点、支撑点位置，进行吊点结构与构造设计（见第 21 章）。

5）构件键槽面、粗糙面设计。

6）各专业设计汇集。预制构件设计须汇集建筑、结构、装饰、水电暖、设备等各个专业和制作、堆放、运输、安装各个环节对预制构件的全部要求，在构件制作图上无遗漏地表示出来。

7）易开裂敞口构件运输拉杆设计。

8）预埋件设计（见第 22 章）。

23.2.2 设计调整

在构件制作图图样会审中，可能会发现一些问题，需要对原设计进行调整，例如：

1）预埋件、埋设物设计位置与钢筋"干涉"，距离过近，影响混凝土浇筑和振捣时，需要对设计进行调整。或移动预埋件位置；或调整钢筋间距。

2）造型设计有无法脱模或不易脱模的地方。

3）构件拆分导致无法安装或安装困难的设计。

4）后浇区空间过小导致施工不便。

5）当钢筋保护层厚度大于50mm时，需要采取加钢筋网片等防裂措施。

6）当预埋螺母或螺栓附近没有钢筋时，须在预埋件附近增加钢丝网或玻纤网防止裂缝。

7）对于跨度较大的楼板或梁，确定制作时是否需要做成反拱。

23.3　构件制作图

23.3.1　总说明内容

除了常规结构图样总说明内容外，尚应包括如下与预制构件有关的内容。

1. 构件编号

构件有任何不同，都要通过编号区分。例如构件只有预埋件位置不同，其他所有地方都一样，也要在编号中区分，可以用横杠加序号的方法。

2. 材料要求

1）混凝土强度等级：

①当同样构件混凝土强度等级不一样时，如底层柱子和上部柱子混凝土强度等级不一样，除在总说明中说明外，还应在构件图中注明。

②当构件不同部位混凝土强度等级不一样时，如柱梁一体构件柱与梁的混凝土强度等级不一样，除在总说明中说明外，还应在构件图中注明。

③夹芯保温构件内外叶墙板混凝土强度等级不一样时，应当在构件图中说明。

④须给出构件安装时必须达到的强度等级，如叠合楼板须达到设计强度的100%；楼梯应达到设计强度的75%；其他构件应达到设计强度的百分比要求。

2）当采用套筒灌浆连接方式时：

①须确定套筒类型、规格、材质，提出力学物理性能要求。

②提出选用与套筒适配的灌浆料的要求。

3）当采用浆锚搭接连接方式时：

①提出波纹管或约束钢筋材质要求。

②提出选用与浆锚搭接适配的灌浆料的要求。

4）当后浇区钢筋采用机械套筒连接时：选择机械套筒类型，提出技术要求。

5）提出表面构件特别是清水混凝土构件钢筋间隔件的材质要求，不能用金属间隔件。

6）对于钢筋伸入支座锚固长度不够的构件，确定机械锚固类型，提出材质要求。

7）提出预埋螺母、预埋螺栓、预埋吊点等预埋件的材质和规格要求。

8）提出预留孔洞金属衬管的材质要求。

9）确定拉结件类型，提出材质要求。

10）给出夹芯保温构件保温材料的要求。

11）如果设计有粘在预制构件上的橡胶条，提出材质要求。

12）对反打石材、瓷砖提出材质要求；对反打石材的隔离剂、不锈钢挂钩提出材质和物理力学性能要求。

13）电器埋设管线等材料要求。

14）防雷引下线材料要求等。

3. 其他要求

1）构件拆模需要达到的强度。

2）构件安装需要达到的强度。

3）构件质量检查、堆放和运输支撑点位置与方式。

4）构件安装后临时支撑的位置、方式与时间。

23.3.2　构件制作图内容

构件制作图又称构件加工图，是构件生产的主要依据。用图样方式准确表达预制混凝土构件的位置、制作方式、几何形状、尺寸、配筋、埋件定位及材料表等信息，设计阶段的建筑、结构、设备、装修各专业的相关信息，生产阶段的模具加工、构件制作、堆放、运输详细要求，施工阶段的构件吊装、施工、检验的形式和技术要求等。

1. 构件所在位置索引图

索引图一般配置在构件加工图的右下角部，通过该图可以清楚构件在建筑平面图中的位置和范围（图 23.3-1）。设计时需要注意下列要点：

（1）指示标记　明晰指出本图所绘制的预制构件在平面布置图中的位置。

（2）视点方向　箭头之处构件外视图所示面。

2. 构件各个面命名图

构件图应附有构件各个面的命名图，以方便正确看图（图 23.3-2）。

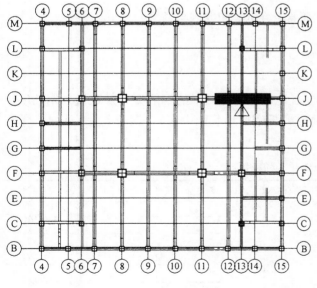

图 23.3-1　构件位置索引图

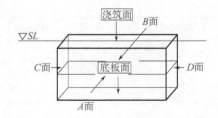

图 23.3-2　构件各面视图方向标示图

3. 构件模具图

1）构件外形、尺寸、允许误差。

2）构件混凝土量与构件重量。

3）使用、制作、施工所有阶段需要的预埋螺母、螺栓、吊点等预埋件位置、详图；给出预埋件编号和预埋件表。

　　4）预留孔眼位置、构造详图与衬管要求。

　　5）粗糙面部位与要求。

　　6）键槽部位与详图。

　　7）墙板轻质材料填充构造等。

4. 构件各个面的外视图

外视图主要表达构件外形尺寸、细部尺寸、门窗位置与尺寸、埋件位置、孔洞位置和尺寸、饰面要求或反打饰面排版等。

5. 构件内视图

内视图主要表示套筒、金属波纹管、内埋式螺母、吊点、预埋件、预埋物（电气管线、防雷引下线）、孔洞内模等位置、固定方式等。

6. 构件剖视图

剖视图是内视图的辅助手段，进一步表达构件内各种预埋设置的位置与方式。

7. 配筋图

除常规配筋图、钢筋表外，配筋图还须给出：

1）套筒或浆锚孔位置、详图、箍筋加密详图。

2）包括钢筋、套筒、浆锚螺旋约束钢筋、波纹管浆锚孔箍筋的保护层要求。

3）套筒（或浆锚孔）、出筋位置、长度允许误差。

4）预埋件、预留孔及其加固钢筋。

5）钢筋加密区的高度。

6）套筒部位箍筋加工详图，依据套筒半径给出箍筋内侧半径。

7）后浇区机械套筒与伸出钢筋详图。

8）构件中需要锚固的钢筋的锚固详图。

8. 钢筋明细表

钢筋明细表（表23.3-1）是用列表的方式表达构件图中的钢筋型号及数量。钢筋明细表所包含的内容：编号、直径、钢筋图（需要把钢筋形状画出来），钢筋数量，尺寸，单根重量等级。设计时需要注意下列要点：

表 23.3-1　钢筋明细表

钢筋类型		编号	规格/mm	钢筋用量/根	钢筋加工尺寸	备　注
剪力墙	竖向筋	①Va	Φ10	12	150 / 290　2550	用于标准层
					150 / 90　2550	用于顶层
		①Vb	Φ12	4	180 / 290　2550	用于标准层
					180 / 90　2550	用于顶层
	水平筋	②Ha	Φ8	32	120 / 380　1450　480 / 120	
		②Hb	Φ6	1	1410	

（续）

钢筋类型		编号	规格/mm	钢筋用量/根	钢筋加工尺寸	备注
剪力墙	拉筋	③L	⏀6	36	75 ⎯155⎯ 75	
	连接筋	④Ja	⏀22	4	510 | 1090	顶层构件无此筋
		④Jb	⏀22	4	820 ⊞	

（1）编号　明确各类钢筋的分类及代号。

（2）直径　明确各个钢筋的型号及大小。

（3）尺寸　提供钢筋的外形参考尺寸，具体数值可由厂家确定。

（4）数量　明确不同型号钢筋的数量，便于统计。

（5）备注　对特殊情况进行说明和明确，方便管理和识别。

9. 预埋件一览表

预埋件一览表是对本构件加工图中埋件的统计表（表 23.3-2）。装配式混凝土构件有较多的预埋件，包括土建、装饰、制作、运输、施工等过程中用到的预埋件，这些预埋件需要在构件加工图中明确表示其位置尺寸，通过表格的形式统计出每个构件的预埋件数量和类别，方便招标投标和备料查询使用。设计时需要注意下列要点：

（1）编号　明确预埋件的各类产品分类及名称。

（2）功能　明确各类预埋件的使用功能。

（3）图例　用图标区分各类预埋件以便于识别。

（4）数量　明确各类预埋件的使用数量以便于材料统计。

（5）规格　明确各类预埋件的外形尺寸信息。

（6）备注　对需要特殊注明之处进行备注。

表 23.3-2　预埋金属件一览表

预埋金属件（详预埋件及连接件详图）	标　记	编　号	数　量	功能说明	备注
M20 螺栓套筒 $L = 200$，$S = 60$，$D = 10$		YM1	6	吊装、限位筋预埋套筒	
M12 螺栓套筒 $L = 50$，$S = 25$，$D = 10$		YM2	11	填充墙拉结筋预留套筒	
M20 螺栓套筒 $L = 120$，$S = 60$，$D = 10$		YM3	6	脱模、斜撑预留套筒	
M14 螺栓套筒 $L = 50$，$S = 25$，$D = 10$		YM4	30	模板对拉螺杆预留套筒板板连接件	
⏀22 半灌浆套筒		YM5	10	剪力墙连接筋	
⏀18 半灌浆套筒		YM6	10	剪力墙连接筋	

10. 夹芯保温构件拉结件

1）拉结件布置。

2）拉结件埋设详图。

11. 非结构专业内容

与预制构件有关的建筑、水电暖设备等专业的要求必须一并在 PC 构件中给出，包括（不限于）：

1）门窗安装构造。

2）夹芯保温构件的保温层构造与细部要求。

3）防水构造。

4）防火构造。

5）防雷引下线埋设构造。

6）装饰一体化构造要求，如石材、瓷砖反打构造图。

7）外装幕墙构造。

8）机电设备预埋管线、箱槽、预埋件等。

12. 三维示意图

三维示意图是将预制构件轮廓三维可视化，使使用图样的人对构件外形有一个初步认识，方便读图和生产使用。设计时需要注意下列要点：

（1）三维仿真建模　构件设计同时采用三维 BIM 软件建模，直接由三维模型转出三维图形，配置在构件加工图中。

（2）模板面示意　标注预制构件生产时制作模台面，明确构件的模台面和浇筑面。

（3）视图示意　明确构件视图的内外方向，以便于理解图样内容。

13. 说明备注

说明备注是对预制构件的材料和制作工艺等的具体要求予以注明，以便于预制构件生产的管理。设计时需要注意下列要点：

（1）混凝土的强度　如果相同预制构件在不同的楼层使用不同强度等级的混凝土，要对使用不同强度等级混凝土的构件范围在说明备注中加以注明。为了便于施工管理，构件名称分别标注。

（2）图例　预制构件与预制构件的连接界面、预制构件与现浇混凝土的连接界面要满足设计规范要求，一般要求设置粗糙面。预制构件连接界面的粗糙面生产工艺有：拉毛、涂抹缓凝剂、花纹模板等。

23.3.3　构件制作图—图通原则

所谓"一图通"就是对每种构件提供该构件完整齐全的图样，不要让工厂技术人员从不同图样去寻找汇集构件信息，不仅不方便，最主要的是容易出错。

例如，一个构件在结构体系中的位置从平面拆分图中可以查到，但按照"一图通"原则，就应当不怕麻烦再把该构件在平面中的位置画出示意图"放"在构件图中。

"一图通"原则对设计者而言不过是鼠标点击一下"复制"，图样数量会增加。对制作工厂而言，带来了极大的方便，也会避免遗漏和错误。

把所有设计要求都反映到构件制作图上，并尽可能实行一图通，是保证不出错误的关键原则。汇集过程也是复核设计的过程，会发现不规范现象。

23.4　产品信息标识

为了方便构件识别和质量可追溯，避免出错，预制构件应书写标识基本信息，或在构件中埋设信息芯片。信息应包括构件名称、编号、型号、位置、设计强度、生产日期、质检员等。

　思考题

1. 预制构件有哪些设计内容？
2. 构件制作图包括哪些内容？
3. 什么是"一图通"原则？

第 24 章　设备与管线系统设计

24.1　概述

　　设备与管线系统是"由给水排水、供暖通风空调、电气和智能化、燃气等设备与管线组合而成，满足建筑使用功能的整体"。

　　本章介绍装配式混凝土建筑设备与管线系统设计，仅限于与装配式有关的内容，包括设备与管线系统设计要求与内容（24.2），集中布置（24.3），集成化部品设计（24.4），管线分离设计（24.5），同层排水设计（24.6），防雷设计（24.7），节能设计（24.8），协同设计（24.9）。

24.2　设备与管线系统设计要求与内容

24.2.1　设计要求

　　《装标》和《装规》关于装配式混凝土建筑设备与管线系统设计的主要规定如下：

　　1）宜采用集成化技术，标准化设计；连接应采用标准化接口。

　　2）竖向管线宜集中设于管道井中，且布置在现浇楼板处。阀门、检查口、箱表等应统一集中设置在公共区域。

　　3）设备与管线宜与主体结构相分离。

　　4）排水系统宜采用同层排水。

　　5）不得在安装完成后的预制构件上剔凿沟槽、打孔开洞等。

24.2.2　设计内容

　　根据装配式混凝土建筑的特点和规范上述要求，设备与管线系统设计内容包括：

　　1）管线、阀门与箱表的集中布置。

　　2）集成部品选型与连接。

　　3）管线分离设计。

　　4）同层排水设计。

　　5）防雷设计。

　　6）节能设计。

　　7）设计协同等。

24.3　集中布置

　　管线、阀门与表箱的集中布置有利于维修，竖向管线的集中布置可减少穿过楼板孔洞数量。

　　集中布置需依据建筑平面设计进行，与结构设计、装修设计协同。排水系统竖向管线集中布置只有在实行同层排水且有相应空间高度的前提下才可以实现，并与厨房、卫生间的平面布置有关。图 24.3-1 为竖向管线集中布置实例，图 24.3-2 为日本装配式高层建筑集中布置阀门的照片。

图 24.3-1　竖向管线集中布置　　　　　　图 24.3-2　日本装配式高层建筑阀门集中布置

24.4　集成化部品设计

　　装配式建筑集成部品设计由建筑设计师主导，协调各专业设计师进行，或提出设计要求由部品制作厂家设计，或选择定型产品。与设备和管线系统有关的集成化部品主要是集成化厨房和集成化卫生间。

　　设备和管线系统各专业设计师在集成化部品设计中的主要任务是：

　　1）提出集成化部品设备和管线系统材料、设备、配件要求，或对定型设计的集成化部品所用材料、设备、配件进行审核。

　　2）提出给水（包括热水、中水）、排水、供暖、通风、燃气、照明、设备电源的接口要求。

　　3）将各有关专业的管线设计到接口处。

　　4）设计检查维修口。

24.5　管线分离设计

　　目前将管线埋在混凝土中的做法，使用年限不同的主体结构和管线设备混在一起，当管线老化时，改造更新困难。因此，宜实现管线与主体结构的分离。

24.5.1　如何进行管线分离设计

　　目前只有电气和弱电管线埋设在混凝土结构中，管线分离设计就是将其从结构中分离出来。如此，顶棚必须吊顶，剪力墙体也需设置架空层。吊顶和架空也使电气专业以外的管线有了"藏身"空间。因此，管线分离应进行各个专业管线敷设的综合设计，既要各得其所，又要避免碰撞（图 24.5-1）。

24.5.2　不实行管线分离的项目设计注意事项

实行管线分离不是规范强制性要求，对于不实行管线分离的装配式混凝土建筑，电气及智能化设计须考虑：

1）预制柱内不得埋设电气管线。

2）外墙构件包括剪力墙和外挂墙板不得埋设管线，如必须在外墙构件部位敷设管线时，应考虑架空（见图7.2-5、图7.2-6）。

3）预制叠合楼板中须埋设灯具接线盒和灯具固定安装预埋件。

4）配电箱和智能化配线箱不应埋设在预制构件内，也不在边缘构件现浇混凝土中埋设。应在内隔墙或边缘区域以外的现浇混凝土中埋设。

5）电源、有线电视插座位置应避开结构构件钢筋连接区域（图24.5-2）。

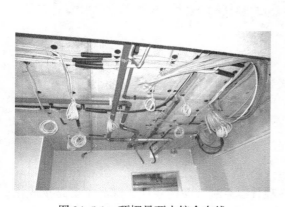

图24.5-1　顶棚吊顶内综合布线

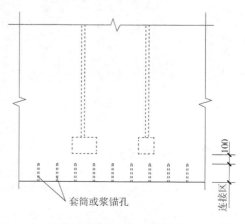

图24.5-2　墙体埋设管线插座避开结构构件连接区

6）预制墙板内埋设的管线、插座、网线接口、开关等，必须设计到构件制作图中。

7）预制剪力墙板与楼板之间管线连接处要留有接头预留口（100mm×150mm）。

8）楼板、阳台板等预制构件需要埋设照明灯线盒。

9）叠合板后浇混凝土层埋设管线时，后浇层厚度不应小于80mm。

24.6　同层排水设计

同层排水是指"在建筑排水系统中，器具排水管线及排水支管不穿越本层结构楼板到下层空间，与卫生器具同层敷设并接入排水立管的排水方式"。简单说，就是本层排水在本层解决，安装、检修不影响下一层。当然，排水立管是贯通各层的。

同层排水最常用的方式是楼板降板方式，即使地面设置架空层，也往往同时降板。

降板分为局部降板和区域降板两种类型。局部降板是指在卫生间等局部部位降板（图24.6-1）；区域

图24.6-1　同层排水局部降板

降板是指楼层的一个区域整体降板。区域降板在日本应用较多。

住宅常用排水管管径为 110mm，同层排水管线长度一般不超过 5m，降板高度一般不超过 300mm。局部降板的楼板多采用现浇，需做防水处理。

同层排水所需要的高度按下式计算：

$$H = D + iL + 40 (\text{mm}) \tag{24.6-1}$$

式中　H——同层排水所需要的高度（mm），或为降板深度，或为架空高度；或两者之和；

　　　　D——排水管管径（mm）；

　　　　i——排水管坡度，排水管道标准坡度和最小坡度见表 24.6-1；

　　　　L——管线长度（mm）。

式中 40mm 常量为预留的管底和管顶间隙。

表 24.6-1　排水管道标准坡度和最小坡度

管径/mm	铸铁管		塑料管
	标准坡度 i	最小坡度 i	最小坡度 i
50	0.035	0.025	0.012
75	0.025	0.015	0.007
100	0.02	0.012	0.004
150	0.01	0.007	0.002

24.7　防雷设计

1. 防雷引下线

由于装配式混凝土建筑预制竖向构件的钢筋不是连通的，无法利用钢筋做防雷引下线，须在预制构件中埋设防雷引下线，一般用镀锌扁钢带做防雷引下线，尺寸不小于 25mm × 4mm（图 24.7-1），构件安装后焊接连接。

引下线在室外地面上 500mm 处设置接地电阻测试盒，测试盒内测试端子与引下线焊接。

镀锌扁钢防锈蚀年限应当按照建筑物使用寿命设计，热镀锌厚度不宜小于 70μm；焊接连接处防锈蚀做法必须按照建筑物使用寿命给出详细要求，包括用什么防锈漆、涂刷范围和涂刷层数。

日本装配式建筑采用在柱子中预埋直径 10～15mm 的铜线做防雷引下线，接头为专用接头（图 24.7-2），耐久性比较可靠。

上下贯通的后浇混凝土区域，可用 2 根 φ16 钢筋作为防雷引下线。

2. 其他部位防雷

（1）阳台金属护栏防雷　阳台金属护栏应当与防雷引下线连接，如此，预制阳台应当预埋 25mm × 4mm 镀锌钢带，一端与金属护栏焊接；另一端与其他预制构件的引下线系统连接，一般与楼层均压环相贯通，如图 24.7-3 所示构造。

（2）铝合金窗和金属百叶防雷　距离地面高度 4.5m 以上外墙铝合金窗、金属百叶窗，特别是飘窗、铝合金窗的金属窗框和百叶应当与防雷引下线连接，如此，预制墙板或飘窗应当预埋 25mm × 4mm 镀锌钢带，一端与铝合金窗、金属百叶窗焊接，另一端与其他预制构件的引下线系统连接，一般与楼层均压环相贯通，如图 24.7-4 所示。

图 24.7-1　预制构件防雷引下线

图 24.7-2　日本防雷引下铜线及连接头

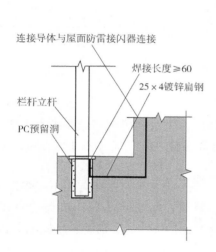

图 24.7-3　阳台防雷构造
（选自国标图集 15G368—1）

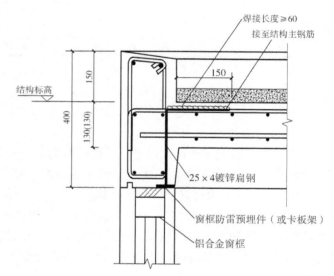

图 24.7-4　铝合金窗防雷构造
（选自国标图集 15G368—1）

24.8　节能设计

1）装配式混凝土建筑应采用适宜的节能技术，降低建筑能耗，充分利用自然通风。

2）通风、供暖和空调等设备均应选用能效比高的节能型产品。

3）供暖系统宜采用适宜于干式工法施工的低温地板辐射供暖产品。

4）太阳能热水系统应与建筑一体化设计，并考虑将太阳能采集装置设置在外墙系统上。

24.9　协同设计

装配式混凝土建筑不能在施工现场进行"埋设"作业，也不能砸墙凿洞和随意打膨胀螺栓，必须把所有需要埋设的预埋件、预埋物和预留孔洞都设计到预制构件制作图中。如此设备与管线系统需要与建筑、结构系统协同设计。

装配式混凝土建筑设计过程中，设备与管线系统内各个专业之间，与建筑、结构、装修系统之间，因集中设计、集成化设计和防止"撞车"等原因，也必须进行协同设计。

协同设计的主要内容包括：

1）预制构件预留各专业管线穿过孔洞。

2）有吊顶时固定管线和设备的楼板预埋件。

3）无吊顶时叠合楼板后浇混凝土层管线埋设。

4）管线敷设与设备固定需要埋设在预制构件中的预埋件。

5）防雷引下线埋设。

6）管线穿过孔洞的防水防火隔声的封堵构造设计。

7）墙体、屋面同雨水斗、雨水管的连接与固定等。

 思考题

1. 装配式建筑设备与管线系统设计与传统建筑有什么不同？

2. 设备与管线系统在集成化部品设计中有哪些工作？

3. 如何计算同层排水需要的高度？

4. 设备与管线系统协同设计有哪些主要工作？

第 25 章　内装系统设计

25.1　概述

内装系统是指由楼地面、墙面、轻质隔墙、吊顶、内门窗、厨房和卫生间等组合而成，满足建筑空间使用要求的整体。

《装标》要求装配式建筑应全装修，应与结构系统、外围护系统、设备与管线系统一体化设计。如此，装配式建筑将告别"毛坯房"，不仅给消费者带来方便，也会大幅度提高经济效益、环境效益与社会效益。

本章对装配式建筑内装系统设计与装配式有关的部分做简单介绍，包括内装系统设计要求与内容（25.2），集成式部品设计（25.3），吊顶与地面架空设计（25.4），协同设计（25.5）。

25.2　内装系统设计要求与内容

25.2.1　内装设计要求

1）内装设计由后期设计前移到与建筑结构设计同步设计，因为装配式建筑不能砸墙凿洞或随意打膨胀螺栓，内装修需要的预埋件必须设计到预制构件制作图中。

2）采用标准化、模数化设计。

3）与建筑结构系统、外围护系统、设备与管线系统协同设计。

4）进行集成化部品设计。

5）采用装配式装修，即干法施工装修。

6）运用 BIM 体系。

25.2.2　内装系统与装配式有关的设计内容

1）集成式部品设计。

2）吊顶与地面架空设计。

3）协同设计。

25.3　集成式部品设计

25.3.1　集成式部品简介

目前比较成熟的集成式部品主要包括集成式厨房、集成式卫生间和整体收纳。

1. 集成式厨房

集成式厨房是由工厂生产的楼地面、吊顶、墙面、橱柜和厨房设备及管线等集成并主要采用干式工法装配而成的厨房。

集成式厨房由"柜式模块"（台柜和吊柜）和"三面"组成，模块包括设备、管线、收纳等；"三面"是指地面、墙面和顶棚。

有的集成式厨房只包含柜式模块，地面、墙面和顶棚由内装统一考虑。

集成式厨房按照柜式模块的平面布置分为单排式、双排式、L 形和 U 形等。图 25.3-1 和图 25.3-2 是集成式厨房实例。

图 25.3-1　集成式厨房 – U 形

图 25.3-2　集成式厨房 – 双排式

2. 集成式卫生间

集成式卫生间是由工厂生产的楼地面、墙面（板）、吊顶和洁具设备及管线等集成并主要采用干式工法装配而成的卫生间（如本书彩页图 C07 所示）。

集成式卫生间按照集成的洁具件数分为三种类型：单件式、双件式和三件式。

单件式是只有一件洁具的类型，单独设置便器或单独设置喷淋或单独设置浴缸。图 25.3-3 是单独设置浴缸的单件式。双件式是集成了两件洁具的类型，图 25.3-4 就是便器与洗面器集成的双件式。三件式是集成了三件洁具的类型，如便器 + 洗面器 + 浴缸，或便器 + 洗面器 + 喷淋，都是三件式。

图 25.3-3　单件式集成式卫生间 – 整体浴室

图 25.3-4　双件式集成式卫生间 – 便器 + 洗面器

3. 整体收纳

整体收纳是工厂生产、现场装配的模块化集成收纳产品的统称，为装配式住宅建筑内装系统中的一部分，属于模块化部品。简单说，整体收纳就是固定家具和集成化的内装修部品。

整体收纳类型按照位置分，有起居室（图 25.3-5）、卧室、书房、门厅（图 25.3-6）、餐厅、卫生间、厨房收纳；按照功能分有书柜、衣柜、杂物柜、食品柜、酒柜、儿童床柜、衣帽间、电视柜等；按照风格分有中式古典、西式古典、现代风格、自然风格；按照色调分有暖调、冷调和中性等。

图 25.3-5　起居室整体收纳－电视墙柜

图 25.3-6　门厅整体收纳－衣柜鞋柜

4. 其他集成部品

集成部品设计的一个重要原则是给用户以便利。图 25.3-7 是日本的一款金属阳台护栏，设计者巧妙地附加了一个折叠式晒衣架，非常实用。这个例子可以更好地理解集成的真谛。

25.3.2　集成式部品设计要点

集成式部品或是厂家定型产品，或是厂家根据用户要求订单式制作，无论哪种方式，设计都是由厂家负责。建筑、装修和设备管线各专业的设计师需向厂家提出具体的设计要求，包括：

1）使用功能要求。

2）形状、尺寸及允许误差。

3）装饰风格、色彩、表面质感要求。

4）选用材料要求。

5）选用设备要求。

6）部品边缘与室内装修的收口要求。

7）管线接口要求。

8）固定条件等。

图 25.3-7　阳台护栏与晒衣架集成

25.4　吊顶与地面架空设计

25.4.1　顶棚吊顶

（1）吊顶类型　吊顶系统国内外用得最多也最久的是轻钢龙骨石膏板（图25.4-1），木龙骨石膏板也有应用。

（2）吊顶固定方式　装配式混凝土建筑的吊顶不能采取后锚固方式固定吊杆或龙骨，而应将预埋螺母埋设在预制楼板里。

25.4.2　地面架空

地面架空一般采用标准化支架和人造木板等，标准化设计（图25.4-2），设计师根据架空高度要求选用即可。

图 25.4-1　顶棚吊顶的轻钢龙骨

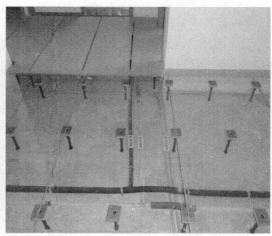

图 25.4-2　架空地板的标准支架

25.5　协同设计

传统装修设计不需要与其他专业设计协同，一般是在其他专业设计之后，甚至是整个工程完工之后才开始进行装修设计。装修设计也不需要其他专业操心，用不着与其他专业对话。你有管线我给你遮挡了，固定龙骨我打膨胀螺栓。

但是，装配式建筑内装设计必须与其他专业协同，密切互动。因为：

1）装配式建筑集成化部件汇集了各个专业内容，必须由各个专业协同设计，还要与部品工厂协同。

2）装配式建筑追求集约化效应，通过协同设计可以提升装修质量、节约空间、降低成本、缩短工期。

3）装配式建筑不能砸墙凿洞，也尽可能不用膨胀螺栓，需要固定的预埋件都要事先埋设在预制构件里。这就要求装修设计与结构设计密切协同。内装设计时，所有同装修有关的预埋件、预埋物、预留孔洞（甚至包括安装窗帘的预埋件）等，如果位于预制构件处，都必须落到预制构件制作图上，不能遗漏。

内装设计需要与其他专业协同的内容包括：

1）顶棚吊顶或局部吊顶的吊杆预埋件布置。

2）轻质墙体与上下楼板的固定构造。

3）墙体架空层龙骨固定方式，如需要预埋件，进行预埋件布置与构造设计。

4）收纳柜固定、吊柜悬挂预埋件布置。

5）参与集成式厨房布置与选型。

6）参与集成式卫生间布置与选型。

7）墙面与电器开关或可视门铃的衔接（图25.5-1）。

8）窗帘盒或窗帘杆固定。

9）设备管线需要装修处理遮挡。

10）设备管线为了检修、维护方便，需要装修考虑设检修口等。

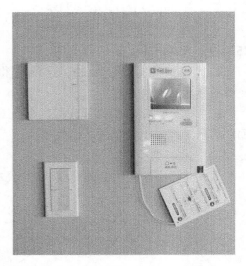

图 25.5-1　可视门铃与墙面精致衔接

 思考题

1. 什么是整体收纳？

2. 集成式部品设计要点是什么？

3. 装配式建筑内装设计为什么应与建筑、结构设计同步？

4. 请你创意一种集成式部品部件。

第26章 设计质量问题与成本责任

26.1 概述

质量与成本是关系到装配式混凝土建筑能否健康发展的关键问题。装配式混凝土建筑目前存在的质量问题有一些是设计环节的问题;成本控制与设计也有密切的关系。

本章归纳、分析设计环节容易产生的质量问题及其原因,特别是设计质量的关键问题,提出了解决思路;并从设计角度讨论如何控制装配式建筑成本,更好地落实"安全适用、技术先进、经济合理、确保质量"的设计方针。具体内容包括设计存在的质量问题、原因与解决办法(26.2),降低装配式建筑成本的设计责任(26.3)。

26.2 设计存在的质量问题、原因与解决办法

26.2.1 设计存在的质量问题

表26.2-1给出了装配式混凝土建筑设计常见的12项质量问题,分析了其危害、原因,给出了预防与处理措施。

表26.2-1 装配式混凝土建筑设计常见质量问题一览表

序号	问 题	危 害	原 因	检 查	预防与处理措施
1	套筒保护层不够	影响结构耐久性	先按现浇设计再按照装配式拆分时没有考虑保护层问题	设计人 设计负责人	(1)装配式设计从项目设计开始就同步进行 (2)设计单位对装配式结构的设计负全责,不能交由拆分设计单位或工厂承担设计责任
2	各专业预埋件、埋设物等没有设计到构件制作图中	现场后锚固或凿混凝土,影响结构安全	各专业设计协同不到位	设计人 设计负责人	(1)建立设计协同机制 (2)相关专业会审 (3)应用BIM系统
3	预制构件局部钢筋、预埋件、预埋物太密,导致混凝土无法浇筑	局部混凝土浇筑质量受到影响;预埋件锚固不牢,影响结构安全	设计协同不到位	设计人 设计负责人	(1)建立设计协同机制 (2)相关专业会审 (3)应用BIM系统

(续)

序号	问 题	危 害	原 因	检 查	预防与处理措施
4	拆分不合理	或结构不合理；或规格太多影响成本；或不便于安装	拆分设计人员没有经验，与工厂、安装企业沟通不够	设计人 设计负责人	（1）有经验的拆分人员在结构设计师的指导下拆分 （2）拆分设计时与工厂和安装企业沟通
5	没有给出构件堆放支撑、安装支撑的要求	因支撑不合理导致构件裂缝或损坏	设计师认为此项工作是工厂的责任未予考虑	设计人 设计负责人	构件堆放的支撑方式和安装后临时支撑作为构件制作图设计的不可遗漏的部分
6	外挂墙板没有设计活动节点	主体结构发生较大层间位移时，墙板被拉裂	对外墙板的连接原理与原则不清楚	设计人 设计负责人	墙板连接设计时必须考虑对主体结构变形的适应性
7	预制墙板竖运时，高度超高	导致无法运输，或者运输效率降低，或者出现违规将构件出筋折弯	对运输条件及要求不熟悉	设计人 设计负责人	（1）在设计阶段，设计与制作及运输单位要充分沟通协同 （2）加强对设计人员培训 （3）采用标准化设计统一措施进行管控
8	脚手架拉结件或挑架预留洞未留设或留洞偏位	导致脚手架安装出现问题，在预制外墙板上凿洞处理，给预制外墙板埋下安全隐患	未考虑脚手架等在预制外墙板上的预埋预留内容，或者考虑不充分	设计人 设计负责人	（1）充分考虑现场的脚手架方案对预制外墙板的预埋预留需求，对施工单位相关预留预埋要求进行及时反馈和确认 （2）采用标准化设计统一措施进行管控
9	夹芯保温外墙构造设计错误，构造与受力原理不符合	导致内外叶墙板在温差、风、地震等外力作用下变形不能协调。导致外叶墙板开裂，甚至脱落，埋下永久安全隐患	国内对夹芯墙板的研究时间不长，在受力机理、设计原则、应用方法、产品标准方面还缺乏相应的依据，在工程应用上还存在一些误区	设计人 设计负责人	（1）对夹芯保温外墙的受力原理与构造设计进行研究，使得构造设计与受力要求相符 （2）熟悉和了解市场上有成熟应用经验的拉结件的受力特点、适应范围、设计构造要求等 （3）加强对设计人员的学习和交流培训
10	未标明构件的安装方向	给现场安装带来困难或导致安装错误	未有效落实预制构件相关设计要点，标识遗漏	设计人 设计负责人	（1）对相关的设计要点、规范要求等进行有效落实 （2）采用标准化设计统一措施进行管控

（续）

序号	问　　题	危　　害	原　　因	检　查	预防与处理措施
11	水平预制构件，如叠合楼板、楼梯、阳台、空调板等设计未给出支撑要求，未给出拆除支撑的条件要求	有可能会导致水平构件在施工阶段不满足承载的情况，尤其是悬挑阳台，空调板等有可能会出现倾覆	未把设计意图有效传递给施工安装单位，未对施工单位进行有效的技术交底	设计负责人施工单位技术负责人	（1）水平构件是否免支撑设计，需要把设计意图落实在设计文件中，在设计交底环节进行充分的技术交底（2）采用标准化设计统一措施进行管控
12	预制部品构件吨位遗漏标注或标注吨位有误	不利于现场塔式起重机布置，误导现场塔式起重机布置和吊能安排，超过塔式起重机吊能时，甚至带来塔式起重机倾覆风险	设计对吊装风险控制要点不清楚、风险控制意识不强，对吊装设备不熟悉	设计人设计负责人	（1）有效落实相关的设计要点，强化风险控制要点落实要求（2）和施工安装单位对相关风险控制要点进行二次复核确认（3）采用标准化设计统一措施进行管控

26.2.2　设计质量问题原因分析

表 26.2-1 已经给出了常见质量问题的原因分析，这里再进一步分析出现设计质量问题的深层次原因。

1. 专业间协同不到位

由于传统设计方式专业"界面"细分得很清楚，各专业设计人员习惯于在"界面"内进行设计，对一些一体化设计工作会认为不是本专业的工作内容，使得需要协同的设计无法有效落实。项目负责人又不可能是多面手，如此导致协同设计不到位。

2. 前置工作考虑不充分

装配式混凝土建筑设计需要一些环节早期介入参与协同设计，如装饰设计、构件制作与安装环节。如果没有实现各个环节的早期协同，就会导致设计与后期制作、安装、装修环节脱节，容易出现遗漏或不适宜，可能出现砸墙凿洞，甚至造成重大损失。

3. 设计者对制作工艺不熟悉

设计者对预制构件生产工艺和流程不熟悉，又缺乏与工厂的沟通与调研，设计的预制构件或不适于生产，或成本较高。

4. 设计者对道路运输条件不熟悉

对预制构件运输车基本参数和道路运输限高要求等不了解，拆分设计时未充分考虑运输的限制条件，导致预制构件超高无法运输或运输效率下降。

5. 设计者对施工安装条件不熟悉

现浇混凝土结构工程，设计师无须关注施工单位的脚手架、模板支设，塔式起重机扶墙支撑等施工方案，施工单位也没有向设计单位提资的习惯。如此，按传统习惯设计出的装配式项目，构件安装和现场施工存在很多不适应之处，或有遗漏，或作业麻烦。

6. 设计者对相关配套材料不熟悉

装配式设计高度集成化的特点，对项目负责人的综合素质要求很高，不懂材料，不跨界了解相关产品，就做不好装配式设计。比如：设计夹芯保温外墙，设计师如果对内外叶板的拉结件不了解，对夹芯保温墙受力原理不熟悉，就可能出错或缺项。

7. 人工二维协同设计易出差错

设计单位目前主要采用 CAD 二维设计。装配式设计内容繁杂，集成度高，靠阶段性互相提资和反馈进行设计作业，提资信息不能全面及时有效传递，人工复核的覆盖不完整，容易出错。

26.2.3　解决设计质量问题的思路

要解决好设计质量问题，需要明确设计质量管理要点；厘清设计责任、加强设计质量保障意识；认识影响设计质量的关键问题并做好审核工作；建立和加强专业间协同，与制作、施工环节加强互动沟通；多角度寻求解决设计质量问题的方法。

1. 设计质量管理的要点

装配式建筑项目的开发建设管理与传统现浇项目相比，有着显著的不同，在设计环节的管理自然也与传统项目不同。装配式建筑项目设计几个显著的特征是：工作的前置性要求、工作的精细化要求、工作的系统化集成化要求。与预制装配相关的设计内容都要一次性集成成型，不能等预制构件生产制作好了再来修改，装配式设计容错性差，基本上不给你犯错误、修改的机会。设计质量管理的要点如下：

1) 结构安全问题是设计质量管理的重中之重。
2) 满足规范、规程、标准、图集的要求。
3) 满足《设计文件编制深度》的要求。
4) 编制统一技术管理措施。
5) 建立标准化的设计管控流程。
6) 建立设计质量管理体系。
7) 采用 BIM 设计。

2. 关键设计质量问题及审核要点

（1）装配式结构专业的审核重点　装配式结构设计首要的问题是结构安全的问题，关系到结构安全的主要问题包括：

1) 夹芯保温外墙保温拉结件：拉结件的安全问题在结构安全上应当引起高度的重视，外叶钢筋混凝土墙板重量较大，若因为设计选用不当或拉结件锚固失效，带来的事故将是灾难性的。比如：采用未经防锈处理的钢筋作为保温拉结件，在保温层中会因为温差变化、水气凝结带来钢筋氧化锈蚀，其耐久性是有问题的，根本达不到和结构同寿命，而且无法维修替换；再比如：采用不耐碱的普通塑料钢筋（玻璃纤维树脂材料）作为保温拉结件，这种材料拉结件没有很好的耐碱性，而钢筋混凝土的环境是碱性环境，这种塑料钢筋拉结件的耐久性根本就得不到保障的；还有，拉结件锚固不牢固也容易出现外叶板脱落。因此，夹芯保温墙板的设计构造和拉结件的选择，应当引起高度的重视。

2) 一些关键连接节点、关键部位是否设计到位：重点连接部位有没有做好碰撞检查，是否会给后续的安装环节留下安全隐患和犯错的动机。对一些认识还不是很准确，把握性不大的关键连接节点，要进一步请同行专家进行专项论证，确认安全可靠后方可用于工程。在设计质量管控上，应对不同的装配式结构体系的关键设计要点列出清单，做出风险评估，按风险大小和可控性，做出优化路径选择。

3）忽视填充墙预制构件对主体结构刚度影响：在目前没有充分的量化分析工具支持时，设计时应当从构造上削弱填充墙预制构件对主体结构刚度的影响，采用相对合理的构造做法，并且从结构刚度折减系数上再加以考虑，对填充墙预制构件刚度影响采取合理的应对措施。

4）计算分析没有覆盖全生命周期工况，一个部品构件从预制构件厂制作脱模、翻转、存放、运输，直到装配安装形成完整结构体系，受力工况是多样的，应对全工况进行包络分析。对于关键的节点和关键环节，设计还应当有相应的技术性要求和说明，不给后续环节处理不当留下机会，如临时固定、临时支撑的设置要求等。

5）设计者应对规范知其所以然，用好规范，用活规范。由于建设项目类型差异性和多样性，不可避免地存在超出现行规范规定或在规范覆盖范围以外的情况，对此应做好充分的分析，并请专家论证，采用可靠措施后实施，不留结构安全隐患。

（2）专业间综合审核重点

1）建筑结构一体化问题：

①预制外墙接缝防水问题：预制外墙接缝处是外墙防水的薄弱环节，尤其是墙底水平接缝的防水构造尤其重要，节点构造设计上应有多道防水体系。

②幕墙系统与预制装配一体化问题：对装饰一体化构件要审核装饰层与结构层或构造层连接的可靠性，装饰层荷载传递与计算的合理性与正确性。

③预制外墙与建筑立面效果问题：装配式结构外墙的接缝会直接呈现在建筑外立面上，是个不容忽视的立面效果构成元素。在方案设计、初步设计阶段就应该结合建筑方案和结构方案一体化考虑。对于外墙采用面砖一体化反打技术的预制外墙，还应进行石材面砖的分割排版设计、对缝设计等。

④建筑标准化与预制装配一体化问题：在建筑方案设计阶段、初步设计等阶段，对建筑标准化、模数化设计提出反馈意见。如：建筑平面凹凸对预制外墙的影响，建筑立面线条造型对预制外墙的影响；以及楼型组合关系、组合类型控制等都应提出预制装配一体化、标准化设计的建议和反馈，使项目有效地落地实施。

2）机电设备与装配式结构一体化问题：机电设备与装配式结构一体化设计，要充分考虑水、暖、电各专业在预制构件上的预留预埋点位是否遗漏、是否埋错位置、是否与结构预埋连接件、钢筋冲突等问题，避免冲突碰撞带来后期的凿改，影响结构的安全。尤其要对预留洞口是否会削弱结构构件进行重点审核确认，如对空调留洞穿梁、厨房排烟留洞等是否满足结构要求，是否采取了加强措施等进行审核。

3）工厂生产、施工安装与装配式结构一体化问题：工厂生产、施工安装所需的预留预埋条件是否满足后续生产、施工安装的要求，需要前期一体化考虑到位，避免后面凿墙开洞对结构构件安全带来影响。如：脚手架在装配式结构上的预埋预留是否遗漏、是否偏位；塔式起重机扶墙支撑、人货梯拉结件与装配式结构的支撑关系是否经过确认，是否复核验算稳定和承载力；脱模吊点、吊装吊点设置是否合理，最不利情况是否包络，吊点是否经过计算复核等，都是装配式结构一体化设计与生产安装需要集成考虑、重点审核的内容。

3. 明确设计责任，加强设计责任意识

装配式结构的设计责任应当由主体建筑设计单位承担，作为建设单位，也应该主要考虑由主体设计单位一体化模式来发包业务，即使要把专项分包，也应由主体设计单位去分包给专业深化公司来做，或者甲方指定分包单位，由主体设计单位来确立分包的责权利。

4. 建立和加强专业间协同，与制作、施工环节加强互动沟通

装配式设计是高度集成化—一体化的设计，对设计各专业，项目各环节都要高度的协同和互动。具体涉及建筑、结构、水、暖、电、精装设计等各专业的协同作业，与铝合金门窗、幕墙、预制构件厂、施工安装等各单位在设计、生产、安装各环节都需要紧密的互动，形成六个阶段（方案设计、初步设计、施工图设计、深化图设计、生产阶段、安装阶段）完整闭环的设计。集成结构系统、外维护系统、设备与管线系统、内装系统，实现建筑功能完整、性能优良。

5. 多方途径解决设计质量问题

装配式设计出现问题的原因是多方面的，应从各个角度进行分析并寻求解决方法。

（1）设计单位角度

1）建立适合装配式建筑的设计管理机制。在传统设计项目上，已经形成了非常系统的设计协调机制，很多大型设计院都有自己特色的管理流程、质量保证体系，甚至开发各种软件系统平台、专家系统来辅助和强化设计质量管理。在装配式建筑设计项目管理上，目前对大多数设计单位来说，还缺乏相关的系统性的管理经验，需要建立起适合装配式设计的管理流程和机制。

在装配式设计上应尽早地形成 BIM 正向设计流程和协同机制，这是解决装配式结构设计问题、确保设计质量的有效途径。BIM 是一种工具，需要各专业有设计经验、设计能力的设计师来驾驭才能真正实现它的价值。当下一些"翻模 BIM"、"后 BIM 设计"不能真正解决设计问题，效率不高，价值不大。

2）强化装配式设计意识。装配式建筑的高度集成特性，决定了在预制构件上的所有集成项均与装配式设计有关，必须强化沟通协调意识，改变以前传统现浇由施工安装单位在现场来整合集成，遗漏或者错误再来砸墙凿洞的粗放做法。

3）建立装配式结构特有的问题解决机制。遵循装配式结构的特点和规律，建立装配式结构的问题解决机制。现场遇到问题，要形成第一时间反馈报告制度，解决方案和采取的措施应报设计单位核定，或由设计单位出具解决方案，不能由施工工人自行擅自处理。

（2）建设单位角度　建设单位在项目开发中起着决定性作用，项目的产品定位、实施路线、选择什么专业团队等都需要由建设单位最终决策，所以，建设单位的协同组织和决策起着非常关键的作用。

1）制订装配式建筑项目标准化作业手册。建设单位可以组织参建单位对装配式项目开发管理流程、设计管理流程、制作与施工管理流程等进行标准化作业手册的制订，这也是避免设计环节出现问题的强有力措施。

2）制订合理的设计周期。装配式建筑设计一体化、精细化的要求，需要有足够的人力和时间投入来完成，与传统粗放的现浇作业方式的设计周期是不好等同的。需要给予装配式建筑设计合理的设计时间，将前置的一体化、精细化的设计工作充分做好，前期设计考虑越周详、越充分，才能真正地避免后续环节的差错，真正提高后续环节的工作效率，降低修正错误的代价。

3）采购 BIM 服务。甲方应从质量控制角度出发，采购有能力的设计单位实施正向的BIM 设计，让设计院有经费投入整合更多资源把 BIM 真正做起来，发挥其积极作用。

（3）政府建设主管部门角度

1）政策目标、装配指标应循序渐进。推动装配式建筑发展的地方政策配套，目标和指标应当循序渐进，不可一蹴而就，要充分考虑配套的供方资源的匹配性和技术条件的成熟可行性，不可盲目追求高预制、高装配率。

2）强化质量和风险管理措施。强化风险点管理措施，制定针对性政策，如：对于套管灌浆质量难以检测问题，据了解某些地方质监部门就采取强制规定要进行抽检的办法，如发现问题继续扩大检查比例，直到问题得到纠正，这在一定程度上能起到震慑作用，规范作业行为。

3）加强示范引导，加强组织培训。对于成熟的技术体系、好的管理方法、成功的经验，从政府层面给予宣传、支持和鼓励，对整个行业做好示范引导工作。加强组织相关从业人员培训学习，做好多方位、多层次的系统性的培训工作，整体提升整个行业的技术水平，促进装配式建筑产业健康发展。

26.3　降低装配式建筑成本的设计责任

降低装配式建筑成本，设计者应当有所作为，承担起责任。本节给出成本控制的方向与要点，在于提醒和强调设计者应当具备成本控制意识，积极寻求降低成本的办法。

26.3.1　成本高的设计因素

装配式混凝土建筑成本高与设计环节有关的因素包括：

1）结构体系的不适宜性。

2）建筑风格的不适宜性。

3）拆分设计的盲目性。

4）集成化的盲目性。

5）运用规范的教条性。

6）对过剩或不适合功能的追求。

7）标准化程度低。

26.3.2　设计成本控制方向和要点

1）多方案定量分析选择适宜的结构体系。

2）设计适宜装配式的建筑风格。

3）根据工厂、施工的具体条件（甚至问问工厂有什么现成的模具）进行拆分设计。

4）不盲目或勉强追求集成化，必须经过技术经济分析和多方案比较后做出决策。

5）要根据项目的具体条件与要求进行适宜性的设计，而不是千篇一律照搬规范条款和标准图。要依据规范的基本原理进行设计，不要把"宜"作为强制性要求。

6）不追求过剩功能和作秀功能，不迎合不合理的"高大上"期望，把功能、安全、质量和成本作为最根本最现实的目标。

7）尽可能选用标准化或定型的部品部件。

26.3.3　关于标准化的思路

剪力墙结构构件标准化是当前我国装配式混凝土建筑降低成本的关键环节。因为，只有标准化的构件才能真正实现生产线的高效率与低成本。这里给出如下思路。

1. 户型标准化

用模块化的户型与核心筒进行组合寻求住宅标准化设计。对于保障性住房来说，由于产品目标明确，客户需求稳定，是非常适合开展标准化设计的；对于商品房住宅项目，可以根据开发企业的产品线分布情况，甄选出适合标准化设计的产品，做好户型标准化研发工作。

2. 楼型组合标准化

整个小区的规划布置除了户型标准化基础工作外，还要结合日照分析、道路交通系统布置等所有规划要求寻求楼型组合的标准化设计，尽可能做到楼型组合数最少，为结构专业的标准化设计打好先天基础。模块化组合示意图如图 26.3-1 所示。

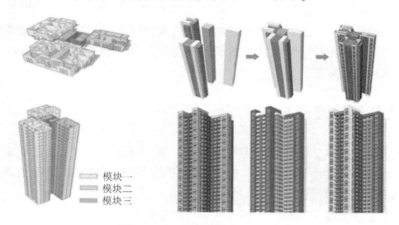

模块一
模块二
模块三

图 26.3-1　模块化组合示意图

3. 结构方案的标准化

将模块化的户型组合与核心筒模块组合成一整栋楼时，会有比较多组合方式。组合成不同的楼型后，可能会形成不一样的抗侧刚度。这时就需要结构设计根据楼型组合平面进行标准化设计，即不同楼型之间寻求同一个模块化户型，采用相同的结构布置方案。

4. 构件标准化设计

剪力墙外墙板、内墙板、楼梯板、阳台、空调板、飘窗等进行标准化设计。包括外形、规格体系、伸出钢筋位置的标准化等。

 思考题

1. 简述设计质量问题产生的主要原因。
2. 简要说明装配式结构专业设计质量控制审核的重点内容。
3. 为什么装配式建筑设计不仅要强调专业间协同还要加强与制作、施工各环节的沟通？
4. 装配式建筑成本高的设计因素主要有哪些？简述设计成本控制的方向和要点？
5. 探讨装配式剪力墙结构标准化设计思路，给出降低成本或提高效率的思路和建议。

第 27 章 BIM 与装配式建筑设计

27.1 BIM 的定义

BIM 的概念最早被提出是在 20 世纪 80 年代，是信息化技术与数字化技术结合的必然产物。BIM（Building Information Modeling）是信息化模型技术在建筑行业的具体应用，是通过软件技术创建并利用数字化模型对建设项目进行设计、建造和运营管理的过程和方法，并贯穿于建筑的全生命周期。BIM 并非任何一款软件也不是一项单一的新技术，而是先进的信息化管理及多专业协同平台（图 27.1-1）。本章主要简述 BIM 技术在装配式建筑设计上面的应用关键点。

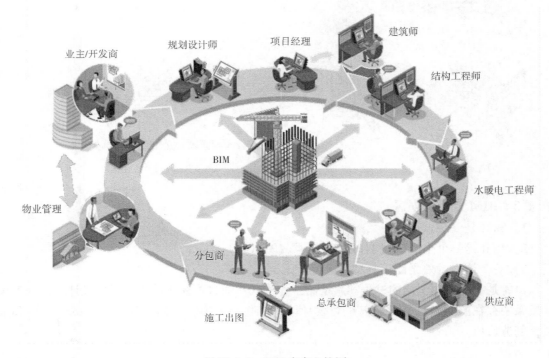

图 27.1-1　BIM 多专业协同

27.1.1 BIM 的特点

（1）可视化（Visualization）　建筑描述通俗化、三维直观化，项目管理者和业主等非专业人员对项目判断更为明确、高效，决策更准确。

（2）协调（Coordination）　专业内多成员间、多专业多系统间的三维协同，避免不必要的设计、理解错误，提高工程质量和效率。

（3）模拟（Simulation）　将建造过程与结果，在数字虚拟世界中预先实现，可以最大限度减少未来真实世界的遗憾。

（4）优化（Optimization）　由于有了前面的三大特征，使得工程优化成为可能，这点对目前越来越多的复杂造型建筑尤其重要（图27.1-2）。

（5）出图（Documentation）　基于 BIM 成果的工程施工图及统计表将最大限度保障工程设计出图的准确、高质量。

建筑方案分析

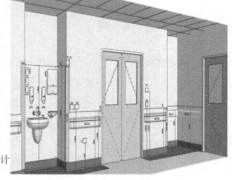
准确直观的设备设施设计

可视化整体设计

详细节点设计

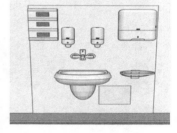

图 27.1-2　BIM 优化设计

27.1.2　BIM 定义的误区

1）BIM 是一个软件。

2）BIM 是一个生产 2D 图样的 3D 工具（3D CAD）。

3）一个增强的效果图工具和算量工具。

BIM 是一个工作协同的过程和新型的工作模式，通过可视化的方式指导设计过程或者设计成果中存在的问题，从而提前进行设计改进和优化方案，提高设计质量，减少错漏和浪费，创造价值。

27.2　BIM 在装配式建筑设计上的应用

BIM 跟装配式建筑的共同点是"集成"。

装配式建筑核心是"集成"，而 BIM 技术是"集成"的主线。所以也可以说 BIM 和装配式建筑是天然的伴侣。应用 BIM 技术有利于装配式建筑的设计、生产、装配、运维系统的一体化协同发展。

BIM + 装配式建筑结合起来可服务于设计、建设、运维、拆除的全生命周期，可以数字化虚拟，信息化描述各种系统要素，实现信息化协同设计、可视化装配，工程量信息的交互和节点连接模拟及检验等全新运用，整合建筑全产业链，实现全过程、全方位的信息化集成。

预制装配式建筑项目传统的建设模式是设计→工厂制造→现场安装，但设计、工厂制造、现场安装三个阶段是分离的，设计的不合理，往往只能在安装过程中才会被发现，造成变更和浪费，甚至影响质量。

BIM 技术的引入则有效解决以上问题，它具有信息集成的优势，可以将设计方案、制造需求、安装需求集成在 BIM 模型中，在实际建造前统筹考虑设计、制造、安装的各种要求，把实际制造、安装过程中可能产生的问题提前消失在萌芽当中。

利用 BIM 的三维可视化信息技术及一体化系统平台，可基于多专业、多环节的信息共享，实现建筑、结构、机电、装修的一体化，设计、加工、装配一体化。

在 2D 环境下，每一张图样都是一个单独的"平面蓝图"，先从平面开始绘制，然后画立面、剖面，再按照项目进展更改所有的图样。永无休止地修改、再修改成为建筑师繁重冗长工作的一个重要原因，占用了大量宝贵的时间和精力。而 BIM 技术改变了这种工作方式。在虚拟建筑中做设计，设计过程的核心是模型而不是图样，所有的图样都直接从模型中生成，图样成为设计的副产品。每一个视图都是同一个数据库中的数据从不同角度的表现。利用虚拟建筑模型，建筑师可以根据自己的需要在任何时候生成任意视图。平面图、立面图、剖面图、3D 视图甚至大样图，以及材料统计、面积计算、造价计算等都从建筑模型中自动生成。事实上，只是根据需要从一个单一的存储了所有信息的数据库中提取所需的资料，所有的图样都是同样的数据信息的不同表达方式，所有的报表都是对相关信息的归类和统计。

运用 BIM 技术创建的虚拟建筑模型中包含着丰富的非图形数据信息，提取模型中的数据，导入各专业分析模拟软件中，即可进行结构性能分析、日照分析、风流体分析、能耗分析、消防疏散分析等。

27.3　装配式建筑启动 BIM 技术的方式

根据国家的相关政策要求，发展装配式技术的第一要素就是使用建筑信息模型，即 BIM 技术。利用 BIM 技术可以提高建筑领域各专业协同设计能力，加强对装配式建筑建设全过程的指导和服务，这样建筑效率至少可以提高 20%，成本至少降低 15%。因此，当 BIM 技术遇上装配式，必然会引起建筑装饰领域的技术性革新。

装配式建筑在启动 BIM 技术的前提需要制定 BIM 应用标准，确定协同规范，建模标准，操作手册，交付标准以及其他流程制度，最后形成一套完整的装配式 BIM 应用标准。下面就几个关键点做一些简明的阐述。

27.3.1　BIM 建模标准

装配式建筑 BIM 设计工作中的协同建模工作标准包含的基本内容有：建模任务拆分原则与标准、模型的保存标准、模型及构建文件命名规则、编码标准、文档结构、色彩规则、BIM LOD（模型细节标准，见表 27.3-1）、坐标标准、权限分配等。

表 27. 3-1　　BIM 建模深度等级

		一级	二　级	三　级	四　级	五　级
建筑专业	模型	略	略	建筑外观细节：扶手、楼梯、外部装饰条；全部内墙、隔墙、管道井、机房；家具、卫浴装置	建筑外观细化；预留孔洞	内部二次装修、细节深化；所有隐蔽工程
	典型用途	概念设计	方案设计	初步设计、冲突检测	施工图设计、施工现场模拟	施工和竣工模型
结构专业	模型		混凝土结构：框架柱、框架梁、剪力墙　钢结构：主要柱、梁	混凝土结构：圈梁、结构楼板、挑梁、结构楼梯、洞口　钢结构：桥架、檩条、支撑	混凝土结构：节点钢筋模型，所有未提及的结构设计模型　钢结构：节点三维、安装加工模型	施工支护、维护结构、临时支撑、预埋件
	典型用途	结构概念	结构布置方案	结构初步设计、冲突检测	深化设计、详细冲突检测、结构展示	施工过程模拟、施工过程冲突检测
机电专业	模型	—	主干管线、主要桥架	分支管路、机房设备、线管、配电箱、控制柜	毛细管路、管路末端设备、阀门、卫浴装置、灯具	开关面板、支吊架、特殊三通/四通加工模型
	典型用途	—	方案设计	初步设计、碰撞检查、预留孔洞提资	施工图设计、深入碰撞检查	施工管理、细部表现

27. 3. 2　BIM 设计软件

由于装配式建筑的综合需求，BIM 设计软件可以实现三维结构模型的精确建立和细致管理，将建筑的结构施工图设计、建筑做法、工厂加工、装配式施工等环节完全体现在模型中。同时，通过 BIM 设计软件需要自动生成并输出制造的图表，以提高设计效率。基于 BIM 的理念，通过 BIM 设计软件建立三维数字模型，可以实现数据资源共享，构建各个专业协同工作的平台，提高工作效率，减少设计错误，避免返工劳动，降低工程成本。

BIM 设计软件可精确统计模型的工程量（包括混凝土、钢筋），并可根据需要定制输出各种形式的统计报表，清单的输出内容包括截面尺寸、编号、材质、混凝土的用量、钢筋的编号及数量，钢筋的用量等信息。根据模型对建筑的构建数量及材料用量可自动进行分类汇总，既可以对某个构建进行详细的工程量统计，也可以获得定制的整体工程量清单（图 27. 3-1）。

27. 3. 3　BIM 构件库

利用 BIM 技术建立装配式构件库和装配式组件库，可以使构件标准化，减少设计错误，提高出图效率，尤其在与之构建的加工和现场安装上可大大提高工作效率。

BIM 组件库应具有高度的参数化性质，可以根据不同的工程项目改变组件库在项目中的参数，通用性和拓展性强。

参数化设计　BIM 描述的是墙体、门、窗、管线、设备等构件。整个设计过程就是不断地确定和修改各种构件参数

构建关联变化，智能互动　BIM 软件立足于数据关联的技术上进行三维建模，模型中的构件都存在互联，实现了不同专业信息的共享与关联

单一建筑模型　BIM 软件建立起来的模型是建筑设计的成果

信息集成　建筑工程所有基本构件的有关数据都存放在统一的数据库中，分为基本数据和附属数据；基本数据是模型的本身，附属数据是指模型以外的数据，也称扩展数据

提供了好的交互平台　通过 BIM，建筑师只要完成设计构思，建筑成信息模型，则可以立即生成各种施工图。具有较好的协调性，在后期的调整设计时工作量是很少的

丰富的附加功能　由于丰富的附属数据，BIM 软件可以方便地统计各类门窗表、材料表和各类综合表格。BIM 也可用于各种性能分析

信息共享　BIM 支持 XML，实现了在整个建筑设计过程的全生命周期中的协同设计，从而也可以对各种信息进行有效地管理和应用，保证工程高效，顺利进行

图 27.3-1　BIM 设计软件的功能

27.3.4　BIM 构件库的拆分和深化设计

在装配式建筑设计中要做好预制构件的"拆分设计"，从前期的策划阶段就需要专业的介入，确定好装配式建筑的技术路线和产业化目标，在方案设计的阶段根据既定目标依据构件拆分原则进行设计方案创作，这样才能避免方案性的不合理导致后期技术经济性的不合理，避免由于前后脱节造成的设计失误（图 27.3-2）。

BIM 模型中的单个外墙构件的几何属性经过可视化分析，可以对于预制外墙板的类型数量进行优化，减少预制构件的类

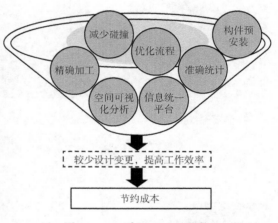

图 27.3-2　采用 BIM 的优势

型和数量。在建立三维深化设计模型后，平、立、剖面模型能够自动生成，可三维动态展示，方便加工制造，从而降低深化设计的成本。

27.3.5　综合碰撞检查

BIM 设计软件自带碰撞校核管理器来检查钢筋，打开后选定所需校核的构件和模型，直接点击校核即可，碰撞检查完成后，管理器对话框会将所遇到的碰撞的位置全部列出来，包括碰撞的对象的名称、碰撞的类型、构件及对象的 ID 等。

27.3.6　智能化出图

BIM 设计软件具有强大的智能出图和自动更新功能，对图样的模板做相应的定制后即可自动生成所需的深化设计图样，整个出图过程无需人工干预，而且有别于传统的 CAD 创建的数据孤立的二维图样，并且可以自动生成的 BIM 图样和模型动态链接。一旦模型数据发生修改，与其关联的所有图样都将会自动更新。图样能精确表达构件的相关钢筋的构造布置，各种钢筋的弯起做法，钢筋的用量等可直接用于预制构件的生产，避免了人工出图可能

出现的错误。

27.4　装配式建筑 BIM 设计协同平台的打造

　　装配式建筑是以信息化带动的工业化，对技术和管理要求较高，实施过程也更为复杂。BIM 作为核心信息的集成管理技术，其本质在于信息，核心在于模型，应用在于协同，正是建筑业集信息创建、管理、共享多方面功能为一体的系统。

　　建筑工程设计涉及不同的专业，如建筑设计、结构设计、机电设计等，建筑工程各专业的设计人员需要的专业设计软件，同专业不同软件之间、各专业软件之间的信息互读还存在障碍，所以打造装配式建筑 BIM 设计协同平台成为当前设计工作的必备架构之一。

　　装配式建筑 BIM 设计协同平台的打造对于今后的施工阶段的进度模拟，设计 – 加工一体化，运维等都有信息传递的衍生作用（图 27.4-1）。

图 27.4-1　装配式建筑 BIM 设计协同平台

 思考题

　　1. BIM 的定义是什么？

　　2. BIM 设计软件所需的功能是什么？

　　3. BIM 在装配式建筑设计上的特点和优势是什么？

　　4. 装配式建筑启动 BIM 技术的方式有哪些？

　　5. BIM 设计协同平台的意义是什么？

附录 装配式建筑有关国家、行业或
地方标准、图集目录

序号	标准或图集名称	标准或图集编号	区域	性质
1	《装配式建筑工程消耗量定额》	TY 01—01（01）—2016	国家	定额
2	《装配式混凝土建筑技术标准》	GB/T 51231—2016	国家	标准
3	《绝热模塑聚苯乙烯泡沫塑料》	GB/T 10801.2—2002	国家	标准
4	《钢筋混凝土用余热处理钢筋》	GB 13014—2013	国家	标准
5	《冷轧带肋钢筋》	GB 13788—2008	国家	标准
6	《钢筋混凝土用钢 第一部分：热轧光圆钢筋》	GB 1499.1—2008	国家	标准
7	《钢筋混凝土用钢 第二部分：热轧带肋钢筋》	GB 1499.2—2007	国家	标准
8	《通用硅酸盐水泥》	GB 175—2007	国家	标准
9	《建筑结构荷载规范》	GB 50009—2012	国家	标准
10	《混凝土结构设计规范》	GB 50010—2010	国家	标准
11	《建筑抗震设计规范》	GB 50011—2010	国家	标准
12	《钢结构设计规范》	GB 50017—2003	国家	标准
13	《建筑物防雷设计规范》	GB 50057—2010	国家	标准
14	《混凝土外加剂应用技术规范》	GB 50119—2013	国家	标准
15	《混凝土质量控制标准》	GB 50164—2011	国家	标准
16	《混凝土结构工程施工质量验收规范》	GB 50204—2015	国家	标准
17	《钢结构工程施工质量验收规范》	GB 50205—2001	国家	标准
18	《建筑装饰装修工程质量验收规范》	GB 50210—2001	国家	标准
19	《建筑给水排水及采暖工程施工质量验收规范》	GB 50242—2002	国家	标准
20	《通风与空调工程施工质量验收规范》	GB 50243—2016	国家	标准
21	《建筑工程施工质量验收统一标准》	GB 50300—2013	国家	标准
22	《建筑电气工程施工质量验收规范》	GB 50303—2015	国家	标准
23	《智能建筑工程质量验收规范》	GB 50339—2013	国家	标准
24	《建筑节能工程施工质量验收规范》	GB 50411—2007	国家	标准
25	《建筑物防雷工程施工质量验收规范》	GB 50601—2010	国家	标准
26	《钢结构焊接规范》	GB 50661—2011	国家	标准
27	《混凝土结构工程施工规范》	GB 50666—2011	国家	标准
28	《碳素结构钢冷轧钢带》	GB 716—1991	国家	标准
29	《混凝土外加剂》	GB 8076—2008	国家	标准

（续）

序号	标准或图集名称	标准或图集编号	区域	性质
30	《水泥细度检验方法　筛析法》	GB/T 1345—2005	国家	标准
31	《水泥标准稠度用水量、凝结时间、安定性检验方法》	GB/T 1346—2011	国家	标准
32	《硅酮建筑密封胶》	GB/T 14683—2003	国家	标准
33	《建筑用砂》	GB/T 14684—2011	国家	标准
34	《建设用卵石、碎石》	GB/T 14685—2011	国家	标准
35	《钢筋混凝土用钢　第三部分：钢筋焊接网》	GB/T 1499.3—2010	国家	标准
36	《建筑幕墙气密、水密、抗风压性能检测方法》	GB/T 15227—2007	国家	标准
37	《水泥胶砂强度检验方法（ISO法）》	GB/T 17671—1999	国家	标准
38	《用于水泥和混凝土中的粒化高炉矿渣粉》	GB/T 18046—2008	国家	标准
39	《一般用途钢丝绳》	GB/T 20118—2006	国家	标准
40	《白色硅酸盐水泥》	GB/T 2015—2005	国家	标准
41	《建筑用轻质隔墙条板》	GB/T 23451—2009	国家	标准
42	《连续热镀锌钢板及钢带》	GB/T 2518—2008	国家	标准
43	《砂浆和混凝土用硅灰》	GB/T 27690—2011	国家	标准
44	《变形铝及铝合金化学成分》	GB/T 3190—2008	国家	标准
45	《建筑模数协调标准》	GB/T 50002—2013	国家	标准
46	《普通混凝土拌合物性能试验方法标准》	GB/T 50080—2016	国家	标准
47	《普通混凝土力学性能试验方法标准》	GB/T 50081—2002	国家	标准
48	《混凝土强度检验评定标准》	GB/T 50107—2010	国家	标准
49	《粉煤灰混凝土应用技术规范》	GB/T 50146—2014	国家	标准
50	《建设工程文件归档规范》	GB/T 50328—2014	国家	标准
51	《水泥基灌浆材料应用技术规范》	GB/T 50448—2015	国家	标准
52	《工业化建筑评价标准》	GB/T 51129—2015	国家	标准
53	《预应力混凝土用钢绞线》	GB/T 5224—2014	国家	标准
54	《铝合金建筑型材》	GB/T 5237—2004	国家	标准
55	《一般工业用铝及铝合金挤压型材》	GB/T 6892—2015	国家	标准
56	《混凝土外加剂匀质性试验方法》	GB/T 8077—2012	国家	标准
57	《钢筋混凝土升板结构技术规范》	GBJ 130—1990	国家	标准
58	《CSI住宅建设技术导则（试行）》	无（2010）	国家	文件
59	《装配式混凝土结构表示方法及示例（剪力墙结构）》	15G107—1	国家	图集
60	《装配式混凝土结构连接节点构造（楼盖结构和楼梯）》	15G310—1	国家	图集
61	《装配式混凝土结构连接节点构造（剪力墙结构）》	15G310—2	国家	图集
62	《预制混凝土剪力墙外墙板》	15G365—1	国家	图集
63	《预制混凝土剪力墙内墙板》	15G365—2	国家	图集
64	《桁架钢筋混凝土叠合板》	15G366—1	国家	图集
65	《预制钢筋混凝土板式楼梯》	15G367—1	国家	图集

（续）

序号	标准或图集名称	标准或图集编号	区域	性质
66	《预制钢筋混凝土阳台板、空调板及女儿墙》	15G368—1	国家	图集
67	《装配式混凝土结构住宅建筑设计示例（剪力墙结构）》	15J939—1	国家	图集
68	《混凝土结构施工图平面整体表示方法制图规则和构造详图（现浇混凝土框架、剪力墙、梁、板）》	16G101—1	国家	图集
69	《混凝土结构施工图平面整体表示方法制图规则和构造详图（现浇混凝土板式楼梯）》	16G101—2	国家	图集
70	《混凝土结构施工图平面整体表示方法制图规则和构造详图（独立基础、条形基础、筏形基础及桩基础）》	16G101—3	国家	图集
71	《装配式混凝土剪力墙结构住宅施工工艺图解》	16G906	国家	图集
72	《钢筋混凝土结构预埋件》	10ZG302	行业	图集
73	《钢筋混凝土装配整体式框架节点与连接设计规程》	CECS 43—1992	行业	标准
74	《整体预应力装配式板柱结构技术规程》	CECS 52—2010	行业	标准
75	《聚氨酯建筑密封胶》	JC/T 482—2003	行业	标准
76	《聚硫建筑密封胶》	JC/T 483—2006	行业	标准
77	《混凝土和砂浆用颜料及其试验方法》	JC/T 539—1994	行业	标准
78	《混凝土建筑接缝用密封胶》	JC/T 881—2001	行业	标准
79	《混凝土制品用脱模剂》	JC/T 949—2005	行业	标准
80	《冷轧扭钢筋》	JG 190—2006	行业	标准
81	《预应力混凝土用金属波纹管》	JG 225—2007	行业	标准
82	《钢筋连接用灌浆套筒》	JG/T 398—2012	行业	标准
83	《钢筋连接用套筒灌浆料》	JG/T 408—2013	行业	标准
84	《钢筋机械连接技术规程》	JGJ 107—2016	行业	标准
85	《钢筋焊接网混凝土结构技术规程》	JGJ 114—2014	行业	标准
86	《装配式混凝土结构技术规程》	JGJ 1—2014	行业	标准
87	《外墙饰面砖工程施工及验收规程》	JGJ 126—2015	行业	标准
88	《金属与石材幕墙工程技术规范》	JGJ 133—2001	行业	标准
89	《外墙外保温工程技术规程》	JGJ 144—2004	行业	标准
90	《钢筋焊接及验收规程》	JGJ 18—2012	行业	标准
91	《预制预应力混凝土装配整体式框架结构技术规程》	JGJ 224—2010	行业	标准
92	《钢筋锚固板应用技术规程》	JGJ 256—2011	行业	标准
93	《高层建筑混凝土结构技术规程》	JGJ 3—2010	行业	标准
94	《点挂外墙板装饰工程技术规程》	JGJ 321—2014	行业	标准
95	《建筑机械使用安全技术规程》	JGJ 33—2012	行业	标准
96	《非结构构件抗震设计规范》	JGJ 339—2015	行业	标准
97	《钢筋套筒灌浆连接应用技术规程》	JGJ 355—2015	行业	标准
98	《普通混凝土用砂、石质量及检验方法标准》	JGJ 52—2006	行业	标准

（续）

序号	标准或图集名称	标准或图集编号	区域	性质
99	《普通混凝土配合比设计规程》	JGJ 55—2011	行业	标准
100	《混凝土用水标准》	JGJ 63—2006	行业	标准
101	《钢结构高强度螺栓连接技术规程》	JGJ 82—2011	行业	标准
102	《混凝土结构用钢筋间隔件应用技术规程》	JGJ/T 219—2010	行业	标准
103	《高强混凝土应用技术规程》	JGJ/T 281—2012	行业	标准
104	《陶瓷模用石膏粉》	QB/T 1639—2014	行业	标准
105	《建筑用光伏构件》	DB34/T 2460—2015	安徽	标准
106	《建筑用光伏构件系统工程技术规程》	DB34/T 2461—2015	安徽	标准
107	《装配整体式建筑预制混凝土构件制作与验收规程》	DB34/T 5033—2015	安徽	标准
108	《装配整体式混凝土结构工程施工及验收规程》	DB34/T 5043—2016	安徽	标准
109	《装配式剪力墙结构设计规程》	DB 11/1003—2013	北京	标准
110	《预制混凝土构件质量检验标准》	DB11/T 968—2013	北京	标准
111	《装配式混凝土结构工程施工与质量验收规程》	DB11T/1030—2013	北京	标准
112	《装配式剪力墙住宅建筑设计规程》	DB11T/970—2013	北京	标准
113	《预制装配式混凝土结构技术规程》	DBJ13—216—2015	福建	标准
114	《装配整体式结构设计导则》	无（2015）	福建	标准
115	《装配整体式结构施工图审查要点》	无（2015）	福建	标准
116	《预制带肋底板混凝土叠合楼板图集》	DBJT25—125—2011	甘肃	图集
117	《横孔连锁混凝土空心砌块填充墙图集》	DBJT25—126—2011	甘肃	图集
118	《装配式混凝土建筑结构技术规程》	DBJ15—107—2016	广东	标准
119	《装配整体式混凝土剪力墙结构设计规程》	DB13（J）/T 179—2015	河北	标准
120	《装配式混凝土剪力墙结构建筑与设备设计规程》	DB13（J）/T 180—2015	河北	标准
121	《装配式混凝土构件制作与验收标准》	DB13（J）/T 181—2015	河北	标准
122	《装配式混凝土剪力墙结构施工及质量验收规程》	DB13（J）/T 182—2015	河北	标准
123	《装配整体式混合框架结构技术规程》	DB13（J）/T 184—2015	河北	标准
124	《装配整体式混凝土结构技术规程》	DBJ41/T 154—2016	河南	标准
125	《装配式混凝土构件制作与验收技术规程》	DBJ41/T 155—2016	河南	标准
126	《装配式住宅整体卫浴间应用技术规程》	DBJ41/T 158—2016	河南	标准
127	《装配式住宅建筑设备技术规程》	DBJ41/T 159—2016	河南	标准
128	《装配整体式混凝土剪力墙结构技术规程》	DB42/T 1044—2015	湖北	标准
129	《预制装配式混凝土构件生产与质量检验规程》	待定（2016）	湖北	标准
130	《预制装配式混凝土结构施工与验收规程》	待定（2016）	湖北	标准
131	《装配式钢结构集成部品　撑柱》	DB43/T 1009—2015	湖南	标准
132	《装配式钢结构集成部品　主板》	DB43/T 995—2015	湖南	标准
133	《混凝土叠合楼盖装配整体式建筑技术规程》	DBJ43/T 301—2013	湖南	标准
134	《混凝土装配-现浇式剪力墙结构技术规程》	DBJ43/T 301—2015	湖南	标准

（续）

序号	标准或图集名称	标准或图集编号	区域	性质
135	《装配式斜支撑节点钢结构技术规程》	DBJ43/T 311—2015	湖南	标准
136	《装配式混凝土结构建筑质量管理技术导则（试行）》	无（2016）	湖南	标准
137	《装配式混凝土建筑结构工程施工质量监督管理工作导则》	无（2016）	湖南	标准
138	《灌芯装配式混凝土剪力墙结构技术规程》	DB22/JT 161—2016	吉林	标准
139	《施工现场装配式轻钢结构活动板房技术规程》	DGJ32/J 54—2016	江苏	标准
140	《装配整体式混凝土剪力墙结构技术规程》	DGJ32/TJ 125—2016	江苏	标准
141	《预制预应力混凝土装配整体式结构技术规程》	DGJ32/TJ 199—2016	江苏	标准
142	《预制装配式住宅楼梯设计图集》	G26—2015	江苏	图集
143	《预制预应力混凝土装配整体式框架（世构体系）技术规程》	JG/T 006—2005	江苏	标准
144	《预制混凝土装配整体式框架（润泰体系）技术规程》	JG/T 034—2009	江苏	标准
145	《江苏省工业化建筑技术导则（装配整体式混凝土建筑）》	无（2015）	江苏	文件
146	《装配式建筑（混凝土结构）施工图审查导则（试行）》	无（2016）	江苏	文件
147	《装配式建筑（混凝土结构）项目招标投标活动的暂行意见》	无（2016）	江苏	文件
148	《装配式建筑全装修技术规程（暂行）》	DB21/T 1893—2011	辽宁	标准
149	《装配整体式混凝土结构技术规程（暂行）》	DB21/T 1924—2011	辽宁	标准
150	《装配整体式建筑设备与电气技术规程（暂行）》	DB21/T 1925—2011	辽宁	规程
151	《装配式剪力墙结构设计规程（暂行）》	DB21/T 2000—2012	辽宁	标准
152	《装配式混凝土结构构件制作、施工与验收规程》	DB21/T 2568—2016	辽宁	标准
153	《装配式混凝土结构设计规程》	DB21/T 2572—2016	辽宁	标准
154	《装配式钢筋混凝土板式住宅楼梯》	DBJT 05—272	辽宁	图集
155	《装配式钢筋混凝土叠合板》	DBJT 05—273	辽宁	图集
156	《装配预应力混凝土叠合板》	DBJT 05—275	辽宁	图集
157	《装配式预制混凝土剪力墙板》	DBJT 05—333	辽宁	图集
158	《装配整体式混凝土结构设计规程》	DB37/T 5018—2014	山东	标准
159	《装配整体式混凝土结构工程施工与质量验收规程》	DB37/T 5019—2014	山东	标准
160	《装配整体式混凝土结构工程预制构件制作与验收规程》	DB37/T 5020—2014	山东	标准
161	《装配整体式混凝土住宅构造节点图集》	DBJT 08—116—2013	上海	图集
162	《装配整体式混凝土构件图集》	DBJT 08—121—2016	上海	图集
163	《工业化住宅建筑评价标准》	DG/TJ 08—2198—2016	上海	标准
164	《装配整体式混凝土公共建筑设计规程》	DGJ 08—2154—2014	上海	标准
165	《预制装配整体式钢筋混凝土结构技术规范》	SJG 18—2009	深圳	标准
166	《预制装配钢筋混凝土外墙技术规程》	SJG 24—2012	深圳	标准
167	《四川省装配整体式住宅建筑设计规程》	DBJ51/T 038—2015	四川	标准
168	《装配式混凝土结构工程施工与质量验收规程》	DBJ51/T 054—2015	四川	标准

（续）

序号	标准或图集名称	标准或图集编号	区域	性质
169	《叠合板式混凝土剪力墙结构技术规程》	DB33/T 1120—2016	浙江	标准
170	《装配整体式混凝土结构工程施工质量验收规范》	DB33/T 1123—2016	浙江	标准
171	《装配式住宅建筑设备技术规程》	DBJ50/T 186—2014	重庆	标准
172	《装配式混凝土住宅构件生产与验收技术规程》	DBJ50/T 190—2014	重庆	标准
173	《装配式住宅构件生产和安装信息化技术导则》	DBJ50/T 191—2014	重庆	标准
174	《装配式混凝土住宅结构施工及质量验收规程》	DBJ50/T 192—2014	重庆	标准
175	《装配式混凝土住宅建筑结构设计规程》	DBJ50/T 193—2014	重庆	标准
176	《装配式住宅部品标准》	DBJ50/T 217—2015	重庆	标准
177	《塔式起重机装配式预应力混凝土基础技术规程》	DBJ50/T 223—2015	重庆	标准